大学入試

▼

10日
あればいい！

短期集中ゼミ

大学入学
共通テスト

数学II・B・C

●本書の構成と使い方

▶本書は，基本的な考え方をマスター［　　　　　　　　］力を総合的に身につけることをねらいとした問題集です。

▶いきなり8割，9割の高得点を目指して難解な問題から取り［　　　　］も，基礎固めがおろそかになり，平均点にも届かないということが少なくありません。この問題集では，例題の最後に示した**"解法のアシスト"**でしっかりと基礎を確認した上で，2nd Step・Final Step の実戦的な演習を行うと，効率的に対策できます。

1st Step ファースト ステップ（数II 55／数B・C 54 セット）	大学入試に挑む上で欠かせない基本的なポイントを，効率的に確認できます。**例題→練習問題**のセットで，必須知識を確実に自分のものとしてください。
2nd Step セカンド ステップ（数II 18／数B・C 14 題）	共通テストで求められる **思考力・判断力・表現力** を身につけるのに最適な，1ページ完結の問題を中心としたステップです。1st Step で確認した知識を，実戦で使える力にしていきます。会話文や日常・社会の事象を扱う出題など，これまでになかった形式にも無理なく対応できます。
Final Step ファイナル ステップ（数II 9／数B・C 8 題）	共通テストへの対応力を十分養った上で取り組むと効果的な，実際に出題される難易度・文章量の問題を掲載しています。本書での勉強の**集大成**として，実戦を意識した演習を行ってください。

時間 **10分**	2nd StepとFinal Stepには，大問ごとに目標となる所要時間を掲載しています。

●目次

2nd Step

Final Step

2nd Step

数学B

数学C

F^{inal} Step

数学B

数学C

1st Step ファーストステップ

数学Ⅱ 1 方程式・式と証明

例題 1 3次式の展開と因数分解

(1) $(3a-2b)^3 = \boxed{}a^3 - \boxed{}a^2b + \boxed{}ab^2 - \boxed{}b^3$

(2) $x^6-64 = (x+\boxed{})(x-\boxed{})(x^2+\boxed{}x+\boxed{})(x^2-\boxed{}x+\boxed{})$

解

(1) $(3a-2b)^3 = (3a)^3 - 3(3a)^2 \cdot 2b + 3(3a) \cdot (2b)^2 - (2b)^3$

$= \boxed{27}a^3 - \boxed{54}a^2b + \boxed{36}ab^2 - \boxed{8}b^3$

◐ 公式の形に代入してから展開する。

(2) $x^6-64 = (x^3)^2 - 8^2$

$= (x^3+8)(x^3-8)$

$= (x^3+2^3)(x^3-2^3)$

$= (x+2)(x^2-2x+4)(x-2)(x^2+2x+4)$

$= (x+\boxed{2})(x-\boxed{2})(x^2+\boxed{2}x+\boxed{4})(x^2-\boxed{2}x+\boxed{4})$

◐ ●³±■³ の形をかいてから因数分解する。

解法のアシスト

3次式の展開	3次式の因数分解
$(a+b)^3 = a^3+3a^2b+3ab^2+b^3$	$a^3+b^3 = (a+b)(a^2-ab+b^2)$
$(a-b)^3 = a^3-3a^2b+3ab^2-b^3$	$a^3-b^3 = (a-b)(a^2+ab+b^2)$

☑ **練習 1**
(1) $(x+2y)^3(x-2y)^3 = x^{\boxed{}} - \boxed{}x^{\boxed{}}y^2 + 48x^{\boxed{}}y^{\boxed{}} - \boxed{}y^{\boxed{}}$

(2) $2x(4x^2-1) + y(y^2-1) = (\boxed{}x+y)(\boxed{}x^2 - \boxed{}xy + y^2 - \boxed{})$

例題 2 二項定理

$\left(x^2-\dfrac{2}{x}\right)^6$ の展開式における x^6 の項の係数は $\boxed{}$ である。

解 $\left(x^2-\dfrac{2}{x}\right)^6$ の展開式における一般項は

◐ 一般項は $_nC_r a^{n-r} b^r$

$_6C_r(x^2)^{6-r}\left(-\dfrac{2}{x}\right)^r = _6C_r(-2)^r x^{12-3r}$

◐ $\left(-\dfrac{2}{x}\right)^r = (-2)^r x^{-r}$ と係数と文字を分解して考えるとよい。

x^6 の項は $12-3r=6$, すなわち $r=2$ のとき

よって，x^6 の項の係数は

$_6C_2(-2)^2 = 15 \cdot 4 = \boxed{60}$

解法のアシスト

二項定理 ➡ $(a+b)^n = _nC_0 a^n + _nC_1 a^{n-1}b + \cdots + _nC_r a^{n-r}b^r + \cdots\cdots + _nC_n b^n$

展開式の係数は，一般項 $_nC_r a^{n-r}b^r$ をかいて求める

☑ **練習 2** $\left(x-\dfrac{3}{x^2}\right)^7$ の展開式における x の項の係数は $\boxed{}$ である。

例題 3　整式の割り算

整式 $A=2x^3+5x^2+x-3$ を整式 B で割ったときの商と余りが $2x+3$ であるとき，

$B=x^2+x-\boxed{}$

解　除法の関係式より

$\quad 2x^3+5x^2+x-3=B(2x+3)+2x+3$

と表せるから

$\quad B(2x+3)=2x^3+5x^2-x-6$

右の割り算より　$B=x^2+x-\boxed{2}$

$$
\begin{array}{r}
x^2+\ x-2 \\
2x+3{\overline{\smash{\big)}\,2x^3+5x^2-\ x-6}} \\
\underline{2x^3+3x^2} \\
2x^2-\ x \\
\underline{2x^2+3x} \\
-4x-6 \\
\underline{-4x-6} \\
0
\end{array}
$$

解法のアシスト

・整式の割り算では，除法の関係式をかくとわかりやすい

　(割られる式)＝(割る式)×(商)＋(余り)

　　　$\Longleftrightarrow A=BQ+R$

・文字の多い複雑な割り算は，スペースを十分とって確実に

$$
\begin{array}{r}
Q \\
B{\overline{\smash{\big)}\,A}} \\
\overline{R} \\
\end{array}
$$
$A=BQ+R$

☑ **練習 3**　整式 A を x^2+3 で割ったときの商が x^2-2x+4 で，余りが $7x-6$ であるとき，

$A=x^4-\boxed{}x^3+\boxed{}x^2+x+\boxed{}$ である。

例題 4　割り算と式の値

$x=1+\sqrt{2}\,i$ のとき $x^2-2x+\boxed{}=0$ である。このとき，$A=x^4-x^3+5x+2$ の

値は $\boxed{}$ である。

解　$x=1+\sqrt{2}\,i$ を $x-1=\sqrt{2}\,i$ として両辺を 2 乗する。

$(x-1)^2=(\sqrt{2}\,i)^2$ より $x^2-2x+1=2i^2$

よって，$x^2-2x+\boxed{3}=0$

右の割り算より

$\quad A=(x^2-2x+3)(x^2+x-1)+5$

ここで，$x=1+\sqrt{2}\,i$ のとき　$x^2-2x+3=0$

だから，A に $x=1+\sqrt{2}\,i$ を代入すると

$\quad A=0\cdot(x^2+x-1)+5$

$\quad\quad=\boxed{5}$

◑ $(1+\sqrt{2}\,i)^2-2(1+\sqrt{2}\,i)$
　を計算しても求められる。

$$
\begin{array}{r}
x^2+\ x-1 \\
x^2-2x+3{\overline{\smash{\big)}\,x^4-\ x^3+5x+2}} \\
\underline{x^4-2x^3+3x^2} \\
x^3-3x^2+5x \\
\underline{x^3-2x^2+3x} \\
-x^2+2x+2 \\
\underline{-x^2+2x-3} \\
5
\end{array}
$$

◑ x^2+x-1 には代入しなくても
　$0\cdot(x^2+x-1)=0$ とわかる。

解法のアシスト

高次式 A の値は　⟹　$x^2+px+q=0$ となる式で A を割り，

　　　　　　　　　　　$A=(x^2+px+q)Q(x)+mx+n$ の形に

☑ **練習 4**　$x=1+\sqrt{3}$ のとき $A=x^2-2x-2$ とすると，$A=\boxed{}$ である。

　　また，$B=x^4-3x^2-8x-7$ とすると，B を A で割ったときの商は $x^2+\boxed{}x+\boxed{}$ で，余り

は $\boxed{}x-\boxed{}$ である。

　　以上より，$x=1+\sqrt{3}$ のとき $B=\boxed{}\sqrt{3}+\boxed{}$ となる。

例題 5　判別式と虚数解

2次方程式 $x^2-(k-3)x+k+5=0$ が虚数解をもつとき，k の範囲は
$\boxed{}<k<\boxed{}$ であり，これを満たす整数 k は $\boxed{}$ 個ある。

解　$x^2-(k-3)x+k+5=0$ の判別式を D とすると

$D=\{-(k-3)\}^2-4(k+5)$

　$=k^2-10k-11$

　$=(k+1)(k-11)<0$

よって，$\boxed{-1}<k<\boxed{11}$

整数 k は 0 から 10 までの $\boxed{11}$ 個

◖ $ax^2+bx+c=0$ の判別式
　$D=b^2-4ac$

◖ 虚数解をもつのは $D<0$ のとき。

解法のアシスト

2次方程式 $ax^2+bx+c=0$ の判別式
$$D=b^2-4ac$$
➡
$D<0$ のとき，虚数解をもつ
$D\geqq0$ のとき，実数解をもつ
（$D=0$ のときは重解）

☑ **練習 5**　2次方程式 $x^2-2kx+2k+8=0$ が虚数解をもつのは $\boxed{}<k<\boxed{}$ のときであり，これを満たす k のうち最大の自然数は $k=\boxed{}$ である。このとき，この方程式の解は $x=\boxed{}\pm\sqrt{\boxed{}}\,i$ である。

例題 6　解と係数の関係

2次方程式 $2x^2-6x+3=0$ の2つの解を α，β とするとき，$\alpha+\beta=\boxed{}$，$\alpha\beta=\boxed{}$ であり，α^2，β^2 を解にもつ2次方程式は $x^2-\boxed{}x+\boxed{}=0$ である。

解　解と係数の関係より

$\alpha+\beta=-\dfrac{-6}{2}=\boxed{3}$，$\alpha\beta=\boxed{\dfrac{3}{2}}$

$\alpha^2+\beta^2=(\alpha+\beta)^2-2\alpha\beta=3^2-2\cdot\dfrac{3}{2}=6$

$\alpha^2\beta^2=(\alpha\beta)^2=\left(\dfrac{3}{2}\right)^2=\dfrac{9}{4}$

よって，$x^2-\boxed{6}\,x+\boxed{\dfrac{9}{4}}=0$

◖ "解の和" と "解の積" がわかれば次の2次方程式がつくれる。
　$x^2-(解の和)x+(解の積)=0$

解法のアシスト

2次方程式 $ax^2+bx+c=0$
の2つの解を α，β とすると
➡
$\alpha+\beta=-\dfrac{b}{a}$，$\alpha\beta=\dfrac{c}{a}$（解と係数の関係）

☑ **練習 6**　2次方程式 $2x^2-ax+(a-1)=0$ の2つの解を α，β とすると，$\alpha^2+\beta^2=0$ ならば $a=\boxed{}$ である。このとき，$\alpha^3+\beta^3=\boxed{}$ であり，$\dfrac{1}{\alpha}$ と $\dfrac{1}{\beta}$ を解とする2次方程式は $x^2-\boxed{}x+\boxed{}=0$ である。

例題 **7** 剰余の定理

整式 $P(x)=x^3-ax^2+bx+3$ を $x-2$ で割ると 5 余り，$x+3$ で割ると割り切れる。このとき，$a=\boxed{}$ ，$b=\boxed{}$ である。

解　$P(2)=8-4a+2b+3=5$

　　　　$2a-b=3$ ……①

　　　$P(-3)=-27-9a-3b+3=0$

　　　　$3a+b=-8$ ……②

　　①，②を解いて　$a=\boxed{-1}$ ，$b=\boxed{-5}$

⬅ $P(x)$ を $x-2$ で割ったときの余りは $P(2)$

⬅ $x+3$ で割ったときの余りは $P(-3)$

⬅ 割り切れる $\Longleftrightarrow$ 余り 0

解法のアシスト

剰余の定理 ➡ "割り算しなくても余りが求められる定理"
$P(x)$ を $x-\alpha$ で割ったときの余り R は $R=P(\alpha)$

☑ **練習 7**　整式 $P(x)=x^3+ax^2+bx-7$ を $x+2$ で割ると 11 余り，$x-3$ で割ると $a-b$ 余る。このとき，$a=\boxed{}$ ，$b=\boxed{}$ である。

例題 **8** 因数定理と高次方程式の解

整式 $P(x)=x^3-(k+1)x^2+(k+2)x-2$ は $P(\boxed{})=0$ となるから，$P(x)=(x-\boxed{})(x^2-\boxed{}x+\boxed{})$ と因数分解される。$P(x)=0$ が異なる 3 つの実数解をもつための最小の自然数 k は $k=\boxed{}$ である。

解　$P(x)=x^3-(k+1)x^2+(k+2)x-2$

　　　$P(\boxed{1})=1-(k+1)+(k+2)-2=0$

　　右の割り算より

　　　$P(x)=(x-\boxed{1})(x^2-\boxed{k}x+\boxed{2})$

　　$P(x)=0$ の解は $x-1=0$ と

　　　　　　　$x^2-kx+2=0$ ……①

　　の解だから，①の判別式が $D>0$ で，かつ

　　$x=1$ を解にもたなければよい。

　　$D=k^2-8>0$ より　$k<-2\sqrt{2},\ 2\sqrt{2}<k$

　　①は $x=1$ のとき $1-k+2\neq0$ より

　　　$k\neq3$

　　よって，$k=\boxed{4}$ である。

⬅ 定数項 -2 の約数 ±1，±2 を代入して $P(\boxed{})=0$ の形になるものをみつける。

$$\begin{array}{r}x^2-kx+2 \\ x-1\overline{\smash{)}\,x^3-(k+1)x^2+(k+2)x-2} \\ \underline{x^3-} \\ -kx^2+(k+2)x \\ \underline{-kx^2+kx} \\ 2x-2 \\ \underline{2x-2} \\ 0 \end{array}$$

⬅ $2\sqrt{2}\fallingdotseq2.8$

⬅ $k=3$ のとき，$P(x)=0$ は $x=1$ を重解にもつ。

解法のアシスト

因数定理 ➡ $P(x)$ は $P(\alpha)=0$ ならば $x-\alpha$ で割り切れて
$P(x)=(x-\alpha)Q(x)$ の形に因数分解できる

☑ **練習 8**　整式 $P(x)=x^3-(k+1)x^2+(k+1)x-1$ は $P(\boxed{})=0$ となるから，$P(x)=(x-\boxed{})(x^2-\boxed{}x+\boxed{})$ と因数分解され，$P(x)=0$ がただ 1 つの実数解をもつような整数 k は $\boxed{}$ 個ある。

例題 9　解と係数の関係と剰余の定理

方程式 $x^2-x-3=0$ の 2 つの解を α, β $(\alpha \neq \beta)$ とすると，$\alpha^2+\beta^2=\boxed{}$ である。
$P(x)=ax^2+bx-4$ において，$P(x)$ を $x-\alpha$ で割った余りが 2β，$x-\beta$ で割った余りが 2α であるとき，

$P(\alpha)=\boxed{}\beta$, $P(\beta)=\boxed{}\alpha$ が成り立つ。

$P(\alpha)+P(\beta)$ より $\boxed{}a+b=\boxed{}$ ……①

$P(\alpha)-P(\beta)$ より $a+b=\boxed{}$ ……②

となり，①，②より $a=\boxed{}$, $b=\boxed{}$ である。

解 $x^2-x-3=0$ の 2 つの解が α, β だから

解と係数の関係より

$\alpha+\beta=1$, $\alpha\beta=-3$

$\alpha^2+\beta^2=(\alpha+\beta)^2-2\alpha\beta=1^2-2\cdot(-3)=\boxed{7}$

$P(\alpha)=\boxed{2}\beta$, $P(\beta)=\boxed{2}\alpha$

$P(\alpha)=a\alpha^2+b\alpha-4=2\beta$ ……①

$P(\beta)=a\beta^2+b\beta-4=2\alpha$ ……②

①＋②より

$a(\alpha^2+\beta^2)+b(\alpha+\beta)-8=2(\alpha+\beta)$

$7a+b-8=2\cdot1$

よって，$\boxed{7}a+b=\boxed{10}$ ……③

①－②より

$a(\alpha^2-\beta^2)+b(\alpha-\beta)=2(\beta-\alpha)$

$a(\alpha+\beta)(\alpha-\beta)+b(\alpha-\beta)=-2(\alpha-\beta)$

$\alpha \neq \beta$ より

$a(\alpha+\beta)+b=-2$

よって，$a+b=\boxed{-2}$ ……④

③，④より $a=\boxed{2}$, $b=\boxed{-4}$

◖ "2 つの解が α, β" ときたら，迷わず解と係数の関係を使う。

◖ 基本対称式変形
$x^2+y^2=(x+y)^2-2xy$
$x^3+y^3=(x+y)^3-3xy(x+y)$

◖ $\alpha^2+\beta^2=7$, $\alpha+\beta=1$ を代入。

◖ 両辺を $\alpha-\beta$ で割ってもよいことを確認。

解法のアシスト

解と係数の関係で求めた $\alpha+\beta=\bigcirc$, $\alpha\beta=\bullet$ は，整式 $P(x)$ について $P(\alpha)+P(\beta)$, $P(\alpha)-P(\beta)$ の計算に利用できる

☐ **練習 9** 方程式 $x^2-3x+1=0$ の 2 つの解を α, β $(\alpha \neq \beta)$ とすると
$\alpha+\beta=\boxed{}$, $\alpha\beta=\boxed{}$, $\alpha^2+\beta^2=\boxed{}$, $\alpha^3+\beta^3=\boxed{}$ である。
$P(x)=x^3+ax^2+bx+4$ が次の条件(A), (B)を満たしているとする。

(A) $P(x)$ を $x-\alpha$ で割った余りは α^2 である。

(B) $P(x)$ を $x-\beta$ で割った余りは β^2 である。

このとき，(A), (B)の条件より

$\boxed{}a+3b=\boxed{}$ ……①, $\boxed{}a+b=\boxed{}$ ……②

が成り立ち，①，②より $a=\boxed{}$, $b=\boxed{}$ である。

例題 10 **恒等式**

等式 $x^3+ax^2+3x-2=(x-2)(x^2+bx+c)$ が x についての恒等式であるとき，$a=\boxed{}$，$b=\boxed{}$，$c=\boxed{}$ である。

解

$$\begin{aligned}x^3+ax^2+3x-2&=(x-2)(x^2+bx+c)\\&=x^3+(b-2)x^2+(-2b+c)x-2c\end{aligned}$$

これが x についての恒等式になるためには

$$a=b-2,\quad 3=-2b+c,\quad -2=-2c$$

これを解いて　$a=\boxed{-3}$，$b=\boxed{-1}$，$c=\boxed{1}$

別解　与式に $x=2, 0, 1$ を代入して

$x=2$ のとき　$8+4a+6-2=0$

よって，$a=\boxed{-3}$

$x=0$ のとき　$-2=-2c$

よって，$c=\boxed{1}$

$x=1$ のとき　$1+a+3-2=-1-b-c$

よって，$b=\boxed{-1}$

◯ 展開して，左辺と右辺の各項の係数を等しいとおく。

> 恒等式
> $ax^2+bx+c=a'x^2+b'x+c'$
> $\iff a=a',\ b=b',\ c=c'$

◯ 代入法では，厳密には，求めた係数を当てはめて恒等式となることを確かめなくてはならない。

解法のアシスト

恒等式の問題では ➡ 展開して整理し，各項の係数を比較する
展開が大変なときは，代入法も有効

☑ **練習 10**　等式 $x^3+ax^2+bx+4=(x-1)^3+2(x-1)^2+c(x-1)+1$ が x についての恒等式であるとき，$a=\boxed{}$，$b=\boxed{}$，$c=\boxed{}$ である。

例題 11 **割り算の余りと恒等式**

ax^3-x^2+9x+c を $ax^2+bx-2a+b$ で割ると，商が $x+3$，余りが $ax+b$ であるという。このとき，$a=\boxed{}$，$b=\boxed{}$，$c=\boxed{}$ である。

解　除法の関係式より

$$\begin{aligned}&ax^3-x^2+9x+c\\&=(x+3)(ax^2+bx-2a+b)+ax+b\\&=ax^3+(3a+b)x^2+(-a+4b)x-6a+4b\end{aligned}$$

これが x についての恒等式になるためには

$$a=a,\quad -1=3a+b,\quad 9=-a+4b,\quad c=-6a+4b$$

これを解いて　$a=\boxed{-1}$，$b=\boxed{2}$，$c=\boxed{14}$

◯ $ax^2+bx-2a+b\ )\overline{\ ax^3-x^2+9x+c\ }$ の筆算で，商 $x+3$，余り $ax+b$

◯ 展開して降べきの順に整理する。

解法のアシスト

実際に割り算するのが難しい割り算の問題では
➡ 除法の関係式から恒等式の考えへと導くとよい

☑ **練習 11**　x^3+ax^2+8x-3 を x^2+bx+c で割ると，商が $x+2$，余りが $bx-1$ である。このとき，$a=\boxed{}$，$b=\boxed{}$，$c=\boxed{}$ である。

数学Ⅱ 2 図形と方程式

例題 12 分点の座標

2 点 A(3, −4), B(8, 1) を 3：2 に内分する点を C，1：6 に外分する点を D とすると，C($\boxed{}$，$\boxed{}$)，D($\boxed{}$，$\boxed{}$) であり，CD＝$\boxed{}$ である。

解

$$\frac{2\cdot3+3\cdot8}{3+2}=\frac{30}{5}=6, \quad \frac{2\cdot(-4)+3\cdot1}{3+2}=\frac{-5}{5}=-1$$

よって，C($\boxed{6}$，$\boxed{-1}$)

$$\frac{-6\cdot3+1\cdot8}{1-6}=\frac{-10}{-5}=2, \quad \frac{-6\cdot(-4)+1\cdot1}{1-6}=\frac{25}{-5}=-5$$

よって，D($\boxed{2}$，$\boxed{-5}$)

$$CD=\sqrt{(2-6)^2+(-5+1)^2}=\sqrt{32}=\boxed{4\sqrt{2}}$$

◆ A(3, -4), B(8, 1)
3：2
x 座標に注目して
たすき掛け。

◆ 2 点間の距離は
$\sqrt{(x_2-x_1)^2+(y_2-y_1)^2}$

解法のアシスト

2 点 A(○, ●), B(□, ■)
を m：n に内分する点 ➡ $\left(\dfrac{n\times○+m\times□}{m+n}, \dfrac{n\times●+m\times■}{m+n}\right)$

（外分する点は n を $-n$ に置き換える）

☑ **練習 12** 2 点 A(−3, 11), B(9, 2) を 2：1 に内分する点を C，5：2 に外分する点を D とすると，C($\boxed{}$，$\boxed{}$)，D($\boxed{}$，$\boxed{}$) であり，CD＝$\boxed{}$ である。

例題 13 直線の平行，垂直

点 (−1, 3) を通り，直線 $y=-2x+6$ と平行な直線は $y=\boxed{}x+\boxed{}$ であり，垂直な直線は $y=\boxed{}x+\boxed{}$ である。

解 平行な直線は，傾きが -2 だから $y=-2(x+1)+3$

よって，$y=\boxed{-2}x+\boxed{1}$

垂直な直線は，傾きが $\dfrac{1}{2}$ だから

$$y=\frac{1}{2}(x+1)+3$$

よって，$y=\boxed{\dfrac{1}{2}}x+\boxed{\dfrac{7}{2}}$

点 (x_1, y_1) を通り，
傾きが m の直線の方程式
$y-y_1=m(x-x_1)$
$y=m(x-x_1)+y_1$

解法のアシスト

2 直線 $y=mx+n$, $y=m'x+n'$ ➡ $\begin{cases} m=m' \text{ のとき平行} \\ mm'=-1 \text{ のとき垂直} \end{cases}$

☑ **練習 13** 2 直線 $y=3x-k$ ……①，$y=kx+2$ ……②について，①と②が平行なときは $k=\boxed{}$ であり，垂直なときは $k=\boxed{}$ である。また，垂直なとき，①と②の交点の座標は ($\boxed{}$, $\boxed{}$) である。

II
2
図形と方程式

例題 14 定点を通る直線

直線 $(1+2k)x+(1-k)y-3-3k=0$ は，k の値にかかわらず定点（□，□）を通る。

解　$(1+2k)x+(1-k)y-3-3k=0$
　　　$(2x-y-3)k+(x+y-3)=0$
　　　k の値に関係なく成り立つためには
　　　$2x-y-3=0$ ……①
　　　$x+y-3=0$ ……②
　　①，②を解いて
　　　$x=2,\ y=1$
　　よって，定点（ 2 ， 1 ）

◐ k を含む項を集める。
◐ k についての恒等式を考える。

解法のアシスト

k の値にかかわらず
定点を通る直線 　➡　$(ax+by+c)k+(a'x+b'y+c')=0$ として
$ax+by+c=0,\ a'x+b'y+c'=0$ を解く

☑ **練習 14**　直線 $y=mx-3m+2$ は，m の値にかかわらず定点（□，□）を通る。また，直線 $(k+2)x-(3k+1)y+4k-7=0$ は，k の値に関係なく定点（□，□）を通る。

例題 15 点と直線の距離

2 点 $(4, 1)$，$(-2, 4)$ を通る直線の方程式は $x+$□$y-$□$=0$ であり，この直線と点 $(3, 4)$ との距離は □ である。

解　$(4, 1)$，$(-2, 4)$ を通る直線の方程式は

$$y-1=\frac{4-1}{-2-4}(x-4)\quad より$$

$$y=-\frac{1}{2}x+3$$

よって，$x+$ 2 $y-$ 6 $=0$
この直線と点 $(3, 4)$ との距離は

$$\frac{|1\cdot3+2\cdot4-6|}{\sqrt{1^2+2^2}}=\frac{5}{\sqrt{5}}$$

$$=\boxed{\sqrt{5}}$$

$(x_1,\ y_1)$，$(x_2,\ y_2)$ を通る
直線の方程式
$$y-y_1=\frac{y_2-y_1}{x_2-x_1}(x-x_1)$$

点 $(3,\ 4)$
　↓　　↓
◐ $\dfrac{|x+2y-6|}{\sqrt{1^2+2^2}}$

解法のアシスト

点と直線の距離の公式 　➡　$d=\dfrac{|ax_0+by_0+c|}{\sqrt{a^2+b^2}}$

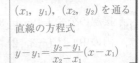

☑ **練習 15**　3 点 A$(-1, -7)$，B$(4, 8)$，C$(-5, 1)$ がある。2 点 A，B を通る直線の方程式は □$x-y-$□$=0$ で，点 C と直線 AB との距離は □ である。

例題 16 円の方程式

2 点 A$(-1, 10)$，B$(5, 8)$ を通る円の中心は，直線 $y=\boxed{}x+\boxed{}$ 上にあり，この円の中心が y 軸上にあれば，円の方程式は $x^2+y^2-\boxed{}y-\boxed{}=0$ である。

解　直線 AB の傾きは $\dfrac{8-10}{5-(-1)}=-\dfrac{1}{3}$ で

弦 AB の中点は $(2, 9)$ だから

AB の垂直二等分線は　$y=3(x-2)+9$

よって，$y=\boxed{3}x+\boxed{3}$

y 切片は 3 だから中心は $(0, 3)$ で，半径は

$$\sqrt{(-1)^2+(10-3)^2}=\sqrt{50}$$

よって，$x^2+(y-3)^2=50$ より

$$x^2+y^2-\boxed{6}y-\boxed{41}=0$$

◆ 円の中心は，弦 AB の垂直二等分線上にある。

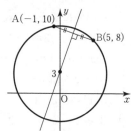

> **解法のアシスト**
> 円の中心は，弦の垂直二等分線上にある

☐ **練習 16**　2 点 A$(-2, 3)$，B$(-9, 4)$ を通る円の中心は，直線 $y=\boxed{}x+\boxed{}$ 上にあり，この円の中心が x 軸上にあれば，円の方程式は $x^2+y^2+\boxed{}x+\boxed{}=0$ である。

例題 17 円の接線

円 $x^2+y^2=10$ 上の点 $(3, -1)$ における接線は $\boxed{}x-y=\boxed{}$ であり，円 $(x+3)^2+(y-2)^2=20$ 上の点 A$(-1, 6)$ における接線は $x+\boxed{}y=\boxed{}$ である。

解　接線の公式より　$\boxed{3}x-y=\boxed{10}$

円の中心は $(-3, 2)$ で，これを C とする。

直線 CA の傾きは $\dfrac{6-2}{-1-(-3)}=2$ だから

接線の傾きは $-\dfrac{1}{2}$

よって，$y=-\dfrac{1}{2}(x+1)+6$

ゆえに，$x+\boxed{2}y=\boxed{11}$

◆ 公式 $x_1x+y_1y=r^2$ に代入。

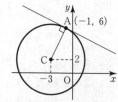

> **解法のアシスト**
> 円の接線 ➡
> ・円の中心が原点：公式 $x_1x+y_1y=r^2$ で
> ・円の中心が原点でなくても，接点がわかれば傾きが求められる。（中心と接点を結ぶ直線に垂直）

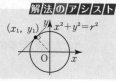

☐ **練習 17**　円 $x^2+y^2=20$ 上の点 $(-2, 4)$ における接線は $x-\boxed{}y+\boxed{}=0$ であり，円 $(x-4)^2+(y+2)^2=10$ 上の点 A$(1, -1)$ における接線は $\boxed{}x-y=\boxed{}$ である。

例題 **18** 円外の点から引いた接線

点 A$(1, 5)$ から円 $x^2+y^2=13$ に接線を引く。このとき，接点の座標は

$(\boxed{}, \boxed{})$, $(\boxed{}, \boxed{})$ であり，接線の方程式は $\boxed{}x+\boxed{}y=13$,

$\boxed{}x+\boxed{}y=13$ である。

また，点 A を通り，円 $x^2+y^2=8$ と接する直線の傾きは $\boxed{}$ と $\boxed{}$ である。

解 接点の座標を (x_1, y_1) とすると，接線の方程式は

$\qquad x_1 x + y_1 y = 13$

これが $(1, 5)$ を通るから

$\qquad x_1 + 5y_1 = 13$ ……①

(x_1, y_1) は円 $x^2+y^2=13$ 上の点だから

$\qquad x_1{}^2 + y_1{}^2 = 13$ ……②

①，②を解いて

$\qquad x_1=3, \ y_1=2$ または $x_1=-2, \ y_1=3$

よって，$(\boxed{3}, \boxed{2})$, $(\boxed{-2}, \boxed{3})$

接線の方程式は

$\qquad \boxed{3}x + \boxed{2}y = 13$, $\boxed{-2}x + \boxed{3}y = 13$

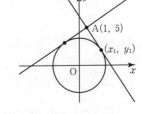

◆ $x_1=13-5y_1$ を②に代入
$(13-5y_1)^2+y_1{}^2=13$
$26y_1{}^2-130y_1+156=0$
$y_1{}^2-5y_1+6=0$
$(y_1-2)(y_1-3)=0$
∴ $y_1=2, \ 3$

また，点 $(1, 5)$ を通る直線の方程式は

$\qquad y=m(x-1)+5$ より $mx-y-m+5=0$

円の中心と直線の距離を考えると

$\qquad \dfrac{|-m+5|}{\sqrt{m^2+(-1)^2}} = \sqrt{8}$

$\qquad |-m+5| = \sqrt{8(m^2+1)}$

両辺を 2 乗して整理すると

$\qquad m^2-10m+25 = 8(m^2+1)$

$\qquad 7m^2+10m-17 = 0$

$\qquad (m-1)(7m+17) = 0$

よって，$m = \boxed{1}, \ \boxed{-\dfrac{17}{7}}$

◆ 円の中心と接線までの距離
が半径に等しいとおく。

◆ $|-m+5|^2=(-m+5)^2$
$|\ |^2$ は $(\ )^2$ と同じ

解法のアシスト

円外の点から引いた接線 ➡
- 接点を求めるときは，接点を (x_1, y_1) とおく
- 傾きを求めるときは，"点と直線の距離"を利用

☑ **練習 18** 点 A$(1, 3)$ から円 $x^2+y^2=5$ に引いた接線の接点の座標は $(\boxed{}, \boxed{})$, $(\boxed{}, \boxed{})$ であり，接線の方程式は $y=\boxed{}x+\boxed{}$ と $y=\boxed{}x+\boxed{}$ である。

また，点 A を通る傾き m の直線と円 $x^2+y^2=5$ が異なる 2 点で交わるための m の範囲は

$m<\boxed{}$, $\boxed{}<m$ である。

例題 19　距離の比が一定である軌跡

2 点 A$(-2, 0)$, B$(4, 0)$ からの距離の比が $2:1$ である点 P の軌跡は，中心が
($\boxed{}$, $\boxed{}$)，半径が $\boxed{}$ の円である。

解　P(x, y) とすると

　　AP : BP $= 2 : 1$ より　AP $= 2$BP

　　$\sqrt{(x+2)^2+y^2} = 2\sqrt{(x-4)^2+y^2}$

両辺を 2 乗して整理すると

　　$x^2+y^2-12x+20=0$

　　$(x-6)^2+y^2=16$

よって，中心 ($\boxed{6}$, $\boxed{0}$)，半径 $\boxed{4}$

> 求める軌跡上の点を P(x, y)
> とおき，距離の関係を式にする。

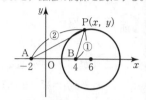

解法のアシスト

2 点からの距離の比を考える軌跡は，P(x, y) とおいて距離の公式で

☑ **練習 19**　2 点 A$(-2, 0)$, B$(1, 0)$ からの距離の比が $1:2$ である点 P の軌跡は，中心が
($\boxed{}$, $\boxed{}$)，半径が $\boxed{}$ の円である。

例題 20　放物線の頂点の座標と軌跡

放物線 $y=x^2-2(a+1)x+2a^2$ の頂点の座標は ($a+\boxed{}$, $a^2-\boxed{}a-\boxed{}$)
であり，a がいろいろな値をとって変わるとき，頂点は放物線
$y=x^2-\boxed{}x+\boxed{}$ 上にある。

解　$y=x^2-2(a+1)x+2a^2$

　　　$=(x-a-1)^2-(a+1)^2+2a^2$

　　　$=(x-a-1)^2+a^2-2a-1$

頂点の座標は

　　($a+\boxed{1}$, $a^2-\boxed{2}a-\boxed{1}$)

次に，$x=a+1$, $y=a^2-2a-1$ とおいて，a を消去する。

$a=x-1$ として y に代入すると

　　$y=(x-1)^2-2(x-1)-1$

　　　$=x^2-\boxed{4}x+\boxed{2}$

> $\begin{cases} x=a+1 \\ y=a^2-2a-1 \end{cases}$
> a は x, y の媒介変数
> で，軌跡は x, y の関
> 係式で表されるから，
> 上の式から a を消去
> する。

解法のアシスト

文字 a がいろいろな値をとって変わるときの軌跡

　$x=(a \text{ の式})$
　$y=(a \text{ の式})$ とおいて　➡　a を消去し，x, y の関係式を導く

☑ **練習 20**　放物線 $y=-2x^2+2ax+a+3$ の頂点の座標は ($\boxed{}a$, $\boxed{}a^2+a+\boxed{}$) であり，
a がいろいろな値をとって変わるとき，頂点は放物線 $y=\boxed{}x^2+\boxed{}x+\boxed{}$ 上にある。

例題 21 三角形の重心の軌跡

円 $(x-3)^2+y^2=9$ 上の動点を $P(u, v)$, 原点を $O(0, 0)$, 定点を $A(6, 0)$ とする。

$\triangle OAP$ の重心を $G(x, y)$ とすると, $x=\dfrac{u+\boxed{}}{\boxed{}}$, $y=\dfrac{v}{\boxed{}}$ と表せる。

動点 P は円周上の点だから $(u-3)^2+v^2=9$ ……① を満たす。

よって, $u=\boxed{}x-\boxed{}$, $v=\boxed{}y$ として①に代入すると, 重心 G の軌跡の

方程式 $(x-\boxed{})^2+y^2=\boxed{}$ が得られる。

ただし, P が原点 O と定点 A にあるときは, 三角形ができないから 2 点

$(\boxed{}, \boxed{})$, $(\boxed{}, \boxed{})$ は除く。

解　$\triangle OAP$ の重心の座標は

$x=\dfrac{u+0+6}{3}=\dfrac{u+\boxed{6}}{\boxed{3}}$

$y=\dfrac{v+0+0}{3}=\dfrac{v}{\boxed{3}}$

$u=\boxed{3}x-\boxed{6}$, $v=\boxed{3}y$ を①に代入する。

$(3x-9)^2+(3y)^2=9$

両辺を 9 で割って

$(x-\boxed{3})^2+y^2=\boxed{1}$

ただし, P が $O(0, 0)$ にあるとき

$u=0$, $v=0$ より $x=2$, $y=0$

P が $A(6, 0)$ にあるとき

$u=6$, $v=0$ より $x=4$, $y=0$

よって, 2 点 $(\boxed{2}, \boxed{0})$, $(\boxed{4}, \boxed{0})$ は除く。

◑ $P(u, v)$ と $G(x, y)$ の
関係式をつくる。

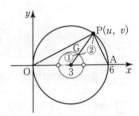

◑ $(\ )^2$ 内は 3 で割る

◑ 除く点は,
$(u, v)=(0, 0)$, $(6, 0)$ を
$u=3x-6$, $v=3y$
に代入して, x, y を求める。

解法のアシスト

・動点 $P(u, v)$ にともなって動く点 $Q(x, y)$ の軌跡

➡ (u, v) と (x, y) の関係式をつくる

・三角形の重心 G の軌跡 ➡ 三角形ができないときの点は除く

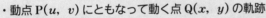

☑ **練習 21**　放物線 $y=x^2$ 上の動点を $P(u, v)$, 2 定点を $A(-3, 3)$, $B(6, 12)$ とするとき,

$\triangle PAB$ の重心の軌跡を求めてみよう。

$\triangle PAB$ の重心を $G(x, y)$ とすると, $x=\dfrac{u+\boxed{}}{\boxed{}}$, $y=\dfrac{v+\boxed{}}{\boxed{}}$ と表せる。

u, v は $v=u^2$ を満たすから $u=\boxed{}x-\boxed{}$, $v=\boxed{}y-\boxed{}$ を代入して, 軌跡の方程式

$y=\boxed{}x^2-\boxed{}x+\boxed{}$ を得る。

ただし, P, A, B が一直線上にあるときは三角形ができないから, 2 点 $(\boxed{}, \boxed{})$,

$(\boxed{}, \boxed{})$ は除く。

例題 22 不等式の表す領域の面積

連立不等式 $y \geqq 0$, $y \leqq x+1$, $y \leqq -\dfrac{1}{2}x+k$ $(k>0)$ の表す領域を D とすると，D の面積が 6 のときの k の値は $\boxed{}$ である。

解 領域 D は，右図の色ぬりの部分。

ただし，境界を含む。

右図の点 A の x，y 座標は

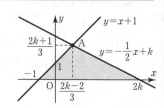

$$-\dfrac{1}{2}x+k=x+1 \text{ から}$$

$$x=\dfrac{2k-2}{3}, \quad y=\dfrac{2k+1}{3}$$

$$\dfrac{1}{2}(2k+1)\cdot\dfrac{2k+1}{3}=6 \text{ より} \quad (2k+1)^2=36$$

$$2k+1=\pm 6$$

$k>0$ だから $\quad k=\boxed{\dfrac{5}{2}}$

解法のアシスト

領域の問題では ➡ 境界の端点をしっかり求める

☑ **練習 22** 連立不等式 $x \leqq 5$, $y \geqq 0$, $y \leqq 2x$, $y \leqq k$ $(0<k<10)$ の表す領域の面積が 16 となるのは $k=\boxed{}$ のときである。

例題 23 領域と最大，最小

点 $P(x, y)$ が，連立不等式 $2x-y \geqq 0$, $2x-5y-8 \leqq 0$, $2x+y-8 \leqq 0$ を満たすとき，$x+y$ の最大値は $\boxed{}$ で，最小値は $\boxed{}$ である。

解 連立不等式の表す領域は，右図の色ぬりの部分。

ただし，境界を含む。

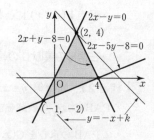

$x+y=k$ とおいて，直線 $y=-x+k$ で考える。

右図より，点 $(2, 4)$ を通るとき

最大値 $\quad k=2+4=\boxed{6}$

点 $(-1, -2)$ を通るとき

最小値 $\quad k=-1-2=\boxed{-3}$

解法のアシスト

領域における $ax+by$ の最大，最小は $ax+by=k$ とおいて

➡ 直線 $y=-\dfrac{a}{b}x+\dfrac{k}{b}$ の平行移動で考える

☑ **練習 23** 点 (x, y) が連立不等式 $x^2+y^2 \leqq 20$, $x+y \geqq 0$ を満たす領域内を動くとき，$x+2y$ の最大値は $\boxed{}$ で，最小値は $-\sqrt{\boxed{}}$ である。

例題 **24** 領域と条件

実数 x, y について，次の条件を考える。

$x^2+y^2<4$ ……①，　　$(x-1)^2+y^2<r^2$ $(r>0)$ ……②，

$|x|+|y|<k$ $(k>0)$ ……③

①が②であるための十分条件になるときの r の値の範囲は $r \geqq \boxed{}$ であり，必要条件であるときの r の値の範囲は $0<r \leqq \boxed{}$ である。

また，$\boxed{}<k<\boxed{}\sqrt{\boxed{}}$ のとき，①は③であるための必要条件でも十分条件でもない。

解 十分条件であるためには

$x^2+y^2<4$ が $(x-1)^2+y^2<r^2$ に含まれればよい。

右図より $r \geqq 3$ のとき

$x^2+y^2<4$ は $(x-1)^2+y^2<r^2$

に含まれる。

よって，$r \geqq \boxed{3}$

必要条件であるためには

$x^2+y^2<4$ が $(x-1)^2+y^2<r^2$ を含めばよい。

右図より $r \leqq 1$ のとき

$x^2+y^2<4$ は $(x-1)^2+y^2<r^2$

を含む。

よって，$0<r \leqq \boxed{1}$

p は q の
十分条件

P は Q に含まれる。

p は q の
必要条件

P は Q を含む。

①が③であるための必要条件でも十分条件でもないのは，

①と③が互いに他方を含まないときだから，

右図より

$\boxed{2}<k<\boxed{2}\sqrt{\boxed{2}}$

のとき。

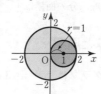

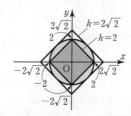

◆ $|x|+|y|<k$ の表す領域は

条件が座標平面で表されるとき　➡　必要条件，十分条件の判断は領域を使う

☑ **練習 24**　実数 a, b について，次の⓪～④の条件を考える。

$a>0$ かつ $b>0$ ……⓪，　　$a+b>0$ ……①，

$|a|+|b|>0$ ……②，　　$a+b>0$ かつ $ab>0$ ……③，

2次関数 $y=x^2-ax+b$ のグラフが x 軸の正の部分と 2 点で交わる……④

⓪～④のうちで⓪と同値な条件は $\boxed{}$ である。また，⓪～④のうちで，$\boxed{}$ は他のすべての条件の十分条件であり，$\boxed{}$ は他のすべての条件の必要条件である。

数学Ⅱ 3 三角関数

例題 25 弧度法と扇形

右の図は面積が 30π の扇形である。

$r=10$ のとき，$\theta=\boxed{}\pi$ であり，弧の長さを l とすると，

$l=\boxed{}\pi$ となる。ただし，θ は弧度法で表された角とする。

解 扇形の面積が $\dfrac{1}{2}r^2\theta$ であるから，$r=10$ のとき

$$\dfrac{1}{2}\cdot 10^2\theta=30\pi \quad \text{よって，}\quad \theta=\boxed{\dfrac{3}{5}}\pi$$

$l=r\theta$ であるから　$l=10\cdot\dfrac{3}{5}\pi=\boxed{6}\pi$

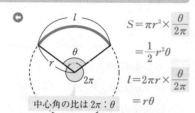

中心角の比は $2\pi:\theta$

$S=\pi r^2\times\dfrac{\theta}{2\pi}$
$\quad =\dfrac{1}{2}r^2\theta$
$l=2\pi r\times\dfrac{\theta}{2\pi}$
$\quad =r\theta$

解法のアシスト

弧度法
と扇形 ➡ $l=r\theta$
$S=\dfrac{1}{2}r^2\theta=\dfrac{1}{2}lr$

弧と半径が等しいとき　$l=r\theta=r$

$\theta=1$ ラジアン $=\dfrac{180°}{\pi}≒57°$

☑ **練習 25**　右の図のような扇形において，弧 AB の長さが 4π であるとき，

$\theta=\boxed{}\pi$ である。また，斜線部分の面積は $\boxed{}\pi-\boxed{}$ である。

例題 26 三角関数のグラフと周期

関数 $y=\sin\left(3x-\dfrac{\pi}{2}\right)$ のグラフは $y=\sin 3x$ のグラフを x 軸方向に $\boxed{}$ だけ平行

移動したもので，正の周期のうち最小のものは $\boxed{}$ である。

解 $y=\sin\left(3x-\dfrac{\pi}{2}\right)=\sin 3\left(x-\dfrac{\pi}{6}\right)$ より

　x 軸方向に $\boxed{\dfrac{\pi}{6}}$ だけ平行移動したもの。

周期を ω とすると $3\omega=2\pi$ より　$\omega=\boxed{\dfrac{2\pi}{3}}$

◖ $\sin\left(3x-\dfrac{\pi}{2}\right)$ をみて $\dfrac{\pi}{2}$ の平行
移動としてはいけない。

◖ $\sin\left(3x-\dfrac{\pi}{2}\right)$
周期は $3\omega=2\pi$ として求める。

解法のアシスト

$y=\sin(kx-\bullet)$
（cos も同様） ➡ 平行移動は $y=\sin k\left(x-\dfrac{\bullet}{k}\right)$ と変形
周期は $k\omega=2\pi$ となる ω を求める

☑ **練習 26**　関数 $y=2\sin\left(2x-\dfrac{\pi}{3}\right)$ のグラフは $y=2\sin 2x$ のグラフを x 軸方向に $\boxed{}$ だけ平行

移動したもので，正で最小の周期は $\boxed{}$ である。また，関数 $y=\cos(3x+\pi)$ の正で最小の周期

は $\boxed{}$ で，$y=\cos 3x$ のグラフを x 軸方向に $\boxed{}$ だけ平行移動したものである。

例題 27 三角関数のグラフ

右の図は関数 $y=2\cos\left(2x-\dfrac{\pi}{3}\right)$ のグラフである。

ア～オに適当な数を入れてグラフを完成せよ。

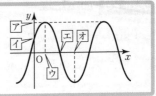

解 関数 $y=2\cos\left(2x-\dfrac{\pi}{3}\right)$ の最大値は 2 だから ア＝ 2 　　◀ $-1\leqq\cos\bigcirc\leqq1$

イ は $x=0$ のときだから $2\cos\left(-\dfrac{\pi}{3}\right)=$ 1 …イ

ウ は $2x-\dfrac{\pi}{3}=0$ のときだから $x=\dfrac{\pi}{6}$ …ウ 　　◀ $\cos\left(2x-\dfrac{\pi}{3}\right)$ が 1, 0, -1

エ は $2x-\dfrac{\pi}{3}=\dfrac{\pi}{2}$ のときだから $x=\dfrac{5}{12}\pi$ …エ 　　となるときを考える。

オ は $2x-\dfrac{\pi}{3}=\pi$ のときだから $x=\dfrac{2}{3}\pi$ …オ

解法のアシスト

$\left.\begin{array}{l} y=r\sin(ax+b) \\ y=r\cos(ax+b) \end{array}\right\}$ のグラフ ➡ $ax+b=0,\ \dfrac{\pi}{2},\ \pi,\ \dfrac{3}{2}\pi,\ 2\pi,\ \cdots\cdots$

となる x の値が key になる

☐ **練習 27** 右の図は関数 $y=\dfrac{1}{2}\sin\left(\dfrac{x}{2}+\dfrac{\pi}{6}\right)$ のグラフである。

ア～オに適当な数を入れてグラフを完成せよ。

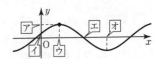

例題 28 三角方程式，不等式

$2\sin\theta\cos\theta-\cos\theta=0$ を満たす θ は ☐, ☐, ☐, ☐ である。ただし，

$0\leqq\theta\leqq2\pi$ とする。

解 $2\sin\theta\cos\theta-\cos\theta=0$

$\cos\theta(2\sin\theta-1)=0$ より

$\cos\theta=0$ または $\sin\theta=\dfrac{1}{2}$ であるから

右の図より $\theta=\dfrac{\pi}{6},\ \dfrac{\pi}{2},\ \dfrac{5}{6}\pi,\ \dfrac{3}{2}\pi$

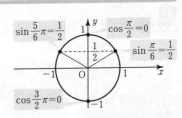

解法のアシスト

三角方程式，不等式 ➡ 単位円を使って θ を求める

☐ **練習 28** $2\sin\theta\cos\theta-\sqrt{3}\sin\theta=0$ を満たす θ は ☐, ☐, ☐, ☐ であり，

$2\sin\theta\cos\theta-\sqrt{3}\sin\theta>0$ を満たす θ の範囲は ☐$<\theta<$☐, ☐$<\theta<$☐ である。ただ

し，$0\leqq\theta<2\pi$ とする。

例題 29 加法定理

$\sin\alpha=\dfrac{\sqrt{6}}{3}$, $\cos\beta=-\dfrac{2}{3}$ のとき，α, β が同じ象限の角であれば，第 ◻ 象限の角

であり，このとき，$\cos\alpha=$ ◻，$\sin\beta=$ ◻，$\sin(\alpha+\beta)=$ ◻ である。

解 $\sin\alpha>0$，$\cos\beta<0$ だから α, β は第 $\boxed{2}$ 象限の角。

$\cos\alpha<0$ だから $\cos\alpha=-\sqrt{1-\sin^2\alpha}$

$$=-\sqrt{1-\left(\dfrac{\sqrt{6}}{3}\right)^2}=\boxed{-\dfrac{\sqrt{3}}{3}}$$

$\sin\beta>0$ だから $\sin\beta=\sqrt{1-\cos^2\beta}$

$$=\sqrt{1-\left(-\dfrac{2}{3}\right)^2}=\boxed{\dfrac{\sqrt{5}}{3}}$$

$\sin(\alpha+\beta)=\sin\alpha\cos\beta+\cos\alpha\sin\beta$

$$=\dfrac{\sqrt{6}}{3}\cdot\left(-\dfrac{2}{3}\right)+\left(-\dfrac{\sqrt{3}}{3}\right)\cdot\dfrac{\sqrt{5}}{3}=\boxed{-\dfrac{2\sqrt{6}+\sqrt{15}}{9}}$$

◐

$\sin\theta>0$ $\sin\theta>0$
$\cos\theta<0$ $\cos\theta>0$
$\sin\theta<0$ $\sin\theta<0$
$\cos\theta<0$ $\cos\theta>0$

解法のアシスト

加法定理は　➡　$\sin(\alpha\pm\beta)=\sin\alpha\cos\beta\pm\cos\alpha\sin\beta$

公式の宝庫　　　　$\cos(\alpha\pm\beta)=\cos\alpha\cos\beta\mp\sin\alpha\sin\beta$ （複号同順）

☑ **練習 29** $\sin\alpha=-\dfrac{1}{5}$，$\cos\beta=\dfrac{1}{4}$ のとき，α, β が同じ象限の角であれば，第◻象限の角であ

り，このとき，$\cos\alpha=$◻，$\sin\beta=$◻，$\cos(\alpha+\beta)=\dfrac{\boxed{}-\boxed{}}{20}$

例題 30 2倍角の公式

$\cos\theta=\dfrac{1}{4}$ $(0\leqq\theta\leqq\pi)$ のとき，$\cos2\theta=$ ◻，$\sin2\theta=$ ◻ である。

解 $\cos2\theta=2\cos^2\theta-1=2\cdot\left(\dfrac{1}{4}\right)^2-1=\boxed{-\dfrac{7}{8}}$

$\sin\theta\geqq0$ だから $\sin\theta=\sqrt{1-\left(\dfrac{1}{4}\right)^2}=\dfrac{\sqrt{15}}{4}$

$\sin2\theta=2\sin\theta\cos\theta=2\cdot\dfrac{\sqrt{15}}{4}\cdot\dfrac{1}{4}=\boxed{\dfrac{\sqrt{15}}{8}}$

◐ 2倍角の公式は，半分の角で表す式で，

$2\theta\to\theta$，$\theta\to\dfrac{\theta}{2}$ などに置き換えること

ができる。

解法のアシスト

忘れたときは，加法定理で $\alpha=\beta=\theta$ とおくと2倍角の公式になる

$\sin2\theta=\boxed{2\sin\theta\cos\theta}$，$\cos2\theta=\boxed{\cos^2\theta-\sin^2\theta}=\boxed{2\cos^2\theta-1}=\boxed{1-2\sin^2\theta}$

☑ **練習 30** $\dfrac{\pi}{2}\leqq\theta\leqq\pi$ とすると，$\sin\theta=\dfrac{3}{5}$ のとき，$\cos2\theta=$◻，$\sin2\theta=$◻ であり，

$\cos\dfrac{\theta}{2}=$◻，$\sin\dfrac{\theta}{2}=$◻，$\sin4\theta=$◻ である。

例題 **31** 三角関数の合成

関数 $f(x)=3\sin x+\sqrt{3}\cos x$ $(0 \leqq x \leqq \pi)$ について，
$f(x)=r\sin(x+\alpha)=r\cos(x-\beta)$ と変形する。$r>0$, $0<\alpha<\pi$, $0<\beta<\pi$ で考える
と，$r=\boxed{}$, $\alpha=\boxed{}$, $\beta=\boxed{}$ である。また，$f(x)$ は
$x=\boxed{}$ のとき最大値 $\boxed{}$, $x=\boxed{}$ のとき最小値 $\boxed{}$ をとる。

II

3

三角関数

解

$$f(x)=3\sin x+\sqrt{3}\cos x$$
$$=\sqrt{3^2+(\sqrt{3})^2}\sin\left(x+\frac{\pi}{6}\right)=2\sqrt{3}\sin\left(x+\frac{\pi}{6}\right)$$

$\sin\theta=\cos\left(\dfrac{\pi}{2}-\theta\right)$ だから

$$f(x)=2\sqrt{3}\cos\left(\frac{\pi}{2}-x-\frac{\pi}{6}\right)=2\sqrt{3}\cos\left(x-\frac{\pi}{3}\right)$$

よって $r=\boxed{2\sqrt{3}}$, $\alpha=\boxed{\dfrac{\pi}{6}}$, $\beta=\boxed{\dfrac{\pi}{3}}$

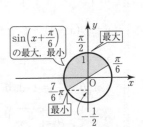

$\theta=\boxed{x+\dfrac{\pi}{6}}$ として考える。

$\sin\theta=\cos\left(\dfrac{\pi}{2}-\theta\right)$

$0\leqq x \leqq \pi$ より $\dfrac{\pi}{6}\leqq x+\dfrac{\pi}{6}\leqq\dfrac{7}{6}\pi$

これと右図より，$f(x)$ は $x+\dfrac{\pi}{6}=\dfrac{\pi}{2}$ のとき最大値，

$$x+\frac{\pi}{6}=\frac{7}{6}\pi \text{ のとき最小値をとる。}$$

ゆえに

$x+\dfrac{\pi}{6}=\dfrac{\pi}{2}$, すなわち $x=\boxed{\dfrac{\pi}{3}}$ のとき

最大値 $2\sqrt{3}\sin\dfrac{\pi}{2}=\boxed{2\sqrt{3}}$

$x+\dfrac{\pi}{6}=\dfrac{7}{6}\pi$, すなわち $x=\boxed{\pi}$ のとき

最小値 $2\sqrt{3}\sin\dfrac{7}{6}\pi=\boxed{-\sqrt{3}}$

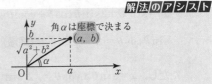

$\sin\left(x+\dfrac{\pi}{6}\right)$ の最大，最小　最大　最小

解法のアシスト

三角関数の合成

$$a\sin x+b\cos x=\sqrt{a^2+b^2}\sin(x+\alpha)$$

$$(\cos\text{ で表すと})=\sqrt{a^2+b^2}\cos\left(x+\alpha-\frac{\pi}{2}\right)$$

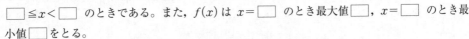

角 α は座標で決まる (a, b)

□ **練習 31** 関数 $f(x)=\sin x-\sqrt{3}\cos x$ について，次の問いに答えよ。

(1) $f(x)=\sin x-\sqrt{3}\cos x=r\sin(x-\alpha)=r\cos(x-\beta)$ と変形するとき，
　　$r>0$, $0<\alpha<\pi$, $0<\beta<\pi$ で考えると，$r=\boxed{}$, $\alpha=\boxed{}$, $\beta=\boxed{}$ である。

(2) $0\leqq x\leqq\pi$ のとき $f(x)=0$ となるのは $x=\boxed{}$ のときで，$f(x)<1$ となるのは
　　$\boxed{}\leqq x<\boxed{}$ のときである。また，$f(x)$ は $x=\boxed{}$ のとき最大値 $\boxed{}$, $x=\boxed{}$ のとき最
　　小値 $\boxed{}$ をとる。

例題 32　$x=\sin\theta\pm\cos\theta$ のとき

$0\leqq\theta<2\pi$ のとき，$y=-\sin\theta\cos\theta+\sin\theta-\cos\theta$ を考える。

$x=\sin\theta-\cos\theta$ とおいて，y を x の関数で表せば

$y=\boxed{}x^2+x-\boxed{}$ となる。$x=\boxed{}\sin(\theta-\boxed{})$ だから，x の範囲は

$\boxed{}\leqq x\leqq\boxed{}$ であり，y は $\theta=\boxed{}$ のとき最大値$\boxed{}$，

$\theta=\boxed{}$，$\boxed{}$ のとき最小値$\boxed{}$ をとる。

解　$x=\sin\theta-\cos\theta$ の両辺を 2 乗して

$\quad x^2=\sin^2\theta-2\sin\theta\cos\theta+\cos^2\theta=1-2\sin\theta\cos\theta$

よって，$\sin\theta\cos\theta=\dfrac{1-x^2}{2}$

ゆえに，$y=-\dfrac{1-x^2}{2}+x=\boxed{\dfrac{1}{2}}x^2+x-\boxed{\dfrac{1}{2}}$

$x=\sin\theta-\cos\theta=\boxed{\sqrt{2}}\sin\left(\theta-\boxed{\dfrac{\pi}{4}}\right)$ だから　　◀ $\sqrt{a^2+b^2}\sin(\theta+\alpha)$ による合成

$-\dfrac{\pi}{4}\leqq\theta-\dfrac{\pi}{4}<\dfrac{7}{4}\pi$ より　$\boxed{-\sqrt{2}}\leqq x\leqq\boxed{\sqrt{2}}$　　◀ $-1\leqq\sin\left(\theta-\dfrac{\pi}{4}\right)\leqq1$

$y=\dfrac{1}{2}(x+1)^2-1$ と変形できるので，

$x=\sqrt{2}$ のとき最大値，$x=-1$ のとき最小値をとる。

$\sin\left(\theta-\dfrac{\pi}{4}\right)=1$ より　$\theta-\dfrac{\pi}{4}=\dfrac{\pi}{2}$　　◀ $x=\sqrt{2}\sin\left(\theta-\dfrac{\pi}{4}\right)=\sqrt{2}$

よって，$\theta=\boxed{\dfrac{3}{4}\pi}$ のとき，最大値$\boxed{\dfrac{1}{2}+\sqrt{2}}$

$\sin\left(\theta-\dfrac{\pi}{4}\right)=-\dfrac{1}{\sqrt{2}}$ より　$\theta-\dfrac{\pi}{4}=-\dfrac{\pi}{4}$，$\dfrac{5}{4}\pi$　　◀ $x=\sqrt{2}\sin\left(\theta-\dfrac{\pi}{4}\right)=-1$

よって，$\theta=\boxed{0}$，$\boxed{\dfrac{3}{2}\pi}$ のとき，最小値$\boxed{-1}$

解法のアシスト

$x=\sin\theta\pm\cos\theta$ のとき，両辺を 2 乗すれば $\sin\theta\cos\theta$ が出てくる

$\quad x^2=\sin^2\theta\pm2\sin\theta\cos\theta+\cos^2\theta=1\pm2\sin\theta\cos\theta$

$\quad\sin\theta\cos\theta=\pm\dfrac{x^2-1}{2}$ （複号同順）

ただし，$x=\sin\theta\pm\cos\theta=\sqrt{2}\sin\left(\theta\pm\dfrac{\pi}{4}\right)$ だから，x の値の範囲に注意

☐ **練習 32**　$0\leqq\theta<2\pi$ のとき，$y=2\sin\theta\cos\theta-2\sin\theta-2\cos\theta-3$ とする。

$x=\sin\theta+\cos\theta$ とおくと，y は x の関数 $y=x^{\boxed{}}-\boxed{}x-\boxed{}$ となる。

$x=\boxed{}\sin(\theta+\boxed{})$ であるから，x の範囲は $\boxed{}\leqq x\leqq\boxed{}$ である。

したがって，y は $\theta=\boxed{}$ のとき最大値 $\boxed{}\sqrt{2}-\boxed{}$ をとり，$\theta=\boxed{}$，$\boxed{}$ のとき最小値 $\boxed{}$ をとる。

例題 33 円周上の動点と三角関数

原点を中心とする半径 1 の円周上に動点 P，Q がある。点

A(1, 0) をとるとき，点 P，Q は ∠POA＝θ，∠QOA＝$\dfrac{\pi}{2}+4\theta$

を満たしながら動く。ただし，$0<\theta<\dfrac{\pi}{2}$ とする。

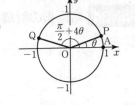

(1) Q の座標を下の⓪～③の中から選ぶと

　　Q($\boxed{}$，$\boxed{}$) である。

　⓪　$\sin 4\theta$　　①　$\cos 4\theta$　　②　$-\sin 4\theta$　　③　$-\cos 4\theta$

(2) PQ²＝$\boxed{}$＋$\boxed{}$ sin $\boxed{}$ θ と表せるから，PQ は θ＝$\boxed{}$ のとき最大

となり，このとき PQ＝$\boxed{}$ である。

解

(1) Q の座標は $\left(\cos\left(\dfrac{\pi}{2}+4\theta\right),\ \sin\left(\dfrac{\pi}{2}+4\theta\right)\right)$

　　　　　　　＝$(-\sin 4\theta,\ \cos 4\theta)$

　　よって，Q($\boxed{②}$，$\boxed{①}$)

◒ 円周上の点は半径と中心角で表す。

(2) PQ²＝$(-\sin 4\theta-\cos\theta)^2+(\cos 4\theta-\sin\theta)^2$

　　　　＝$\sin^2 4\theta+2\sin 4\theta\cos\theta+\cos^2\theta$

　　　　　　$+\cos^2 4\theta-2\cos 4\theta\sin\theta+\sin^2\theta$

　　　　＝$2+2(\sin 4\theta\cos\theta-\cos 4\theta\sin\theta)$

　　　　＝$2+2\sin(4\theta-\theta)=\boxed{2}+\boxed{2}\sin\boxed{3}\theta$

◒ 加法定理
　$\sin(\alpha-\beta)$
　　$=\sin\alpha\cos\beta-\cos\alpha\sin\beta$

　　PQ は $\sin 3\theta=1$ のとき最大となる。このとき

　　$3\theta=\dfrac{\pi}{2}$ より $\theta=\boxed{\dfrac{\pi}{6}}$，PQ＝$\sqrt{4}=\boxed{2}$

解法のアシスト

円周上の点 P の座標は，三角関数の定義から

半径 r と中心角 θ で表す

$\dfrac{\pi}{2}\pm\theta$，$\pi\pm\theta$ の関係もよく出る

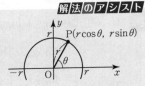

練習 33 原点を中心とする半径 1 の円周上に点 P が，半径 2 の円周上

に点 Q がある。点 A(2, 0) をとるとき，点 P は ∠POA＝$\dfrac{\pi}{2}+2\theta$，点 Q

は ∠QOA＝θ ($0\leq\theta\leq\pi$) を満たしながら動く。

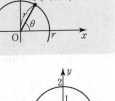

(1) $\theta=0$ のとき PQ の距離は PQ＝$\boxed{}$ である。

(2) P，Q の座標を下の⓪～⑦の中から選ぶと，

　P($\boxed{}$，$\boxed{}$)，Q($\boxed{}$，$\boxed{}$) である。

　⓪　$\sin 2\theta$　　①　$\cos 2\theta$　　②　$-\sin 2\theta$　　③　$-\cos 2\theta$

　④　$2\sin\theta$　　⑤　$2\cos\theta$　　⑥　$-2\sin\theta$　　⑦　$-2\cos\theta$

(3) PQ²＝$\boxed{}$＋$\boxed{}$ sinθ と表されるから，PQ は θ＝$\boxed{}$ のとき最大となり，このとき

　PQ＝$\boxed{}$ となる。

数学Ⅱ 4　指数関数・対数関数

例題 34　累乗根の計算

(1) $\sqrt{2^3} \div \sqrt[4]{8} \times \sqrt[4]{32} = \boxed{}$

(2) $\sqrt[3]{3} + \sqrt[3]{-\dfrac{1}{9}} + \sqrt[3]{24} = \boxed{}\sqrt[3]{3}$

解 (1) $(与式) = 2^{\frac{3}{2}} \div \sqrt[4]{2^3} \times \sqrt[4]{2^5} = 2^{\frac{3}{2}} \div 2^{\frac{3}{4}} \times 2^{\frac{5}{4}}$

$= 2^{\frac{3}{2}} \times 2^{-\frac{3}{4}} \times 2^{\frac{5}{4}} = 2^{\frac{3}{2} - \frac{3}{4} + \frac{5}{4}} = 2^2 = \boxed{4}$

◐ $\bigcirc \div a^r = \bigcirc \times a^{-r}$

(2) $(与式) = \sqrt[3]{3} - \sqrt[3]{\dfrac{1}{9}} + \sqrt[3]{2^3 \times 3} = 3^{\frac{1}{3}} - 3^{-\frac{2}{3}} + 2 \cdot 3^{\frac{1}{3}}$

$= 3^{\frac{1}{3}} - \dfrac{1}{3} \cdot 3^{\frac{1}{3}} + 2 \cdot 3^{\frac{1}{3}} = 3^{\frac{1}{3}}\left(1 - \dfrac{1}{3} + 2\right)$

$= \dfrac{8}{3} \cdot 3^{\frac{1}{3}} = \boxed{\dfrac{8}{3}}\sqrt[3]{3}$

◐ $\sqrt[3]{-\dfrac{1}{9}} = -\sqrt[3]{\dfrac{1}{9}}$（－は外に出す）

$3^{-\frac{2}{3}} = 3^{-1} \cdot 3^{\frac{1}{3}} = \dfrac{1}{3} \cdot 3^{\frac{1}{3}}$

解法のアシスト

累乗根 $\sqrt[m]{a^n}$ は $a^{\frac{n}{m}}$ の形で計算　　$\sqrt[n]{-a}$（奇数）は －を外に出し $-\sqrt[n]{a}$ で（$a>0$）

☑ **練習 34** (1) $4^{-\frac{3}{2}} \times 27^{\frac{1}{3}} \div \sqrt{16^{-3}} = \boxed{}$

(2) $\dfrac{5}{3}\sqrt[6]{9} + \sqrt[3]{-24} + \sqrt[3]{\dfrac{1}{9}} = \boxed{}$

例題 35　対数の計算

(1) $\log_3 4(\log_2 9 + \log_2 27) = \boxed{}$ である。

(2) $\log_2 3 = a$, $\log_3 5 = b$ とすると, $\log_{12} 50$ は $\boxed{}$ と表せる。

解 (1) $(与式) = \log_3 4 \cdot \log_2(9 \times 27) = \log_3 2^2 \cdot \log_2 3^5$

$= 2\log_3 2 \cdot 5\log_2 3 = 10\log_3 2 \cdot \dfrac{1}{\log_3 2} = \boxed{10}$

◐ $\log_a b = \dfrac{\log_b b}{\log_b a} = \dfrac{1}{\log_b a}$

(2) $\log_3 5 = \dfrac{\log_2 5}{\log_2 3} = \dfrac{\log_2 5}{a} = b$　よって, $\log_2 5 = ab$

◐ 底を2にそろえた対数で表す。

$\log_{12} 50 = \dfrac{\log_2 50}{\log_2 12} = \dfrac{\log_2 2 + \log_2 5^2}{\log_2 2^2 + \log_2 3} = \dfrac{1 + 2\log_2 5}{2 + \log_2 3} = \boxed{\dfrac{1 + 2ab}{2 + a}}$

解法のアシスト

底の異なる対数の計算はまず, 底をそろえる　➡　$\log_a b = \dfrac{\log_c b}{\log_c a}$（底の変換公式）

☑ **練習 35** (1) $(3 + \log_2 27)(\log_6 4 - \log_6 2) = \boxed{}$ である。

(2) $\log_a x = 3$, $\log_b x = 8$, $\log_c x = 24$ ならば $\log_x abc = \boxed{}$ である。

(3) $\log_2 5 = a$, $\log_{10} 20 = b$ とすると, a と b の関係式は $\boxed{} = 2$ である。

例題 36 指数・対数の大小比較

(1) $\sqrt[3]{2}$, $4^{\frac{1}{4}}$, $\sqrt[4]{8}$ のうち, 一番小さな数は $\boxed{}$ である。

(2) $\log_4 24$, $\log_2 5$, 3 のうち, 一番大きな数は $\boxed{}$ である。

(3) $2^x = 5^y$ $(x>0,\ y>0)$ のとき, $2x$ と $5y$ では $\boxed{}$ のほうが大きい。

解

(1) $\sqrt[3]{2}=2^{\frac{1}{3}}$, $4^{\frac{1}{4}}=(2^2)^{\frac{1}{4}}=2^{\frac{1}{2}}$, $\sqrt[4]{8}=(2^3)^{\frac{1}{4}}=2^{\frac{3}{4}}$

（底）$=2>1$ で $\dfrac{1}{3}<\dfrac{1}{2}<\dfrac{3}{4}$ だから

$2^{\frac{1}{3}}<2^{\frac{1}{2}}<2^{\frac{3}{4}}$

よって, 一番小さな数は $2^{\frac{1}{3}}=\boxed{\sqrt[3]{2}}$

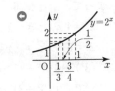

II

4

指数関数・対数関数

(2) $\log_4 24=\dfrac{\log_2 24}{\log_2 4}=\dfrac{\log_2 24}{2}=\log_2\sqrt{24}$

$3=\log_2 2^3=\log_2 8$

（底）$=2>1$ で $\sqrt{24}<5<8$ だから

$\log_2\sqrt{24}<\log_2 5<\log_2 8$

よって, 一番大きな数は $\log_2 8=\boxed{3}$

🔹 底を 2 に統一して考える。

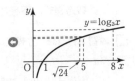

(3) $2^x=5^y$ の両辺の常用対数をとり, k とおく。

$\log_{10} 2^x=\log_{10} 5^y=k$

$x\log_{10} 2=y\log_{10} 5=k$ より

$x=\dfrac{k}{\log_{10} 2}$, $y=\dfrac{k}{\log_{10} 5}$

$2x-5y=\dfrac{2k}{\log_{10} 2}-\dfrac{5k}{\log_{10} 5}$

$=\dfrac{k(2\log_{10} 5-5\log_{10} 2)}{\log_{10} 2\cdot\log_{10} 5}$

$=\dfrac{k(\log_{10} 25-\log_{10} 32)}{\log_{10} 2\cdot\log_{10} 5}<0$

よって, $\boxed{5y}$ のほうが大きい。

🔹 底は常用対数でなくてもよい。

解法のアシスト

指数, 対数の大小関係は ➡ 底をそろえて ┬ 指数なら累乗を比較
　　　　　　　　　　　　　　　　　　　└ 対数なら真数を比較

☑ **練習 36** (1) $0.5^{\frac{1}{3}}$, $2^{-\frac{1}{4}}$, $\dfrac{1}{\sqrt[3]{4}}$ のうち, 一番大きな数は $\boxed{}$ である。

(2) $\log_2 12$, $\log_4 18$, $\log_{\frac{1}{2}}\dfrac{3}{4}$ のうち, 一番大きな数と一番小さな数の和は $\boxed{}$ である。

(3) $2^{\frac{x}{3}}=3^{\frac{y}{4}}=5^{\frac{z}{5}}$ $(x>0,\ y>0,\ z>0)$ のとき, $x,\ y,\ z$ を小さい順に並べると $\boxed{}<\boxed{}<\boxed{}$ である。

例題 37　指数方程式，不等式

(1)　方程式 $2^{2x}-5\cdot2^{x+1}+24=0$ の解は $x=\boxed{}$，$\log_2\boxed{}$ である。

(2)　不等式 $9^x-6\cdot3^x-27>0$ の解は $x>\boxed{}$ である。

解 (1)　$(2^x)^2-10\cdot2^x+24=0$ より $(2^x-4)(2^x-6)=0$

よって，$2^x=4,\ 6$

$2^x=4$ のとき $x=\boxed{2}$

$2^x=6$ のとき $x=\log_2\boxed{6}$

(2)　$(3^x)^2-6\cdot3^x-27>0$

$(3^x-9)(3^x+3)>0$

$3^x>0$ だから $3^x>9=3^2$

(底)$=3>1$ より，$x>\boxed{2}$

◯ $2^{2x}=(2^2)^x=(2^x)^2$
　$2^{x+1}=2\cdot2^x$

◯ $a^x=M\iff x=\log_a M$

◯ $9^x=(3^2)^x=(3^x)^2$

◯ $3^x>0$ より $3^x+3>0$

解法のアシスト

指数方程式，不等式 ➡ $a^{nx}=(a^x)^n$，$a^{x+n}=a^n\cdot a^x$ はよく使う

☐ **練習 37** (1)　方程式 $2^x-3\cdot2^{-x+2}=k$ は $k=1$ のとき $x=\boxed{}$，$k=11$ のとき

$x=\boxed{}+\log_2\boxed{}$ を解にもつ。

(2)　不等式 $3\cdot9^{-x}-28\cdot3^{-x}+9<0$ を満たす x の範囲は $\boxed{}<x<\boxed{}$ である。

例題 38　対数方程式，不等式

$f(x)=\log_2(x+2)+\log_2(4-x)$ のとき，$f(x)=3$ を満たす x の値は $\boxed{}$ と $\boxed{}$

で，$f(x)<3$ を満たす x は $\boxed{}<x<\boxed{}$，$\boxed{}<x<\boxed{}$ である。

解 (真数)>0 だから

$x+2>0$ かつ $4-x>0$

よって，$-2<x<4$ ……①

$f(x)=3$ から $\log_2(x+2)(4-x)=\log_2 8$

$(x+2)(4-x)=8$ より $x(x-2)=0$

よって，$x=\boxed{0}$，$\boxed{2}$

（これらは①を満たしている）

$f(x)<3$ から $\log_2(x+2)(4-x)<\log_2 8$

(底)$=2>1$ だから $(x+2)(4-x)<8$

したがって $x(x-2)>0$ より $x<0,\ 2<x$

よって，①より $\boxed{-2}<x<\boxed{0}$，$\boxed{2}<x<\boxed{4}$

◯ $3=3\log_2 2=\log_2 8$

◯ (底)$=a>1$ のとき
　$\log_a\bullet>\log_a\blacksquare\iff\bullet>\blacksquare$

解法のアシスト

対数方程式，不等式 ➡ (真数)>0 は絶対条件

☐ **練習 38**　$f(x)=\log_3(x-2)+\log_3(x-3)-\log_3(x+1)$ とする。$f(x)=0$ を変形すると，2次方

程式 $x^2-\boxed{}x+\boxed{}=0$ を得る。したがって，$f(x)=0$ の解は $x=\boxed{}$ であり，$f(x)<0$ と

なる x の範囲は $\boxed{}<x<\boxed{}$ である。

例題 **39** 指数関数・対数関数の最大，最小

(1) $x \leqq 2$ のとき，関数 $f(x) = 4^x - 5 \cdot 2^{x-1} + 1$ は $x = \boxed{}$ のとき最大値 $\boxed{}$ をとり，$x = \log_2 \boxed{} - \boxed{}$ のとき最小値 $\boxed{}$ をとる。

(2) $\dfrac{1}{2} \leqq x \leqq 8$ のとき，関数 $y = (\log_2 x)^2 - 4\log_2 x + 1$ は $x = \boxed{}$ のとき最大値 $\boxed{}$ をとり，$x = \boxed{}$ のとき最小値 $\boxed{}$ をとる。

解 (1) $f(x) = (2^2)^x - 5 \cdot \dfrac{1}{2} \cdot 2^x + 1 = (2^x)^2 - \dfrac{5}{2} \cdot 2^x + 1$

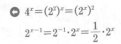

$4^x = (2^2)^x = (2^x)^2$
$2^{x-1} = 2^{-1} \cdot 2^x = \dfrac{1}{2} \cdot 2^x$

$2^x = t$ とおくと

　$x \leqq 2$ のとき　$0 < t \leqq 4$

　$f(x) = t^2 - \dfrac{5}{2}t + 1 = \left(t - \dfrac{5}{4}\right)^2 - \dfrac{9}{16}$

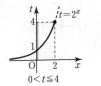

$0 < t \leqq 4$

右のグラフより

$t = 4$　すなわち　$2^x = 4$　より

　$x = \boxed{2}$ のとき　最大値 $\boxed{7}$

$t = \dfrac{5}{4}$　すなわち　$2^x = \dfrac{5}{4}$　より

　$x = \log_2 \dfrac{5}{4} = \log_2 \boxed{5} - \boxed{2}$

のとき最小値 $\boxed{-\dfrac{9}{16}}$

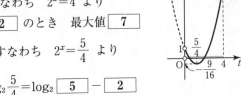

(2) $\log_2 x = t$ とおくと

　$\dfrac{1}{2} \leqq x \leqq 8$ のとき　$-1 \leqq t \leqq 3$

　$y = t^2 - 4t + 1 = (t-2)^2 - 3$

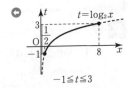

$-1 \leqq t \leqq 3$

右のグラフより

$t = -1$　すなわち　$\log_2 x = -1$　より

　$x = \boxed{\dfrac{1}{2}}$ のとき　最大値 $\boxed{6}$

$t = 2$　すなわち　$\log_2 x = 2$　より

　$x = \boxed{4}$ のとき　最小値 $\boxed{-3}$

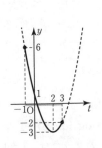

解法のアシスト

指数関数 ➡ $a^x = t$ とおくとき $t > 0$ であることに注意

対数関数 ➡ $\log_a x = t$ とおくとき t のとりうる範囲を押さえる

☑ **練習 39** (1) $x \leqq 0$ のとき，関数 $f(x) = 3^{2x+1} - 6 \cdot 3^{x-1} + 2$ は $x = \boxed{}$ で最大値 $\boxed{}$ をとり，$x = \boxed{}$ で最小値 $\boxed{}$ をとる。

(2) 関数 $y = -(\log_2 2x)^2 + \log_2 (2x)^4$ は $\log_2 x = t$ とおけば，$y = -t^2 + \boxed{}\,t + \boxed{}$ となる。$1 \leqq x \leqq 4$ とすると，$x = \boxed{}$ のとき最大値 $\boxed{}$ をとり，$x = \boxed{}$ または $\boxed{}$ のとき最小値 $\boxed{}$ をとる。

例題 40 指数関数のグラフの平行移動

関数 $y=4\cdot2^{x+c}$ ……① のグラフが点 $(1,\ 16)$ を通るとき，$c=\boxed{}$ である。
このとき，①は $y=2^{x+\boxed{}}$ と変形できるから，①のグラフは $y=2^x$ のグラフを x 軸方向に $\boxed{}$ だけ平行移動したものである。

解 ①が $(1,\ 16)$ を通るから

$16=4\cdot2^{1+c}$

$4=2^{1+c}$ より $c=\boxed{1}$ ◀ $1+c=2$

このとき，$y=4\cdot2^{x+1}=2^{x+\boxed{3}}$ ◀ $4\cdot2^{x+1}=2^2\cdot2^{x+1}=2^{x+3}$

よって，$y=4\cdot2^{x+c}$ のグラフは $y=2^x$ のグラフを

x 軸方向に $\boxed{-3}$ だけ平行移動したもの。

解法のアシスト

$y=a^x$ のグラフを x 軸方向に p だけ平行移動すると ➡ $y=a^{x-p}$

☑ **練習 40** 関数 $y=k\cdot2^x$ ……① のグラフが点 $\left(-2,\ \dfrac{1}{8}\right)$ を通るとき $k=\boxed{}$ であり，
関数 $y=2^{x+c}$ ……② のグラフが点 $(5,\ 2)$ を通るとき $c=\boxed{}$ である。
このとき，①のグラフを x 軸方向に $\boxed{}$ だけ平行移動すると②のグラフに重なる。

例題 41 対数関数のグラフの平行移動

関数 $y=\log_2(2x-a)$ のグラフが点 $(7,\ 3)$ を通るとき，$a=\boxed{}$ で，このグラフは
関数 $y=\log_2x$ のグラフを x 軸方向に $\boxed{}$，y 軸方向に $\boxed{}$ だけ平行移動したものである。

解 $(7,\ 3)$ を通るから

$3=\log_2(14-a)$ ◀ $p=\log_aM\iff M=a^p$

$14-a=2^3=8$

よって，$a=\boxed{6}$

$y=\log_2(2x-6)=\log_22(x-3)$

$\quad=\log_22+\log_2(x-3)=\log_2(x-3)+1$ ◀ $y=\log_2(x-p)+q$ の形に

よって，$y=\log_2(2x-a)$ のグラフは，$y=\log_2x$ のグラフを

x 軸方向に $\boxed{3}$，y 軸方向に $\boxed{1}$ だけ平行移動したもの。

解法のアシスト

$y=\log_2a(x-p)$ のグラフ　$y=\log_2a(x-p)=\log_2(x-p)+\log_2a$ に分解する。

$y=\log_2x$ のグラフを x 軸方向に p ，y 軸方向に $\log_2a$ だけ平行移動

☑ **練習 41** 関数 $y=\log_2(ax+b)$ のグラフが 2 点 $(-1,\ -1)$，$(14,\ 3)$ を通るとき，$a=\boxed{}$，
$b=\boxed{}$ である。このグラフは，関数 $y=\log_2x$ のグラフを x 軸方向に $\boxed{}$，y 軸方向に $\boxed{}$ だけ平行移動したものである。

例題 **42** 指数と対数の融合

$3^{\log_2 x} + 3^{1-\log_2 x}$ の最小値は □ で，そのときの x の値は □ である。

解

$$3^{\log_2 x} + 3^{1-\log_2 x} = 3^{\log_2 x} + \frac{3}{3^{\log_2 x}}$$

$3^{\log_2 x} > 0$，$\dfrac{3}{3^{\log_2 x}} > 0$ だから，（相加平均）≧（相乗平均）より

$$3^{\log_2 x} + \frac{3}{3^{\log_2 x}} \geqq 2\sqrt{3^{\log_2 x} \cdot \frac{3}{3^{\log_2 x}}} = 2\sqrt{3}$$

等号が成り立つのは $3^{\log_2 x} = \dfrac{3}{3^{\log_2 x}}$ のとき

$(3^{\log_2 x})^2 = 3$　より　$3^{\log_2 x} = 3^{\frac{1}{2}}$

よって，$\log_2 x = \dfrac{1}{2}$ より $x = \sqrt{2}$

ゆえに，最小値は $\boxed{2\sqrt{3}}$，x の値は $\boxed{\sqrt{2}}$

◖ $3^{1-\log_2 x} = 3 \cdot 3^{-\log_2 x}$
$\qquad = \dfrac{3}{3^{\log_2 x}}$

◖ $a + b \geqq 2\sqrt{ab}$
等号が成り立つのは
$a = b$ のとき

◖ $\dfrac{1}{2} = \log_2 2^{\frac{1}{2}} = \log_2 \sqrt{2}$

解法のアシスト

$$a^{n+\log_b x} = a^n \cdot a^{\log_b x}, \qquad a^{n-\log_b x} = \frac{a^n}{a^{\log_b x}}$$

形に惑わされないで
指数法則を使う

☑ **練習 42** $4^{\log_3 x} + 2 \cdot 4^{1-\log_3 x}$ は $x = 3^{\square}$ のとき最小となり，最小値は □ である。

例題 **43** 桁数の問題

$\log_{10} 2 = 0.3010$ とする。2^{50} は □ 桁の数であり，$(0.5)^{100}$ は小数第 □ 位に初めて 0 でない数字が現れる。

解

$$\begin{aligned} \log_{10} 2^{50} &= 50 \log_{10} 2 \\ &= 50 \times 0.3010 \\ &= 15.05 \end{aligned}$$

$10^{15} \leqq 2^{50} < 10^{16}$ だから　$\boxed{16}$ 桁

$$\begin{aligned} \log_{10} (0.5)^{100} &= 100 \log_{10} \frac{1}{2} \\ &= 100 \times (-0.3010) \\ &= -30.10 \end{aligned}$$

$10^{-31} \leqq (0.5)^{100} < 10^{-30}$ だから　小数第 $\boxed{31}$ 位

◖ 桁数の問題は簡単な数から類推する
とよい。
$10^1 \leqq N < 10^2$ ならば，N は 2 桁。
$10^{-2} \leqq N < 10^{-1} \left(\dfrac{1}{100} \leqq N < \dfrac{1}{10} \right)$
ならば小数第 2 位からはじまる。

解法のアシスト

$n-1 \leqq \log_{10} N < n \iff 10^{n-1} \leqq N < 10^n$ は n 桁の数

$-n \leqq \log_{10} N < -n+1 \iff 10^{-n} \leqq N < 10^{-n+1}$ は小数第 n 位からはじまる

☑ **練習 43** $\log_{10} 2 = 0.3010$ とする。2^{100} は □ 桁の数であり，$\left(\dfrac{1}{5}\right)^{10}$ は小数第 □ 位に初めて 0 でない数字が現れる。

◖ II
◖ **4**
指数関数・対数関数

数学Ⅱ 5 微分法と積分法

例題 44 平均変化率

関数 $f(x)=x^2-2x-3$ がある。$x=1$ から $x=4$ まで変化するときの平均変化率を m とすると $m=\boxed{}$ であり，$x=a$ における微分係数が m と等しくなるのは $a=\boxed{}$ のときである。

解 $m=\dfrac{f(4)-f(1)}{4-1}=\dfrac{5-(-4)}{4-1}=\boxed{3}$

◖ $f(4)=16-8-3=5$
$f(1)=1-2-3=-4$

$f'(x)=2x-2$ だから

$f'(a)=2a-2=3$ より $a=\boxed{\dfrac{5}{2}}$

◖ $x=a$ における微分係数は $f'(a)$

解法のアシスト

・$x=a$ から $x=b$ までの平均変化率は $\dfrac{f(b)-f(a)}{b-a}$

・$x=a$ における微分係数は $f'(a)=\lim\limits_{b\to a}\dfrac{f(b)-f(a)}{b-a}$

☐ **練習 44** 関数 $f(x)=x^3-5x$ がある。$x=1$ から $x=4$ までの平均変化率 m の値は $\boxed{}$ であり，$x=a$ における微分係数が m と等しくなるのは $a=\pm\sqrt{\boxed{}}$ のときである。

例題 45 曲線上の点における接線の方程式

曲線 $y=x^3+x-1$ 上の点 $(2,\ 9)$ における接線の方程式は $y=\boxed{}x-\boxed{}$ であり，傾きが4である接線の方程式は $y=4x-\boxed{}$ と $y=4x+\boxed{}$ である。

解 $f(x)=x^3+x-1$ とおくと $f'(x)=3x^2+1$

◖ $f'(x)$ は傾きを表す関数。

点 $(2,\ 9)$ における接線の傾きは $f'(2)=12+1=13$

よって，$y-9=13(x-2)$ より $y=\boxed{13}x-\boxed{17}$

傾きが4のときの接点を求める。

$f'(x)=3x^2+1=4$ より $x=\pm1$

◖ 傾き4がわかっているから
$f'(x)=4$
とおいて，接点が求められる。

よって，接点は $(1,\ 1)$，$(-1,\ -3)$

$y-1=4(x-1)$ より $y=4x-\boxed{3}$

$y-(-3)=4(x+1)$ より $y=4x+\boxed{1}$

解法のアシスト

曲線 $y=f(x)$ 上の点 $(a,\ f(a))$ における接線 ➡ $y-f(a)=f'(a)(x-a)$

傾き m がわかっていれば ➡ $f'(x)=m$ とおいて接点を求める

☐ **練習 45** 曲線 $y=-x^3+4x^2-2$ 上の点 $(1,\ 1)$ における接線の方程式は $y=\boxed{}x-\boxed{}$ であり，傾きが4である接線の方程式は $y=4x-\boxed{}$ と $y=4x-\boxed{}$ である。

例題 46　曲線外の点から引く接線の方程式

(1) 曲線 $y=x^3-2x$ を C とする。C 上の点 $(a,\ a^3-2a)$ における接線の方程式は
$y=(\boxed{}a^{\boxed{}}-\boxed{})x-\boxed{}a^{\boxed{}}$ ……①である。

(2) (1)で求めた①が点 $(0,\ 16)$ を通るのは $a=\boxed{}$ のときで、このとき、接線の方程式は $y=\boxed{}x+16$ である。

(3) 点 $(2,\ b)$ から曲線 C に相異なる 3 本の接線が引けるのは $\boxed{}<b<\boxed{}$ のときである。

解

(1) $f(x)=x^3-2x$ とおくと
$$f'(x)=3x^2-2$$
よって、接線の傾きは $f'(a)=3a^2-2$ だから
$$y-(a^3-2a)=(3a^2-2)(x-a)$$
よって、$y=(\boxed{3}a^{\boxed{2}}-\boxed{2})x-\boxed{2}a^{\boxed{3}}$ ……①

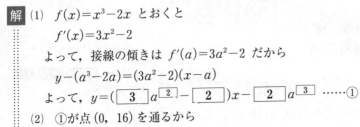

(2) ①が点 $(0,\ 16)$ を通るから
$$16=-2a^3 \text{ より } a^3=-8$$
よって、$a=\boxed{-2}$
このとき、
$$y=\{3(-2)^2-2\}x-2(-2)^3=\boxed{10}x+16$$

(3) ①が点 $(2,\ b)$ を通るから
$$b=(3a^2-2)\cdot2-2a^3=-2a^3+6a^2-4$$
これを満たす異なる a の値が 3 個あればよいから
$y=-2a^3+6a^2-4$ と $y=b$ のグラフで考える。
$y=-2a^3+6a^2-4$ の増減表は
$$y'=-6a^2+12a$$
$$=-6a(a-2)$$
より、右の表のようになる。

a	$\cdots$	0	$\cdots$	2	$\cdots$
y'	$-$	0	$+$	0	$-$
y	$\searrow$	-4	$\nearrow$	4	$\searrow$

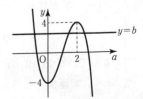

右のグラフから
$$\boxed{-4}<b<\boxed{4}$$

解法のアシスト

曲線 $y=f(x)$ 上にない点から引く接線　→　・接点を $(a,\ f(a))$ として、接線の方程式を求める
・それから、通る点の座標を代入して接点を求める

□ **練習 46**　曲線 $y=2x^3-3x$ を C とする。次の問いに答えよ。

(1) C 上の点 $(a,\ 2a^3-3a)$ における C の接線の方程式は
$y=(\boxed{}a^{\boxed{}}-\boxed{})x-\boxed{}a^{\boxed{}}$ である。

(2) (1)で求めた接線が点 $(1,\ b)$ を通るのは $b=\boxed{}a^{\boxed{}}+\boxed{}a^{\boxed{}}-\boxed{}$ が成り立つときである。

(3) 点 $(1,\ b)$ から曲線 C に相異なる 3 本の接線が引けるのは $\boxed{}<b<\boxed{}$ のときである。

例題 **47** 極大値，極小値

関数 $f(x)=x^3-3x^2-9x+5$ は $x=\boxed{}$ のとき極大値 $\boxed{}$ をとり，$x=\boxed{}$ のとき極小値 $\boxed{}$ をとる。

解 $f(x)=x^3-3x^2-9x+5$ より

$f'(x)=3x^2-6x-9=3(x+1)(x-3)$

$f(-1)=-1-3+9+5=10$

$f(3)=27-27-27+5=-22$

右の増減表より

$x=\boxed{-1}$ のとき極大値 $\boxed{10}$

$x=\boxed{3}$ のとき極小値 $\boxed{-22}$

○ $f'(x)$ を求める。

○ $f'(x)=0$ となる x の値を求めて増減表をかく。

x	$\cdots$	-1	$\cdots$	3	$\cdots$
$f'(x)$	$+$	0	$-$	0	$+$
$f(x)$	↗	極大	↘	極小	↗

解法のアシスト

増減表 ➡ $f'(x)=0$ となる x の値をはじめにとり，$f'(x)$ の $+-$ をかく

☑ **練習 47** 関数 $f(x)=-2x^3+3x^2+12x-7$ は $x=\boxed{}$ のとき極大値 $\boxed{}$ をとり，$x=\boxed{}$ のとき極小値 $\boxed{}$ をとる。

例題 **48** 極値をもつ条件

関数 $f(x)=x^3+ax^2+ax+1$ が極値をもつための a の値の範囲は $a<\boxed{}$，$\boxed{}<a$ であり，$a=\boxed{}$ のとき，$x=1$，$\boxed{}$ で極値をとる。

解 $f(x)=x^3+ax^2+ax+1$ より

$f'(x)=3x^2+2ax+a$

$f'(x)=0$ が異なる 2 つの実数解をもてばよいから

$\dfrac{D}{4}=a^2-3a=a(a-3)>0$

よって，$a<\boxed{0}$，$\boxed{3}<a$

$x=1$ で極値をとるから $f'(1)=3+2a+a=0$

よって，$a=\boxed{-1}$

このとき，$f'(x)=3x^2-2x-1=(x-1)(3x+1)=0$

よって，$x=1$，$\boxed{-\dfrac{1}{3}}$ で極値をとる。

○ 3次関数 $f(x)$ の極値と増減表は下の通り。

x	$\cdots$	α	$\cdots$	β	$\cdots$
$f'(x)$	$+$	0	$-$	0	$+$
$f(x)$	↗	極大	↘	極小	↗

解法のアシスト

3次関数 $f(x)$ が

極値をもつ ➡ $f'(x)=0$ が異なる 2 つの実数解をもつ ➡ $D>0$

極値をもたない ➡ $f'(x)=0$ が異なる 2 つの実数解をもたない ➡ $D\leqq0$

（重解のときは極値をもたない）

☑ **練習 48** 関数 $f(x)=x^3-2kx^2+3kx+2$ が極値をもつための k の値の範囲は $k<\boxed{}$，$\boxed{}<k$ であり，$k=\boxed{}$ のとき，$x=2$，$\boxed{}$ で極値をとる。

例題 49　3次関数の極値とグラフの利用

(1) 関数 $f(x)=x^3+ax^2+bx+c$ が $x=1$, 3 で極値をとるとき，

$x=1$ で極値をとる条件より $\boxed{}a+b+\boxed{}=0$ ……①

$x=3$ で極値をとる条件より $\boxed{}a+b+\boxed{}=0$ ……②

となり，①，②を解くと $a=\boxed{}$, $b=\boxed{}$ である。

極大値が 7 であれば $c=\boxed{}$ である。

(2) (1)で求めた $f(x)$ について，方程式 $f(x)-k=0$ を考える。この方程式が異なる 3つの実数解をもつのは $\boxed{}<k<\boxed{}$ のときで，このとき，最も大きい解を α とすると $\boxed{}<\alpha<\boxed{}$ である。

解 (1)　$f(x)=x^3+ax^2+bx+c$ より

$\qquad f'(x)=3x^2+2ax+b$

$x=1$, 3 で極値をとるから

$\qquad f'(1)=\boxed{2}\,a+b+\boxed{3}=0$ ……①

$\qquad f'(3)=\boxed{6}\,a+b+\boxed{27}=0$ ……②

①，②を解いて　$a=\boxed{-6}$, $b=\boxed{9}$

x^3 の係数が $1>0$ だから $f(x)$ の増減表は右のようになる。

増減表より，$x=1$ のとき極大値 7 をとるから

$\qquad f(1)=1-6+9+c=7$

よって，$c=\boxed{3}$

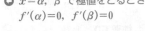
$\leftarrow$ $x=\alpha$, β で極値をとるとき，$f'(\alpha)=0$, $f'(\beta)=0$

x	$\cdots$	1	$\cdots$	3	$\cdots$
$f'(x)$	$+$	0	$-$	0	$+$
$f(x)$	↗	極大	↘	極小	↗

(2)　$f(x)=x^3-6x^2+9x+3=k$ より，右の

$y=f(x)$ と $y=k$ のグラフの交点で考える。

$f(3)=27-54+27+3=3$ より

$f(x)-k=0$ が異なる 3つの実数解をもつのは

$\qquad \boxed{3}<k<\boxed{7}$

$k=7$ のときの解は

$\qquad x^3-6x^2+9x+3=7$

$\qquad (x-1)^2(x-4)=0$

よって，$x=1$, 4

ゆえに，α の範囲は　$\boxed{3}<\alpha<\boxed{4}$

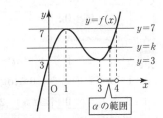

$\leftarrow$ $x=1$ で重解をもつから，$(x-1)^2(x-\bullet)=0$ の形になる。

解法のアシスト

3次関数 $f(x)$ が $x=\alpha$, β で極値をとるとき $\Rightarrow$ $f'(\alpha)=0$, $f'(\beta)=0$

$f(x)=k$ の実数解 $\Rightarrow$ $y=f(x)$ と $y=k$ のグラフで読み取る

練習 49 (1)　$a<0$ とする。3次関数 $f(x)=ax^3+bx^2+cx$ が $x=1$, -2 で極値をとるとき，$b=\boxed{}a$, $c=\boxed{}a$ であり，極大値と極小値の差が 27 ならば $a=\boxed{}$ である。

(2)　上で求めた $f(x)$ について，方程式 $f(x)-k=0$ を考える。この方程式が異なる 3つの実数解をもつのは $\boxed{}<k<\boxed{}$ のときで，このとき，最も小さい解を γ とすると $\boxed{}<\gamma<\boxed{}$ である。

例題 50 関数の最大値，最小値

関数 $f(x)=x^3-3x^2+9$ $(-2 \leqq x \leqq 1)$ は $x=\boxed{}$ のとき最大値 $\boxed{}$ をとり，$x=\boxed{}$ のとき最小値 $\boxed{}$ をとる。

解 $f(x)=x^3-3x^2+9$ より

$f'(x)=3x^2-6x=3x(x-2)$

$f(-2)=-8-12+9=-11$

$f(0)=9$

$f(1)=1-3+9=7$

増減表より

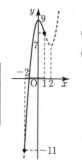

◐ $x=0,\ 2$ で $f'(x)=0$

◐ $-2 \leqq x \leqq 1$ の範囲で増減表をかく。

x	-2	$\cdots$	0	$\cdots$	1
$f'(x)$		$+$	0	$-$	
$f(x)$	-11	↗	9	↘	7

$x=\boxed{0}$ のとき最大値 $\boxed{9}$

$x=\boxed{-2}$ のとき最小値 $\boxed{-11}$

解法のアシスト

関数の最大，最小 ➡ 定義域に注意して増減表をかく

☑ **練習 50** 関数 $f(x)=ax^3-3ax^2+b$ $(-1 \leqq x \leqq 4)$ における最大値が 12，最小値が -8 のとき，$a>0$ ならば $a=\boxed{}$，$b=\boxed{}$ である。

例題 51 置き換えによる関数の最大値，最小値（I）

関数 $y=(\log_2 x)^3-3\log_2 x$ $(1 \leqq x \leqq 4)$ は $\log_2 x=t$ とおくと $y=t^3-3t$ と表される。$\boxed{} \leqq t \leqq \boxed{}$ であるから，$t=\boxed{}$ すなわち $x=\boxed{}$ のとき最大値 $\boxed{}$ をとり，$t=\boxed{}$ すなわち $x=\boxed{}$ のとき最小値 $\boxed{}$ をとる。

解 $y=t^3-3t$ より $y'=3t^2-3=3(t+1)(t-1)$

$1 \leqq x \leqq 4$ のとき $0 \leqq \log_2 x \leqq 2$

よって，$\boxed{0} \leqq t \leqq \boxed{2}$

増減表より

$t=\boxed{2}$，すなわち $x=\boxed{4}$

のとき最大値 $\boxed{2}$

$t=\boxed{1}$，すなわち $x=\boxed{2}$

のとき最小値 $\boxed{-2}$

◐ $\log_2 1=0,\ \log_2 4=2$
$y=\log_2 x$ は増加関数だから
$\log_2 1 \leqq t \leqq \log_2 4$

t	0	$\cdots$	1	$\cdots$	2
y'		$-$	0	$+$	
y	0	↘	-2	↗	2

解法のアシスト

（関数）$=t$ と置き換えたとき ➡ t の変域をしっかり押さえる

☑ **練習 51** 関数 $y=\dfrac{1}{3} \cdot 8^x-4^x-3 \cdot 2^x+1$ は，$2^x=t$ とおくと $y=\boxed{}t^3-t^2-\boxed{}t+1$ と表される。t のとりうる値の範囲は $t>\boxed{}$ だから，y は $t=\boxed{}$ すなわち $x=\log_2 \boxed{}$ のとき最小値 $\boxed{}$ をとる。

例題 52 置き換えによる関数の最大値，最小値（Ⅱ）

関数 $y=x^3-21x-\dfrac{21}{x}+\dfrac{1}{x^3}$ $(x>0)$ は，$x+\dfrac{1}{x}=t$ とおくと $y=t^3-\boxed{}t$ と表される。t のとりうる値の範囲は $t\geqq\boxed{}$ であるから，y は $t=\boxed{}$ すなわち $x=\sqrt{\boxed{}}\pm\boxed{}$ のとき最小値$\boxed{}$をとる。

解

$y=x^3-21x-\dfrac{21}{x}+\dfrac{1}{x^3}$

$\hspace{1em}=\left(x+\dfrac{1}{x}\right)^3-3x\cdot\dfrac{1}{x}\left(x+\dfrac{1}{x}\right)-21\left(x+\dfrac{1}{x}\right)$

$\hspace{1em}=t^3-\boxed{24}\,t$

$x>0$，$\dfrac{1}{x}>0$ だから（相加平均）$\geqq$（相乗平均）より

$\hspace{1em}t=x+\dfrac{1}{x}\geqq2\sqrt{x\cdot\dfrac{1}{x}}=2$

よって，$t\geqq\boxed{2}$

$y'=3t^2-24=3(t+2\sqrt{2})(t-2\sqrt{2})$

右の増減表より，最小値は $t=\boxed{2\sqrt{2}}$ のとき。

このとき，x の値は

$\hspace{1em}x+\dfrac{1}{x}=2\sqrt{2}$

$\hspace{1em}x^2-2\sqrt{2}\,x+1=0$

よって，$x=\sqrt{\boxed{2}}\pm\boxed{1}$

最小値は $y=(2\sqrt{2})^3-24\cdot2\sqrt{2}=\boxed{-32\sqrt{2}}$

◐ $a^3+b^3=(a+b)^3-3ab(a+b)$
$\hspace{0.5em}a=x$，$b=\dfrac{1}{x}$ とする。

（相加平均）$\geqq$（相乗平均）
$a>0$，$b>0$ のとき
$a+b\geqq2\sqrt{ab}$（等号は $a=b$）

◐ 等号は $x=1$ のとき

t	2	$\cdots$	$2\sqrt{2}$	$\cdots$
y'		$-$	0	$+$
y		$\searrow$	極小	$\nearrow$

Ⅱ
5
微分法と積分法

解法のアシスト

主な置き換えと，その変域

・$t=\sin\theta$，$t=\cos\theta$ $(0\leqq\theta<2\pi)$ ➡ $-1\leqq t\leqq1$

・$t=x+\dfrac{1}{x}$ $(x>0)$ ➡ $t=x+\dfrac{1}{x}\geqq2\sqrt{x\cdot\dfrac{1}{x}}=2$

・$t=2^x+2^{-x}$ ➡ $2^x>0$，$2^{-x}>0$ より $t=2^x+2^{-x}\geqq2\sqrt{2^x\cdot2^{-x}}=2$

・$t=\sin\theta+\cos\theta$ $(0\leqq\theta<2\pi)$

　　　➡ $t=\sqrt{2}\sin\left(\theta+\dfrac{\pi}{4}\right)$ より $-\sqrt{2}\leqq t\leqq\sqrt{2}$

☑ **練習 52** 関数 $y=\sin^3x+\cos^3x$ $(0\leqq x\leqq\pi)$ は $\sin x+\cos x=t$ とおくと，
$\sin x\cos x=\boxed{}t^2-\boxed{}$ だから，$y=\boxed{}t^3+\boxed{}t$ と表せる。t のとりうる値の範囲は
$\boxed{}\leqq t\leqq\boxed{}$ であるから，$t=\boxed{}$ すなわち $x=\boxed{}$，$\boxed{}$ のとき最大値$\boxed{}$をとり，
$t=\boxed{}$ すなわち $x=\boxed{}$ のとき最小値$\boxed{}$をとる。

例題 53　放物線と x 軸で囲まれた部分

放物線 $y=x^2-2x-8$ と x 軸で囲まれた部分の面積 S は $\boxed{}$ である。

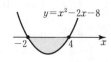

解 x 軸との交点の x 座標は $x^2-2x-8=0$ より

$(x+2)(x-4)=0$　ゆえに，$x=-2,\ 4$

$$S=-\int_{-2}^{4}(x^2-2x-8)\,dx$$

$$=-\int_{-2}^{4}(x+2)(x-4)\,dx$$

$$=\frac{\{4-(-2)\}^3}{6}=\frac{6^3}{6}=\boxed{36}$$

◐ $-\displaystyle\int_{\alpha}^{\beta}(x-\alpha)(x-\beta)\,dx=\frac{(\beta-\alpha)^3}{6}$

解法のアシスト

面積の計算では定積分　➡　$-\displaystyle\int_{\alpha}^{\beta}(x-\alpha)(x-\beta)\,dx=\frac{(\beta-\alpha)^3}{6}$ を使う

☑ **練習 53**　放物線 $y=x^2-6x+5$ と x 軸で囲まれた部分の面積は $\boxed{}$ であり，放物線 $y=-2x^2+7x-3$ と x 軸で囲まれた部分の面積は $\boxed{}$ である。

例題 54　放物線と直線で囲まれた部分

放物線 $y=ax^2\ (a>0)$ と直線 $y=x$ で囲まれた部分の面積を S とすると，

$S=\dfrac{1}{\boxed{}a^{\boxed{}}}$ であり，$S=\dfrac{8}{3}$ となるのは $a=\boxed{}$ のときである。

解 求める部分は右図の色ぬりの部分で，交点の x 座標は

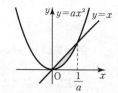

$ax^2=x$ より　$x(ax-1)=0$　ゆえに，$x=0,\ \dfrac{1}{a}$

$$S=\int_{0}^{\frac{1}{a}}(x-ax^2)\,dx$$

$$=\left[\frac{1}{2}x^2-\frac{a}{3}x^3\right]_{0}^{\frac{1}{a}}$$

$$=\frac{1}{2a^2}-\frac{1}{3a^2}=\frac{1}{\boxed{6}\,a^{\boxed{2}}}$$

$\dfrac{1}{6a^2}=\dfrac{8}{3}$ より　$a^2=\dfrac{1}{16}$

$a>0$ より　$a=\boxed{\dfrac{1}{4}}$

◐ $-\displaystyle\int_{0}^{\frac{1}{a}}x(ax-1)\,dx$

$=-a\displaystyle\int_{0}^{\frac{1}{a}}x\left(x-\frac{1}{a}\right)dx$

$=a\cdot\dfrac{\left(\frac{1}{a}-0\right)^3}{6}=\dfrac{1}{6a^2}$ としても求められる。

解法のアシスト

曲線で囲まれた部分の面積　➡　グラフをかいて求める部分を確認！
グラフとグラフの交点の x 座標が key

☑ **練習 54**　放物線 $y=x^2-x$ と直線 $y=ax\ (a>0)$ で囲まれた部分の面積を S とすると，$S=\boxed{}(\boxed{}+\boxed{})^3$ であり，$S=9$ となるのは $a=\boxed{}\sqrt[3]{\boxed{}}-\boxed{}$ のときである。

例題 **55** 放物線と接線で囲まれた部分

放物線 $D:y=x^2$ がある。D 上の点 $(-1,\ 1)$ における接線を l_1 とし，点 $(2,\ 4)$ における接線を l_2 とすると，l_1 の方程式は $y=\boxed{}x-\boxed{}$，l_2 の方程式は $y=\boxed{}x-\boxed{}$ である。

また，D と l_1，l_2 で囲まれた部分の面積 S は $\boxed{}$ である。

解 $y=x^2$ より $y'=2x$

$x=-1$ のとき，接線の傾きは -2 だから　$y-1=-2(x+1)$

よって，$l_1:y=\boxed{-2}x-\boxed{1}$

$x=2$ のとき，接線の傾きは 4 だから　$y-4=4(x-2)$

よって，$l_2:y=\boxed{4}x-\boxed{4}$

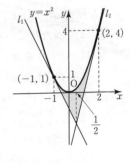

l_1 と l_2 の交点の x 座標は

$$-2x-1=4x-4 \quad \text{より} \quad x=\frac{1}{2}$$

$$S=\int_{-1}^{\frac{1}{2}}\{x^2-(-2x-1)\}\,dx+\int_{\frac{1}{2}}^{2}\{x^2-(4x-4)\}\,dx$$

$$=\int_{-1}^{\frac{1}{2}}(x^2+2x+1)\,dx+\int_{\frac{1}{2}}^{2}(x^2-4x+4)\,dx$$

$$=\left[\frac{1}{3}x^3+x^2+x\right]_{-1}^{\frac{1}{2}}+\left[\frac{1}{3}x^3-2x^2+4x\right]_{\frac{1}{2}}^{2}$$

$$=\frac{1}{3}\cdot\frac{1}{8}+\frac{1}{4}+\frac{1}{2}-\left(-\frac{1}{3}\right)+\frac{8}{3}-\left(\frac{1}{3}\cdot\frac{1}{8}-\frac{1}{2}+2\right)$$

$$=\boxed{\frac{9}{4}}$$

別解 $S=\int_{-1}^{\frac{1}{2}}(x+1)^2\,dx+\int_{\frac{1}{2}}^{2}(x-2)^2\,dx$

$$=\left[\frac{1}{3}(x+1)^3\right]_{-1}^{\frac{1}{2}}+\left[\frac{1}{3}(x-2)^3\right]_{\frac{1}{2}}^{2}$$

$$=\frac{1}{3}\left(\frac{3}{2}\right)^3-\frac{1}{3}\left(-\frac{3}{2}\right)^3=\frac{2}{3}\cdot\frac{27}{8}=\boxed{\frac{9}{4}}$$

> $$\int(x+\alpha)^n\,dx$$
> $$=\frac{1}{n+1}(x+\alpha)^{n+1}+C$$
> （数III）

解法のアシスト

放物線と接線で囲まれた部分の面積 ➡ $\displaystyle\int(x-\alpha)^2\,dx=\frac{1}{3}(x-\alpha)^3+C$ が使える

☑ **練習 55** 2つの放物線 $C_1:y=x^2$ と $C_2:y=x^2-8x+8$ がある。

(1) C_1 と C_2 の交点の座標は $(\boxed{},\ \boxed{})$ である。

(2) C_2 の点 $x=a$ における接線を l とすると，l の方程式は $y=(\boxed{}a-\boxed{})x-a\boxed{}+\boxed{}$ である。また，l と C_1 が接するとき，$a=\boxed{}$ である。このとき，l と C_1 との接点の x 座標は $x=\boxed{}$ である。

(3) C_1 と C_2 および l で囲まれた部分の面積は $\boxed{}$ である。

2nd Step セカンド ステップ

数学Ⅱ 1 **方程式・式と証明**

解答編 p.17 時間 10分

1

方程式 $x^2-3x+1=0$ の2つの解を α, β $(\alpha \neq \beta)$ とすると，ある多項式 $P(x)$ は次の条件 (Ⅰ), (Ⅱ)を満たしている。

(Ⅰ) $P(x)$ を $x-1$ で割ったときの余りは4である。

(Ⅱ) $P(x)$ を $x-\alpha$ で割ったときの余りは α^3，$x-\beta$ で割った余りは β^3 である。

(1) $P(x)$ を $(x^2-3x+1)(x-1)$ で割ったときの商を $Q(x)$ とする。

また，$\boxed{\text{ア}}$，そのときの余りを ax^2+bx+c とすると

$$P(x)=(x^2-3x+1)(x-1)Q(x)+ax^2+bx+c$$

と表せる。このとき，条件(Ⅰ)から a, b, c の関係式

$$\boxed{\text{イ}} \quad \cdots\cdots①$$

条件(Ⅱ)から α, β の関係式

$$\boxed{\text{ウ}}=\alpha^3 \quad \cdots\cdots②$$

$$\boxed{\text{エ}}=\beta^3 \quad \cdots\cdots③$$

が求められる。

$\boxed{\text{ア}}$ の解答群

⓪ x^2-3x+1 と $x-1$ のうち，次数の高いものは2次の式だから

① 条件(Ⅱ)の α^3，β^3 は3次で，求める余りはそれより次数が低いから

② どんな整式であっても，割り算の余りは一般に2次以下だから

③ 3次式で割っていて，余りの次数は割る式の次数より低くなるから

$\boxed{\text{イ}}$ の解答群

⓪ $a+b+c=4$ 　　　　　① $a+b+c=-4$

② $a-b+c=4$ 　　　　　③ $a-b+c=-4$

$\boxed{\text{ウ}}$, $\boxed{\text{エ}}$ の解答群

⓪ $a\alpha^2+b\alpha+c$ 　　　　　① $a\alpha^2-b\alpha+c$

② $a\beta^2+b\beta+c$ 　　　　　③ $a\beta^2-b\beta+c$

---

(2) 解と係数の関係と

②+③より $\boxed{\text{オ}}a+\boxed{\text{カ}}b+\boxed{\text{キ}}c=\boxed{\text{クケ}}$ 　$\cdots\cdots④$

②−③より $\boxed{\text{コ}}a+b=\boxed{\text{サ}}$ 　　　　　$\cdots\cdots⑤$

が得られる。①，④，⑤より，$P(x)$ を $(x^2-3x+1)(x-1)$ で割ったときの余りは

$$x^2+\boxed{\text{シ}}x-\boxed{\text{ス}}$$

2

解答編 p.18　時間 12分

a, b を実数とする 3 次方程式

$$x^3-(2a+1)x^2+(2a-b)x+b=0 \quad\cdots\cdots①$$

の解について，次の問いに答えよ。

(1)　$a=1$, $b=8$ のとき，方程式①の解を求めると，

　　　小さい順に $x=-\boxed{ア}$, $\boxed{イ}$, $\boxed{ウ}$ である。

(2)　方程式①は，a, b の値にかかわらず $x=\boxed{エ}$ を解にもつから

$$(x-\boxed{エ})(x^2-2ax-b)=0$$

と因数分解できる。よって，この方程式が 3 重解 $x=\boxed{エ}$ をもつのは $a=\boxed{オ}$，$b=\boxed{カキ}$ のときである。

(3)　方程式①が 2 重解をもつのは，下の A～D のうち $\boxed{ク}$ を満たすときである。したがって，a, b が $\boxed{ケ}$ または $\boxed{コ}$ のとき，方程式①は 2 重解をもつ。

A　$x^2-2ax-b=0$ が $x=\boxed{エ}$ 以外の重解をもつ

B　$x^2-2ax-b=0$ が $x=\boxed{エ}$ と，それ以外のもう 1 つの解をもつ

C　$x^2-2ax-b=0$ が $x=\boxed{エ}$ を重解にもつ

D　$x^2-2ax-b=0$ が実数解をもたない

$\boxed{ク}$ の解答群

⓪ A	① A, B	② A, C	③ B, D	④ C

$\boxed{ケ}$, $\boxed{コ}$ の解答群（解答の順序は問わない。）

⓪ $a=1$ かつ $2a+b=1$	① $a\neq1$ かつ $2a+b\neq1$
② $a^2+b>0$ かつ $2a+b=1$	③ $a^2+b=0$ かつ $2a+b=1$
④ $a^2+b=0$ かつ $2a+b\neq1$	⑤ $a^2+b\neq0$ かつ $2a+b\neq1$

(4)　最後に，実数を係数とする 3 次方程式の解が一般にどのようになるかを考える。

　　$a\neq0$ で b, c, d が実数のときの 3 次方程式 $ax^3+bx^2+cx+d=0$ の解に関して述べた文 A～E について，正しいものは $\boxed{サ}$ である。

A　必ず異なる 3 個の解をもつ。

B　虚数解をもつとき，虚数解は必ず互いに共役な複素数である。

C　すべての解の和と積は必ず実数になる。

D　2 重解をもつとき，その解が負になることはない。

E　解がすべて実数のとき，その中に負の解が少なくとも 1 つある。

$\boxed{サ}$ の解答群

⓪ A, B, E	① A, C, E	② B	③ B, C
④ B, C, D	⑤ C, D	⑥ C, E	⑦ C, D, E

3

解答編 p.20　　時間 6分

太郎さんと花子さんは，太郎さんのまとめたレポートについて話している。

-- <太郎さんのレポート> ------------------------------------

実数 a，b について，$\boxed{\text{ア}}$ を a と b の相加平均という。

また，$\boxed{\text{イ}}$ のとき，$\boxed{\text{ウ}}$ を a と b の相乗平均という。

相加平均と相乗平均の間には，広く知られた関係式があり，不等式を解くときのほか，最大値や最小値を求める問題でも活用できることがある。たとえば，次の問題を考える。

$x \geqq 2$ のとき，$A = x^2 + \dfrac{9}{x^2+2}$ の最小値を求めよ。

$A = (x^2+2) + \dfrac{9}{x^2+2} - 2$ と変形すると，$x^2+2 > 0$，$\dfrac{9}{x^2+2} > 0$ であるから，相加平均と相乗平均の関係より $A \geqq \boxed{\text{エ}}$ となり，求める最小値は $\boxed{\text{エ}}$ である。

花子：このレポートでは $A \geqq \boxed{\text{エ}}$ としているけど，$x \geqq 2$ だからおかしいんじゃないかな。$A = \boxed{\text{エ}}$ となるのは $\boxed{\text{オ}}$ が成り立つときで，これを満たす x の値は $x \geqq 2$ の範囲にはないから，A は $\boxed{\text{エ}}$ をとれないはずだよ。

太郎：あっ！　この解法が使えるのは，x の範囲が $\boxed{\text{カ}}$ か $\boxed{\text{キク}}$ を含むときだけだね。

$\boxed{\text{ア}}$，$\boxed{\text{ウ}}$ の解答群

⓪ $a+b$	① ab	② $\sqrt{a}+\sqrt{b}$	③ $\sqrt{ab}$
④ $\dfrac{a+b}{2}$	⑤ $\dfrac{ab}{2}$	⑥ $\dfrac{\sqrt{a}+\sqrt{b}}{2}$	⑦ $\dfrac{\sqrt{ab}}{2}$

$\boxed{\text{イ}}$ の解答群

⓪ $a>0$，$b>0$	① $a>0$，$b<0$
② $a<0$，$b>0$	③ $a<0$，$b<0$

$\boxed{\text{オ}}$ の解答群

⓪ $(x^2+2) \times \dfrac{9}{x^2+2} = 4$	① $x^2 = \dfrac{9}{x^2+2}$
② $x^2+2 = \dfrac{9}{x^2+2}$	③ $(x^2+2) + \dfrac{9}{x^2+2} = 4$

数学Ⅱ 2 図形と方程式

4

解答編	時間
p.21	12分

座標平面上に，次のような条件を満たす円 C_1 がある。

(a) 2点 A(3, 1) と B(11, 7) を通る直線 l_1 と第1象限で接する。

(b) 中心は $y=2x$ で表される直線 l_2 上にあり，半径は5である。

このとき，次の問いに答えよ。

(1) 条件(a), (b)から，円 C_1 について考える。

(ⅰ) 条件(a)について，直線 l_1 の方程式は

$$\boxed{\text{ア}}\,x-\boxed{\text{イ}}\,y-\boxed{\text{ウ}}=0 \quad \text{である。}$$

(ⅱ) 条件(b)について，中心を $(p, 2p)$ とすると，円 C_1 の方程式は

$$\boxed{\text{エ}} \quad \cdots\cdots ① \quad \text{と表せる。}$$

$\boxed{\text{エ}}$ の解答群

⓪ $(x+p)^2+(y+2p)^2=5$	① $(x+p)^2+(y+2p)^2=25$
② $(x-p)^2+(y-2p)^2=5$	③ $(x-p)^2+(y-2p)^2=25$

(ⅲ) 円 C_1 の中心 $(p, 2p)$ と直線 l_1 の距離は $\boxed{\text{オ}}$ と等しくなる。

$\boxed{\text{オ}}$ の解答群

⓪ 円 C_1 の直径	① 円 C_1 の半径
② 直線 l_1 の x 切片	③ 直線 l_1 の y 切片

(ⅳ) 以上より，p の値を求めると $p=\boxed{\text{カ}}$ となるから，これを①に代入すれば円 C_1 の方程式が求められる。

(2) 中心が $(3, 6)$ にくるように円 C_1 を平行移動したものを C_2，$y=x^2+k$（k は定数）で表される放物線を C_3 とする。

(ⅰ) 円 C_2 と直線 l_1 の異なる2つの交点を P，Q とするとき，弦 PQ の長さは

$$PQ=\boxed{\text{キ}} \quad \text{である。}$$

(ⅱ) 放物線 C_3 と直線 l_2 が異なる2点 M，N で交わるとする。このとき，k の値の範囲は

$$k<\boxed{\text{ク}}$$

であり，線分 MN の長さは $\boxed{\text{ケ}}$ である。

$\boxed{\text{ケ}}$ の解答群

⓪ $2\sqrt{1-k}$	① $\sqrt{5}\sqrt{1-k}$	② $2\sqrt{5}\sqrt{1-k}$	③ $5\sqrt{1-k}$

(ⅲ) (ⅰ)で求めた弦 PQ の長さと(ⅱ)で求めた線分 MN の長さが等しくなるのは

$$k=-\dfrac{\boxed{\text{コ}}}{\boxed{\text{サ}}} \quad \text{のときである。}$$

5

解答編 p.22　時間 10分

　Oを原点とする座標平面において，直線 $l_1 : y = 2x - 1$ と，点 A$(-4, 6)$ を通り l_1 に垂直な直線 l_2 がある。直線 l_1 に関して点 A と対称な点を B，直線 l_1 と l_2 の交点を P とするとき，次の問いに答えよ。

(1)　直線 l_2 の方程式は
$$x + \boxed{\text{ア}}\, y - \boxed{\text{イ}} = 0$$
であり，点 P の座標は $(\boxed{\text{ウ}}, \boxed{\text{エ}})$ である。

(2)　3点 A，B，P の位置関係を考えると，$\boxed{\text{オ}}$ となっているので，点 B の座標は $(\boxed{\text{カ}}, \boxed{\text{キ}})$ である。

$\boxed{\text{オ}}$ の解答群

⓪	点 P が線分 AB を 1:2 に内分する点	①	点 P が線分 AB の中点
②	点 P が線分 AB を 1:2 に外分する点	③	点 B が線分 AP を 1:2 に外分する点

(3)　線分 AB を 2:1 に内分する点を C，2:1 に外分する点を D とする。

(ⅰ)　点 C の座標は $(\boxed{\text{ク}}, \boxed{\text{ケ}})$，点 D の座標は $(\boxed{\text{コサ}}, \boxed{\text{シス}})$ である。

(ⅱ)　AQ:BQ=2:1 となる点 Q の軌跡は $\boxed{\text{セ}}$ であり，その軌跡を表す方程式は
$$(x - \boxed{\text{ソタ}})^2 + (y + \boxed{\text{チ}})^2 = \boxed{\text{ツテ}} \quad \text{である。}$$

$\boxed{\text{セ}}$ の解答群

⓪	点 C を中心，CA を半径とする円	①	点 D を中心，DC を半径とする円
②	点 B を中心，BD を半径とする円	③	点 B，C を直径の両端とする円
④	点 C，D を直径の両端とする円	⑤	点 A，D を直径の両端とする円

(4)　点 R が AR:BR=$m:n$ $(m>0, n>0, m \neq n)$ を満たすとき，点 R の軌跡に関する記述として適当なものは，次の⓪〜⑤のうち $\boxed{\text{ト}}$，$\boxed{\text{ナ}}$，$\boxed{\text{ニ}}$ である。

$\boxed{\text{ト}}$，$\boxed{\text{ナ}}$，$\boxed{\text{ニ}}$ の解答群（解答の順序は問わない。）

⓪　$\dfrac{m}{n}$ の値が 0 に近づくほど，大きな円になる。

①　$\dfrac{m}{n}$ の値が 0 に近づくほど，小さな円になる。

②　$\dfrac{m}{n}$ の値が 1 に近づくほど，大きな円になる。

③　$\dfrac{m}{n}$ の値が 1 に近づくほど，小さな円になる。

④　$\dfrac{m}{n}$ の値が大きくなるほど，大きな円になる。

⑤　$\dfrac{m}{n}$ の値が大きくなるほど，小さな円になる。

6

　2種類の製品 A，B を作っている工場がある。製品 A，B は，同じ原料 P，Q から作られ，1 kg の製品を作るのに必要な原料の量と，製品 1 kg あたりの利益は次の表のとおりである。

　現在，工場には原料 P が 24 kg，Q が 46 kg 在庫として保管されている。この在庫を使って製品を作るときの利益について考えてみよう。

		製品	
		A(kg)	B(kg)
原料	P(kg)	2	3
	Q(kg)	5	4
利益（万円）		4	5

(1)　A を x (kg)，B を y (kg) 作るとすると，使用する原料 P の量 p (kg)，Q の量 q (kg) は，次の式で表される。

$$p = \boxed{\text{ア}}\, x + \boxed{\text{イ}}\, y \quad \cdots\cdots ①$$
$$q = \boxed{\text{ウ}}\, x + \boxed{\text{エ}}\, y \quad \cdots\cdots ②$$

　また，このとき，原料の在庫量から，p，q が満たさなければならない不等式は $\boxed{\text{オ}}$，$\boxed{\text{カ}}$ である。

　$\boxed{\text{オ}}$，$\boxed{\text{カ}}$ の解答群（解答の順序は問わない。）

⓪	$p \geqq 24$	①	$p \leqq 24$	②	$q \geqq 24$	③	$q \leqq 24$
④	$p \geqq 46$	⑤	$p \leqq 46$	⑥	$q \geqq 46$	⑦	$q \leqq 46$

(2)　A を x (kg)，B を y (kg) 作ったときの利益を k (万円) とすると

$$k = \boxed{\text{キ}}\, x + \boxed{\text{ク}}\, y \quad \cdots\cdots ③$$

と表される。

　①，②，③ が表す直線の傾きをそれぞれ m_1，m_2，m_3 とするとき，m_1，m_2，m_3 の間に成り立つ関係式は $\boxed{\text{ケ}}$ である。

　$\boxed{\text{ケ}}$ の解答群

⓪	$m_1 < m_2 < m_3$	①	$m_2 < m_3 < m_1$	②	$m_3 < m_1 < m_2$	③	$m_1 < m_3 < m_2$

　このことから，k は $x = \boxed{\text{コ}}$，$y = \boxed{\text{サ}}$ のとき最大となり，最大値は $\boxed{\text{シス}}$ である。すなわち，A を $\boxed{\text{コ}}$ kg，B を $\boxed{\text{サ}}$ kg 作ったとき，利益は最大の $\boxed{\text{シス}}$ 万円となる。

数学Ⅱ 3 三角関数

解答編 p.24　時間 12分

7

　関数 $y=a\sin(bx+c)+d$ のグラフを表示できるソフトがある。このソフトには「関数①」，「関数②」というタブがあり，それぞれに a, b, c, d の値を入力すると，値に応じた2つの関数のグラフを表示できる。

　「関数①」を $y=2\sin 2x$ で固定し，「関数②」を動かして考えるとき，次の問いに答えよ。

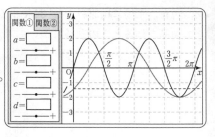

(1) 上の図のようになるときの「関数②」の式として適当なものは ア である。

　ア の解答群

$$ ⓪ \quad y=2\sin\left(x+\frac{\pi}{4}\right) \qquad ① \quad y=2\sin\left(x-\frac{\pi}{4}\right) $$

$$ ② \quad y=2\sin\left(2x-\frac{\pi}{2}\right) \qquad ③ \quad y=2\sin\left(\frac{x}{2}-\frac{\pi}{4}\right) $$

(2) 「関数②」に $a=2$，$b=2$，$c=\dfrac{\pi}{3}$，$d=0$ を入力したのち，そのグラフを x 軸方向に イ だけ平行移動すると，「関数①」のグラフと一致した。

　イ の解答群

$$ ⓪ \ -\frac{2}{3}\pi \qquad ① \ -\frac{\pi}{3} \qquad ② \ -\frac{\pi}{6} \qquad ③ \ \frac{\pi}{6} \qquad ④ \ \frac{\pi}{3} \qquad ⑤ \ \frac{2}{3}\pi $$

(3) 「関数②」に $a=0$，$d=1$ を入力したとき，2つの関数のグラフの交点で x 座標が正であるものを，x 座標の小さいものから順に $x_1, x_2, x_3, \cdots\cdots, x_n$ とする。

(i) $x_1=\dfrac{\pi}{\boxed{ウエ}}$，$x_2=\dfrac{\boxed{オ}}{\boxed{カキ}}\pi$，$x_3=\dfrac{\boxed{クケ}}{\boxed{コサ}}\pi$ である。

(ii) $n\geqq 1$ の自然数 n について一般に成り立つ関係式は シ ， ス である。

　シ ， ス の解答群（解答の順序は問わない。）

$$ ⓪ \ x_{n+1}=x_n+\pi \qquad ① \ x_{2n+1}=x_{2n-1}+\pi \qquad ② \ x_{2n+2}=x_{2n}+\pi $$

$$ ③ \ x_{n+1}=x_n+\frac{\pi}{2} \qquad ④ \ x_{2n+1}=x_{2n}+\frac{\pi}{2} \qquad ⑤ \ x_{2n+2}=x_{2n}+\frac{\pi}{2} $$

(4) 関数 $y=2\sin 2x$，$y=2\cos\dfrac{x}{2}$ のグラフの交点を考えるには，「関数②」を セ とすればよく，交点の個数は，$0\leqq x\leqq 2\pi$ のとき ソ 個，$0\leqq x\leqq 4\pi$ のとき タ 個である。

　セ の解答群

$$ ⓪ \ y=2\sin\left(\frac{x}{2}+\pi\right) \quad ① \ y=2\sin\left(\frac{x}{2}+\frac{\pi}{2}\right) \quad ② \ y=2\sin\left(\frac{x}{2}-\pi\right) \quad ③ \ y=2\sin\left(\frac{x}{2}-\frac{\pi}{2}\right) $$

8

解答編
p.25　時間
10分

太郎さんと花子さんは次の問題について話している。

> **問題**　不等式 $\sqrt{3}\sin\left(\theta+\dfrac{\pi}{9}\right)-\cos\left(\theta-\dfrac{2\pi}{9}\right)>\dfrac{1}{2}$ $\left(0\leqq\theta\leqq\dfrac{5}{9}\pi\right)$ を解け。

太郎：正弦と余弦が混在しているから，三角関数の合成を使いたいね。

花子：三角関数の合成がうろ覚えなんだけど，　ア　は正しい変形になってる？

太郎：合ってるよ。でも，このままでは使えないから，はじめに加法定理を使おうよ。

花子：加法定理は $\sin(\alpha+\beta)=$　イ　，$\cos(\alpha+\beta)=$　ウ　だよね。

　ア　の解答群

⓪ $\sin\theta+\cos\theta=2\sin\left(\theta+\dfrac{\pi}{4}\right)$ 　　**①** $2\sin\theta-\cos\theta=\sqrt{5}\sin\left(\theta-\dfrac{\pi}{6}\right)$

② $-\sin\theta+\sqrt{3}\cos\theta=2\sin\left(\theta+\dfrac{5}{6}\pi\right)$ 　　**③** $-\sin\theta-\sqrt{3}\cos\theta=2\sin\left(\theta-\dfrac{2}{3}\pi\right)$

　イ　，　ウ　の解答群

⓪ $\sin\alpha\sin\beta+\cos\alpha\cos\beta$ 　　**①** $\sin\alpha\sin\beta-\cos\alpha\cos\beta$

② $\sin\alpha\cos\beta+\cos\alpha\sin\beta$ 　　**③** $\sin\alpha\cos\beta-\cos\alpha\sin\beta$

④ $\cos\alpha\cos\beta+\sin\alpha\sin\beta$ 　　**⑤** $\cos\alpha\cos\beta-\sin\alpha\sin\beta$

太郎：$x=\theta+\dfrac{\pi}{9}$ とおけば問題文の式は $\sqrt{3}\sin x-\cos\left(x-\dfrac{\pi}{\boxed{エ}}\right)>\dfrac{1}{2}$ と変形できる

　　　から，この式に加法定理を使えば $\dfrac{\sqrt{\boxed{オ}}}{\boxed{カ}}\sin x-\dfrac{\boxed{キ}}{\boxed{ク}}\cos x>\dfrac{1}{2}$ になるよ。

花子：この式に三角関数の合成を使えば $\sin\left(x-\dfrac{\pi}{\boxed{ケ}}\right)>\dfrac{1}{2}$ ……① とできるね。

太郎：ここで，$0\leqq\theta\leqq\dfrac{5}{9}\pi$ と $x=\theta+\dfrac{\pi}{9}$ から $-\dfrac{\pi}{\boxed{コサ}}\leqq x-\dfrac{\pi}{\boxed{ケ}}\leqq\dfrac{\pi}{\boxed{シ}}$ となるよ。

花子：すると，①を満たす x の値の範囲は，$\dfrac{\pi}{\boxed{ス}}<x\leqq\dfrac{\boxed{セ}}{\boxed{ソ}}\pi$ と求められるね。

太郎：$x=\dfrac{\pi}{\boxed{ス}}$ のときは $\theta=\dfrac{\boxed{タ}}{\boxed{チ}}\pi$，$x=\dfrac{\boxed{セ}}{\boxed{ソ}}\pi$ のときは $\theta=\dfrac{\boxed{ツ}}{\boxed{テ}}\pi$ になるね。

花子：そうしたら，求める θ の値の範囲は　ト　ということになるね。

　ト　の解答群

⓪ $\dfrac{\boxed{タ}}{\boxed{チ}}\pi\leqq\theta\leqq\dfrac{\boxed{ツ}}{\boxed{テ}}\pi$ 　**①** $\dfrac{\boxed{タ}}{\boxed{チ}}\pi<\theta\leqq\dfrac{\boxed{ツ}}{\boxed{テ}}\pi$ 　**②** $\dfrac{\boxed{タ}}{\boxed{チ}}\pi\leqq\theta<\dfrac{\boxed{ツ}}{\boxed{テ}}\pi$

9

解答編 p.26　時間 10分

$-\dfrac{\pi}{2}\leqq\theta\leqq\dfrac{\pi}{2}$ のとき，関数

$$y=\cos 2\theta+\sqrt{3}\sin 2\theta-2\sqrt{3}\cos\theta-2\sin\theta$$

について考える。

(1)　$t=\sin\theta+\sqrt{3}\cos\theta$ ……① とおくと

$$t^2=\boxed{\text{ア}}\cos^2\theta+\boxed{\text{イ}}\sqrt{\boxed{\text{ウ}}}\sin\theta\cos\theta+\boxed{\text{エ}}$$

であるから $y=t^2-\boxed{\text{オ}}\,t-\boxed{\text{カ}}$ となる。

(2)　①より，

$$t=\boxed{\text{キ}}\sin\left(\theta+\dfrac{\pi}{\boxed{\text{ク}}}\right)$$

ここで，$\theta+\dfrac{\pi}{\boxed{\text{ク}}}$ のとりうる値の範囲は $-\dfrac{\pi}{\boxed{\text{ケ}}}\leqq\theta+\dfrac{\pi}{\boxed{\text{ク}}}\leqq\dfrac{\boxed{\text{コ}}}{\boxed{\text{サ}}}\pi$ であるから，t のとりうる値の範囲は $\boxed{\text{シ}}$ である。

$\boxed{\text{シ}}$ の解答群

⓪ $-2\leqq t\leqq 1$	① $-\dfrac{1}{2}\leqq t\leqq 1$	② $-1\leqq t\leqq 1$	③ $-1\leqq t\leqq 2$

(3)　(1), (2)より，y は $t=\boxed{\text{ス}}$，すなわち $\theta=-\dfrac{\pi}{\boxed{\text{セ}}}$，$\dfrac{\pi}{\boxed{\text{ソ}}}$ のとき，最小値 $\boxed{\text{タチ}}$ をとる。

(4)　$y=-1$ のとき，$t=\boxed{\text{ツ}}$ であるから，θ は $\boxed{\text{テ}}$ の範囲にある値をとる。

$\boxed{\text{ツ}}$ の解答群

⓪ $1+\sqrt{2}$	① $\sqrt{2}-1$	② $1-\sqrt{2}$	③ $-1-\sqrt{2}$

$\boxed{\text{テ}}$ の解答群

⓪ $-\dfrac{\pi}{2}<\theta<-\dfrac{\pi}{3}$	① $-\dfrac{\pi}{3}<\theta<-\dfrac{\pi}{6}$	② $-\dfrac{\pi}{6}<\theta<0$
③ $0<\theta<\dfrac{\pi}{6}$	④ $\dfrac{\pi}{6}<\theta<\dfrac{\pi}{3}$	⑤ $\dfrac{\pi}{3}<\theta<\dfrac{\pi}{2}$

10

右図のように，座標平面上の原点 O を中心とする半径 2 の円の円周上に動点 P があり，P を中心とする半径 1 の円の円周上に動点 Q がある。

P は点 A(2, 0)，Q は点 (2, 1) を同時に出発し，それぞれ円周上を反時計回りに一定の速さで動く。また，2 つの点が円周を一周するのにかかる時間は等しい。

このとき，次の問いに答えよ。

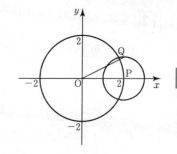

(1) 線分 OP が通過してできる扇形の面積が 6 になった。このとき，∠AOP＝ $\boxed{\text{ア}}$ である。

(2) 点 P の座標が (x, y) のとき，$(x, y+1)$ となる動点を R とする。このとき，$\boxed{\text{イ}}$ 。

$\boxed{\text{イ}}$ の解答群

  ⓪　∠OPQ は一定の値をとらない

  ①　2 つの動点 P，Q は ∠OPQ＝2∠QPR を保って動く

  ②　∠OPQ の大きさは一定である

  ③　∠OPQ の最大値は π である

(3) ∠AOP＝θ のとき，点 P と点 Q の座標を θ を用いて表すと

  P($\boxed{\text{ウ}}$，$\boxed{\text{エ}}$)

  Q($\boxed{\text{オ}}$ － $\boxed{\text{カ}}$，$\boxed{\text{キ}}$ ＋ $\boxed{\text{ク}}$)

となる。

$\boxed{\text{ウ}}$ ～ $\boxed{\text{ク}}$ の解答群（同じものを繰り返し選んでもよい。）

  ⓪　$\sin\theta$ ① $\cos\theta$

  ②　$2\sin\theta$ ③ $2\cos\theta$

(4) 点 P，Q がそれぞれの円周上を一周するまでの間において，点 Q の y 座標の最大値は $\boxed{\text{ケ}}$ である。

$\boxed{\text{ケ}}$ の解答群

  ⓪　2 ① $\sqrt{5}$ ② $\sqrt{3}-1$ ③ 3

数学Ⅱ 4 指数関数・対数関数

11

解答編 p.29　時間 8分

連立方程式

$$\begin{cases} xy = 256 & \cdots\cdots① \\ \dfrac{1}{\log_4 x} - \dfrac{2}{\log_{\frac{1}{2}} y} = \dfrac{4}{3} & \cdots\cdots② \end{cases}$$

を満たす実数 x, y を求めよう。

(1)　2 を底とする①の両辺の対数をとると

$$\log_2 xy = \boxed{\text{ア}}$$

が成り立つ。また，この式は

$$\boxed{\text{イ}} \quad \cdots\cdots③ \quad \text{と変形できる。}$$

$\boxed{\text{イ}}$ の解答群

⓪　$\log_2 x \cdot \log_2 y = \boxed{\text{ア}}$　　　　① $\log_2 x + \log_2 y = \boxed{\text{ア}}$

②　$\log_2 x - \log_2 y = \boxed{\text{ア}}$　　　　③ $\log_2 y - \log_2 x = \boxed{\text{ア}}$

(2)　②において，真数の条件や分母の条件から実数 x, y が満たす条件は

$$\boxed{\text{ウ}},\ \boxed{\text{エ}},\ \boxed{\text{オ}},\ \boxed{\text{カ}} \quad \text{である。}$$

$\boxed{\text{ウ}} \sim \boxed{\text{カ}}$ の解答群（解答の順序は問わない。）

⓪　$x < 0$　　　①　$x > 0$　　　②　$x \neq 1$　　　③　$x < 1$

④　$x > 1$　　　⑤　$y < 0$　　　⑥　$y > 0$　　　⑦　$y \neq 1$

⑧　$y < 1$　　　⑨　$y > 1$

(3)　②を変形すると

$$\frac{1}{\log_2 x} + \frac{1}{\log_2 y} = \frac{\boxed{\text{キ}}}{\boxed{\text{ク}}}$$

となり，これと③より

$$\log_2 x \cdot \log_2 y = \boxed{\text{ケコ}}$$

である。したがって，$\log_2 x$ と $\log_2 y$ は 2 次方程式

$$t^2 - \boxed{\text{サ}}\, t + \boxed{\text{シス}} = 0$$

の解である。この解は

$$t = \boxed{\text{セ}},\ \boxed{\text{ソ}} \quad (\boxed{\text{セ}} < \boxed{\text{ソ}})$$

よって，連立方程式①と②の解は

$$(x, y) = (\boxed{\text{タ}},\ \boxed{\text{チツ}}),\ (\boxed{\text{テト}},\ \boxed{\text{ナ}})$$

である。

12

解答編 p.30 ｜ 時間 10分

(1) 10 を底とする対数関数 $y=\log_{10}x$ について考える。

(i) $y=6$ のとき，$x=10^{\boxed{ア}}$ である。また，$x=10\sqrt[3]{10}$ のとき，$y=\dfrac{\boxed{イ}}{\boxed{ウ}}$ である。

(ii) y の値が $1\le y<2$ を満たす自然数 x は $\boxed{エオ}$ 個ある。また，n を自然数とするとき，$n\le y<n+1$ を満たす自然数 x の個数は $\boxed{カ}$ 個と表せる。

$\boxed{カ}$ の解答群

⓪ 9×10^{n}　　　① $9\times10^{n-1}$　　　② $10^{n}-1$　　　③ $10^{n+1}-1$

(2) 物理や化学などの実験では，片対数方眼紙という特殊なグラフ用紙を用いることがある。片対数方眼紙では，縦横どちらかの軸の目盛りが対数になっている。

図1は，横軸に x 座標，縦軸に y 座標をとって，縦軸の目盛りを常用対数とした片対数方眼紙である。すなわち，横軸には 0，1，2，……が，縦軸には 10^{0}，10^{1}，10^{2}，……が等間隔に並んでいる。

(i) この片対数方眼紙に次の関数のグラフをかいたところ，図2のようになった。

$y=10^{\frac{x}{2}}$　……①

$y=2\cdot10^{x}$　……②

$y=10^{2x}$　……③

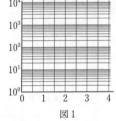

図1

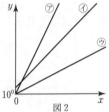

図2

関数①，②，③とそのグラフ⑦，⑦，⑨の組合せとして適当なものは $\boxed{キ}$ である。

$\boxed{キ}$ の解答群

⓪ ①—⑦，②—⑦，③—⑨　　　① ①—⑦，②—⑦，③—⑨

② ①—⑦，②—⑨，③—⑦　　　③ ①—⑨，②—⑦，③—⑦

(ii) この片対数方眼紙にかいた $y=k\times10^{ax}$ $(k\ge1,\ a>0)$ のグラフの概形として考えられるものは $\boxed{ク}$，$\boxed{ケ}$ である。

$\boxed{ク}$，$\boxed{ケ}$ の解答群（解答の順序は問わない。）

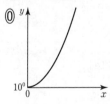
⓪

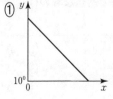
①

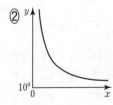
②

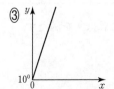
③

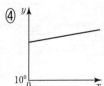
④

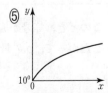
⑤

13

解答編	時間
p.31	8分

$2^{3-\log_{10}x}+3^{\log_{10}y}=12$ ……① を満たす実数 x, y について

$p=-2^{1+\log_{10}x}+3^{\log_{10}y}$ ……②

の最大値を考える。

(1) 真数の条件から，　ア　かつ　イ　でなければならない。

　　ア ，　イ　の解答群（解答の順序は問わない。）

⓪ $x \neq 1$	① $x>0$	② $\log_{10}x>0$
③ $y \neq 1$	④ $y>0$	⑤ $\log_{10}y>0$

(2) ①より，$3^{\log_{10}y}=12-\dfrac{\boxed{ウ}}{2^{\log_{10}x}}$ ……③ であり，$3^{\log_{10}y}>0$ であるから

$2^{\log_{10}x}>\dfrac{\boxed{エ}}{\boxed{オ}}$ ……④

②に③を代入して

$p=-2^{1+\log_{10}x}+12-\dfrac{\boxed{ウ}}{2^{\log_{10}x}}$

$=-\boxed{カ}\left(2^{\log_{10}x}+\dfrac{\boxed{キ}}{2^{\log_{10}x}}\right)+12$ ……⑤

(3) ⑤において，$2^{\log_{10}x}>0$, $\dfrac{\boxed{キ}}{2^{\log_{10}x}}>0$ であるから，相加平均と相乗平均の関係により

$2^{\log_{10}x}+\dfrac{\boxed{キ}}{2^{\log_{10}x}}\ \boxed{A}\ \boxed{ク}\sqrt{2^{\log_{10}x}\cdot\dfrac{\boxed{ケ}}{2^{\log_{10}x}}}=\boxed{コ}$

したがって，

$p=12-\boxed{カ}\left(2^{\log_{10}x}+\dfrac{\boxed{キ}}{2^{\log_{10}x}}\right)\ \boxed{B}\ 12-\boxed{サ}=\boxed{シ}$

とわかる。

　　A ，　B　の組合せとして適当なものは　ス　である。

　　ス　の解答群

⓪ A：$\leqq$　　B：$\leqq$	① A：$\leqq$　　B：$=$
② A：$\leqq$　　B：$\geqq$	③ A：$\geqq$　　B：$\leqq$
④ A：$\geqq$　　B：$=$	⑤ A：$\geqq$　　B：$\geqq$

このとき，等号が成り立つのは $2^{\log_{10}x}=\boxed{セ}$ のときで，これは④を満たす。

したがって，p の最大値は　ソ　である。

14

解答編	時間
p.31	12分

常用対数を利用すると，正の数の桁数や，最高位の数字が調べやすくなる。このことについて，次の問いに答えよ。

(1) ある自然数 a, b について，$a^4 b^4$ の値を調べると 14 桁の数となり，$\dfrac{a^4}{b^4}$ の整数部分は 5 桁になったという。

(i) $a^4 b^4$ は 14 桁の数であるから
$$10^{\boxed{アイ}} \leqq a^4 b^4 < 10^{\boxed{アイ}+1}$$
と表せる。よって，ab は $\boxed{ウ}$ 桁の数である。

(ii) $\dfrac{a^4}{b^4}$ は整数部分が 5 桁の数であるから
$$10^{\boxed{エ}} \leqq \dfrac{a^4}{b^4} < 10^{\boxed{エ}+1} \quad と表せる。$$

(iii) (ii)より，$\dfrac{b^4}{a^4}$ は $\boxed{オ}$ と表せる。

$\boxed{オ}$ の解答群

⓪ $10^{-\boxed{エ}-1} < \dfrac{b^4}{a^4} \leqq 10^{-\boxed{エ}}$	① $10^{-\boxed{エ}} < \dfrac{b^4}{a^4} \leqq 10^{-\boxed{エ}-1}$
② $10^{-\boxed{エ}} \leqq \dfrac{b^4}{a^4} < 10^{-\boxed{エ}-1}$	③ $10^{-\boxed{エ}-1} \leqq \dfrac{b^4}{a^4} < 10^{-\boxed{エ}}$

(iv) 以上より，$10^{\boxed{カキ}} \leqq a^8 < 10^{\boxed{クケ}}$ であるから，a は $\boxed{コ}$ 桁の数である。
また，$10^{\boxed{サ}} < b^8 < 10^{\boxed{シス}}$ であるから，b は $\boxed{セ}$ 桁の数である。

(2) $\log_{10} 2 = 0.3010$ として，2^{82} の桁数と最高位の数を求めよう。

(i) 2^{82} の常用対数をとると　$\log_{10} 2^{82} = \boxed{ソタ}.\boxed{チツテ}$ ……①
このとき，$10^{\boxed{トナ}} \leqq 2^{82} < 10^{\boxed{トナ}+1}$ と表せるから，2^{82} は $\boxed{ニヌ}$ 桁の数である。

(ii) ①より，$2^{82} = 10^{\boxed{ソタ}.\boxed{チツテ}} = 10^{\boxed{ソタ}} \times 10^{0.\boxed{チツテ}}$ と表せるから，最高位の数は $10^{0.\boxed{チツテ}}$ の整数部分である。
$\log_{10} 4 = 0.\boxed{ネノハ}$，$\log_{10} 5 = 0.\boxed{ヒフヘ}$ であり，$\boxed{ホ}$ と表せるから最高位の数は $\boxed{マ}$ である。

$\boxed{ホ}$ の解答群

⓪ $4 \times 0.\boxed{ネノハ} < 10^{0.\boxed{チツテ}} < 5 \times 0.\boxed{ヒフヘ}$	① $10^{\log_{10} 5} < 10^{0.\boxed{チツテ}} < 10^{\log_{10} 4}$
② $4 < 10^{0.\boxed{チツテ}} < 5$	③ $\log_{10} 4 < 10^{0.\boxed{チツテ}} < \log_{10} 5$

数学Ⅱ 5 微分法と積分法

15

解答編 p.33　時間 10分

曲線 $y=x^3$ を C とし，この曲線上に点 $P(a, a^3)$ をとる。次の問いに答えよ。

(1) C 上に点 P とは異なる点 $Q(b, b^3)$ をとるとき，点 P, Q を通る直線の傾きは一般に，関数 $f(x)=x^3$ の $\boxed{ア}$ と一致するので，$\boxed{イ}$ である。

$\boxed{ア}$ の解答群

$\textcircled{0}$ $f(x)$ の $x=a$ における微分係数

$\textcircled{1}$ x が a から b まで変化するときの平均変化率

$\textcircled{2}$ $x \to a$ のときの $f(x)$ の極限値

$\textcircled{3}$ $f(x)$ の点 P における接線の傾き

$\boxed{イ}$ の解答群

$\textcircled{0}$ a^2+ab+b^2 $\qquad$ $\textcircled{1}$ a^2-ab+b^2

$\textcircled{2}$ $a^2+2ab+b^2$ $\qquad$ $\textcircled{3}$ $a^2-2ab+b^2$

(2) 関数 $f(x)=x^3$ の $x=a$ における微分係数は
$$f'(a)=\lim_{b \to \boxed{ウ}} \left(\boxed{イ}\right)=\boxed{エ}\,a^{\boxed{オ}}$$
と表せる。

(3) 関数 $f(x)$ についてつねに成り立つ性質として正しいものは，$\boxed{カ}$, $\boxed{キ}$ である。

$\boxed{カ}$, $\boxed{キ}$ の解答群（解答の順序は問わない。）

$\textcircled{0}$ $a<b$ のとき $f'(a)<f'(b)$ $\qquad$ $\textcircled{1}$ 微分係数は $f'(x)>0$

$\textcircled{2}$ $a<b$ のとき $f(a)<f(b)$ $\qquad$ $\textcircled{3}$ $x=a$ から $x=b$ までの平均変化率は正

$\textcircled{4}$ $x>0$ のとき $f'(x)>0$ であり，$x<0$ のとき $f'(x)<0$

(4) $a>0$ とするとき，点 P における C の接線 l の方程式は
$$y=\boxed{ク}\,a^{\boxed{ケ}}x-\boxed{コ}\,a^{\boxed{サ}}$$
である。また，点 P を通り l に垂直な直線を m とすると，m の方程式は
$$y=-\frac{x}{\boxed{シ}\,a^{\boxed{ス}}}+\frac{1}{\boxed{セ}\,a}+a^{\boxed{ソ}}$$

曲線 C と直線 l の $x \geqq 0$ の部分，および y 軸で囲まれた図形の面積を S_1，曲線 C と直線 m の $x \geqq 0$ の部分，および y 軸で囲まれた図形の面積を S_2 とすると
$$S_1=\frac{\boxed{タ}}{\boxed{チ}}\,a^{\boxed{ツ}} \quad , \quad S_2=\frac{\boxed{タ}}{\boxed{チ}}\,a^{\boxed{ツ}}+\frac{\boxed{テ}}{\boxed{ト}}$$
である。したがって，S_2-S_1 の値を考えると，$S_2-S_1=\dfrac{\boxed{ナ}}{\boxed{ニ}}$ で一定となる。

16

解答編	時間
p.34	8分

　　右の図は，底面の半径が r，高さが h である円柱とその展開図である。円柱の表面積を 600π として，次の問いに答えよ。

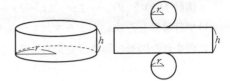

(1)　表面積が 600π であるから，

$$\boxed{\text{ア}}=600\pi \quad である。$$

　　$\boxed{\text{ア}}$ の解答群

⓪ $\pi r^2+\pi rh$	① $2\pi r^2+\pi rh$	② $\pi r^2+2\pi rh$	③ $2\pi r^2+2\pi rh$

(2)　円柱の体積を V とすると

$$V=\pi r^2 h$$

である。(1)より $h=\boxed{\text{イ}}$ であるから，代入すると $V=\boxed{\text{ウ}}$ と表せる。

ただし，$h>0$ であるから，r は $0<r<\boxed{\text{エオ}}\sqrt{\boxed{\text{カ}}}$ を満たさなければならない。

　　$\boxed{\text{イ}}$ の解答群

⓪ $\dfrac{300-r^2}{r}$	① $\dfrac{600-2r^2}{r}$	② $\dfrac{300-r^2}{2r}$	③ $\dfrac{600-r^2}{r}$

　　$\boxed{\text{ウ}}$ の解答群

⓪ $\pi(150r-r^3)$	① $\pi\left(300r-\dfrac{1}{2}r^3\right)$
② $\pi(300r-r^3)$	③ $\pi(600r-2r^3)$

(3)　V を r についての関数とみて，$V=f(r)$ とおく。$f'(r)$ を求めて増減表をかくと，$r=\boxed{\text{キク}}$ のときに V は最大とわかり，V の最大値は $\boxed{\text{ケコサシ}}\pi$ である。

(4)　関数 $y=f(r)$ のグラフの概形は $\boxed{\text{ス}}$ である。

　　$\boxed{\text{ス}}$ については，最も適当なものを，次の⓪～⑤のうちから一つ選べ。

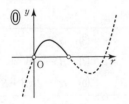
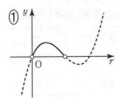
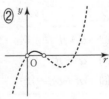

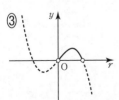
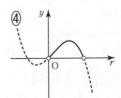
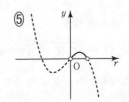

解答編
p.35

時間
10分

17

関数 $f(x)$ を $f(x)=2x^3-3x^2-8x+5$ とするとき，$y=f(x)$ のグラフを x 軸方向に 1 だけ平行移動した曲線をグラフにもつ関数を $g(x)$ とする。2 つの曲線 $y=f(x)$ と $y=g(x)$ に囲まれた図形の面積 S を求めよう。

(1) $y=g(x)$ のグラフは $y=f(x)$ のグラフを x 軸方向に 1 だけ平行移動したものであるから

$$g(x)=\boxed{\ ア\ }x^3-\boxed{\ イ\ }x^2+\boxed{\ ウ\ }x+\boxed{\ エ\ }$$

である。よって，$y=f(x)$ と $y=g(x)$ のグラフの共有点の x 座標を a，b とすると

$$a=\frac{\boxed{\ オ\ }-\sqrt{\boxed{\ カ\ }}}{\boxed{\ キ\ }},\quad b=\frac{\boxed{\ ク\ }+\sqrt{\boxed{\ ケ\ }}}{\boxed{\ コ\ }}$$

である。

$a\leqq x\leqq b$ の範囲では $f(x)\leqq g(x)$ であるから，求める面積 S は

$$S=-\int_a^b(\boxed{\ サ\ }x^2-\boxed{\ シス\ }x-\boxed{\ セ\ })\,dx\ \cdots\cdots①$$

と表すことができる。

(2) 定積分 $\displaystyle\int_\alpha^\beta(x-\alpha)(x-\beta)\,dx$ は，次のように変形できる。

$$\int_\alpha^\beta(x-\alpha)(x-\beta)\,dx=\int_\alpha^\beta\{x^2-(\boxed{\ ソ\ })x+\boxed{\ タ\ }\}\,dx$$

$$=\left[\frac{1}{3}x^3-\frac{\boxed{\ ソ\ }}{2}x^2+(\boxed{\ タ\ })x\right]_\alpha^\beta$$

$$=\frac{1}{3}(\boxed{\ チ\ })-\frac{\boxed{\ ソ\ }}{2}(\boxed{\ ツ\ })+(\boxed{\ タ\ })(\boxed{\ テ\ })$$

$$=\frac{1}{6}(\boxed{\ ト\ })\{2(\boxed{\ ナ\ })-3(\boxed{\ ニ\ })+6\boxed{\ タ\ }\}$$

$$=-\frac{1}{6}(\boxed{\ ト\ })(\boxed{\ ヌ\ })=-\frac{1}{6}(\boxed{\ ネ\ })^3\ \cdots\cdots②$$

$\boxed{\ ソ\ }\sim\boxed{\ ネ\ }$ の解答群（同じものを繰り返し選んでもよい。）

⓪ $\alpha+\beta$	① $\alpha-\beta$	② $\beta-\alpha$	③ $\alpha\beta$
④ $\alpha^2-\beta^2$	⑤ $\beta^2-\alpha^2$	⑥ $\alpha^3-\beta^3$	⑦ $\beta^3-\alpha^3$
⑧ $\alpha^2+\alpha\beta+\beta^2$	⑨ $\alpha^2-\alpha\beta+\beta^2$	ⓐ $\alpha^2+2\alpha\beta+\beta^2$	ⓑ $\alpha^2-2\alpha\beta+\beta^2$

(3) ①を変形すると

$$S=-\boxed{\ ノ\ }\int_a^b(x-a)(x-b)\,dx$$

となるから，②より $S=\boxed{\ ハ\ }\sqrt{\boxed{\ ヒ\ }}$ とわかる。

18

解答編	時間
p.36	8分

　2次関数 $f'(x)=3x^2-6x+3$ を導関数にもつ関数 $f(x)$ がある。$y=f(x)$ で表される曲線を C とするとき，次の問いに答えよ。

(1)　曲線 C のグラフの概形として考えられるものは ア ， イ である。

　 ア ， イ については，最も適当なものを，次の⓪〜⑤のうちから一つずつ選べ。ただし，解答の順序は問わない。

⓪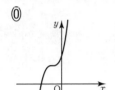　①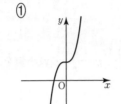　②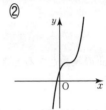

③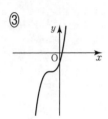　④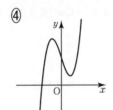　⑤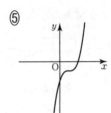

(2)　$f(0)=3$ となるとき，関数 $f(x)$ は
$$f(x)=x^3-\boxed{\text{ウ}}\,x^2+\boxed{\text{エ}}\,x+\boxed{\text{オ}}$$
である。

　このとき，曲線 C の接線で傾きが 12 であるものは カ 本あり，そのうち y 切片が負であるものを l とすると，l の方程式は
$$y=12x-\boxed{\text{キク}}$$
である。

　また，曲線 C と接線 l および x 軸，y 軸の正の部分で囲まれた図形の面積を S とすると，
$$S=\boxed{\text{ケ}}$$
である。

ケ の解答群

⓪ $\dfrac{27}{4}$	① $\dfrac{31}{4}$	② $\dfrac{39}{4}$
③ $\dfrac{63}{4}$	④ $\dfrac{81}{4}$	⑤ $\dfrac{131}{4}$

F^{inal} $Step$ ファイナルステップ

数学Ⅱ 1 方程式・式と証明

1

先生と太郎さんと花子さんは，次の問題とその解答について話している。三人の会話を読んで，下の問いに答えよ。

【問題】

x, y を正の実数とするとき，$\left(x+\dfrac{1}{y}\right)\left(y+\dfrac{4}{x}\right)$ の最小値を求めよ。

【解答 A】

$x>0$, $\dfrac{1}{y}>0$ であるから，相加平均と相乗平均の関係により

$$x+\frac{1}{y}\geqq 2\sqrt{x\cdot\frac{1}{y}}=2\sqrt{\frac{x}{y}}\quad\cdots\cdots①$$

$y>0$, $\dfrac{4}{x}>0$ であるから，相加平均と相乗平均の関係により

$$y+\frac{4}{x}\geqq 2\sqrt{y\cdot\frac{4}{x}}=4\sqrt{\frac{y}{x}}\quad\cdots\cdots②$$

である。①，②の両辺は正であるから，

$$\left(x+\frac{1}{y}\right)\left(y+\frac{4}{x}\right)\geqq 2\sqrt{\frac{x}{y}}\cdot 4\sqrt{\frac{y}{x}}=8$$

よって，求める最小値は 8 である。

【解答 B】

$$\left(x+\frac{1}{y}\right)\left(y+\frac{4}{x}\right)=xy+\frac{4}{xy}+5$$

であり，$xy>0$ であるから，相加平均と相乗平均の関係により

$$xy+\frac{4}{xy}\geqq 2\sqrt{xy\cdot\frac{4}{xy}}=4$$

である。すなわち，

$$xy+\frac{4}{xy}+5\geqq 4+5=9$$

よって，求める最小値は 9 である。

先生：「同じ問題なのに，解答 A と解答 B で答えが違っていますね。」

太郎：「計算が間違っているのかな。」

花子：「いや，どちらも計算は間違えていないみたい。」

太郎：「答えが違うということは，どちらかは正しくないということだよね。」

先生：「なぜ解答 A と解答 B で違う答えが出てしまったのか，考えてみましょう。」

花子：「実際に x と y に値を代入して調べてみよう。」

太郎：「例えば，$x=1$，$y=1$ を代入してみると，$\left(x+\dfrac{1}{y}\right)\left(y+\dfrac{4}{x}\right)$ の値は 2×5 だから 10 だ。」

花子：「$x=2$，$y=2$ のときの値は $\dfrac{5}{2}\times4=10$ になった。」

太郎：「$x=2$，$y=1$ のときの値は $3\times3=9$ になる。」

（太郎と花子，いろいろな値を代入して計算する）

花子：「先生，ひょっとして ア ということですか。」

先生：「そのとおりです。よく気づきましたね。」

花子：「正しい最小値は イ ですね。」

ア の解答群

⓪ $xy+\dfrac{4}{xy}=4$ を満たす x，y の値がない

① $x+\dfrac{1}{y}=2\sqrt{\dfrac{x}{y}}$ かつ $xy+\dfrac{4}{xy}=4$ を満たす x，y の値がある

② $x+\dfrac{1}{y}=2\sqrt{\dfrac{x}{y}}$ かつ $y+\dfrac{4}{x}=4\sqrt{\dfrac{y}{x}}$ を満たす x，y の値がない

③ $x+\dfrac{1}{y}=2\sqrt{\dfrac{x}{y}}$ かつ $y+\dfrac{4}{x}=4\sqrt{\dfrac{y}{x}}$ を満たす x，y の値がある

（2017 年　試行調査）

数学Ⅱ 2 図形と方程式

2

解答編 p.39　時間 12分

　　100gずつ袋詰めされている食品AとBがある。1袋あたりのエネルギーは食品Aが200kcal，食品Bが300kcalであり，1袋あたりの脂質の含有量は食品Aが4g，食品Bが2gである。

(1)　太郎さんは，食品AとBを食べるにあたり，エネルギーは1500kcal以下に，脂質は16g以下に抑えたいと考えている。食べる量（g）の合計が最も多くなるのは，食品AとBをどのような量の組合せで食べるときかを調べよう。ただし，一方のみを食べる場合も含めて考えるものとする。

(ⅰ)　食品Aをx袋分，食品Bをy袋分だけ食べるとする。このとき，x，yは次の条件①，②を満たす必要がある。

　　　　摂取するエネルギー量についての条件　　$\boxed{\text{ア}}$　……①
　　　　摂取する脂質の量についての条件　　　　$\boxed{\text{イ}}$　……②

$\boxed{\text{ア}}$ の解答群

⓪	$200x+300y \leqq 1500$	①	$200x+300y \geqq 1500$
②	$300x+200y \leqq 1500$	③	$300x+200y \geqq 1500$

$\boxed{\text{イ}}$ の解答群

⓪	$2x+4y \leqq 16$	①	$2x+4y \geqq 16$
②	$4x+2y \leqq 16$	③	$4x+2y \geqq 16$

(ii) x, y の値と条件①，②の関係について正しいものは $\boxed{\text{ウ}}$，$\boxed{\text{エ}}$ である。

$\boxed{\text{ウ}}$，$\boxed{\text{エ}}$ の解答群（解答の順序は問わない。）

⓪ $(x, y)=(0, 5)$ は条件①を満たさないが，条件②は満たす。

① $(x, y)=(5, 0)$ は条件①を満たすが，条件②は満たさない。

② $(x, y)=(4, 1)$ は条件①も条件②も満たさない。

③ $(x, y)=(3, 2)$ は条件①と条件②をともに満たす。

(iii) 条件①，②をともに満たす (x, y) について，食品 A と食品 B を食べる量の合計の最大値を二つの場合で考えてみよう。

食品 A，B が 1 袋を小分けにして食べられるような食品のとき，すなわち x，y のとり得る値が実数の場合，食べる量の合計の最大値は $\boxed{\text{オカキ}}$ g である。このときの (x, y) の組は，

$$(x, y)=\left(\dfrac{\boxed{\text{ク}}}{\boxed{\text{ケ}}},\ \dfrac{\boxed{\text{コ}}}{\boxed{\text{サ}}}\right)$$

である。

次に，食品 A，B が 1 袋を小分けにして食べられないような食品のとき，すなわち x，y のとり得る値が整数の場合，食べる量の合計の最大値は $\boxed{\text{シスセ}}$ g である。このときの (x, y) の組は $\boxed{\text{ソ}}$ 通りある。

(2) 花子さんは，食品 A と B を合計 600 g 以上食べて，エネルギーは 1500 kcal 以下に抑えたいと考えている。脂質を最も少なくできるのは，食品 A，B が 1 袋を小分けにして食べられない食品の場合，A を $\boxed{\text{タ}}$ 袋，B を $\boxed{\text{チ}}$ 袋食べるときで，そのときの脂質は $\boxed{\text{ツテ}}$ g である。

（2018 年　試行調査）

3

解答編 p.40　時間 12分

Oを原点とする座標平面上で，円 $(x-a)^2+(y-b)^2=r^2$ $(r>0)$ を C とする。円 C の中心が第1象限にあるとき，次の問いに答えよ。

(1) 下の**X〜Z**は，a，b，r にそれぞれ異なる条件を定めたときの円 C の概形を表した図である。円 C がこのような概形になるための a，b，r の条件を考える。

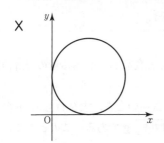
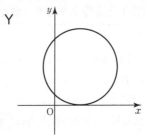
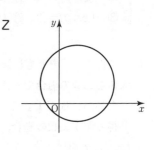

(ⅰ) 次の**あ〜う**は，**X〜Z**の概形を説明した文である。

あ 円 C が x 軸と y 軸の両方と交わっており，原点が円の内部にある。

い 円 C が x 軸と接し，y 軸と交わっている。

う 円 C が x 軸と y 軸の両方に接している。

X〜Zと**あ〜う**との正しい組合せは ┃ ア ┃ である。

┃ ア ┃ の解答群

	⓪	①	②	③	④	⑤
X	あ	あ	い	い	う	う
Y	い	う	あ	う	あ	い
Z	う	い	う	あ	い	あ

(ⅱ) **X〜Z**のような概形となるときに a，b，r が満たすべき関係は

X：┃ イ ┃，┃ ウ ┃　　　Y：┃ エ ┃，┃ オ ┃　　　Z：┃ カ ┃，┃ キ ┃，┃ ク ┃

である。

┃ イ ┃ 〜 ┃ ク ┃ の解答群（**X，Y，Z**それぞれの中での解答の順序は問わない。）

⓪ $a>r$	① $b>r$	② $0<a<r$	③ $0<b<r$
④ $a=r$	⑤ $b=r$	⑥ $a^2+b^2<r^2$	⑦ $a^2+b^2>r^2$

(2) 円 C は，方程式 $y=\dfrac{3}{4}x$ で表される直線 l と y 軸に接し，点 R(4, 4) を通る。このとき について考える。

(i) 円 C の中心を P(a, b) とすると，点 P を通り l に垂直な直線の方程式は

$$y=-\frac{\boxed{ケ}}{\boxed{コ}}(x-a)+b$$

なので，P から l に下ろした垂線と l の交点 Q の座標は

$$\left(\frac{\boxed{リ}}{25}(\boxed{シ}a+\boxed{ス}b),\ \frac{\boxed{セ}}{25}(\boxed{シ}a+\boxed{ス}b)\right)\ \text{となる。}$$

よって，円 C の半径 r は，P と l の距離に等しいから

$$r=\frac{1}{5}\left|\boxed{ソ}a-\boxed{タ}b\right|$$

(ii) 円 C は y 軸に接するので $r=\boxed{\text{ A }}$ とわかり，(i)より $\boxed{\text{ B }}$ である。$\boxed{\text{ A }}$，$\boxed{\text{ B }}$ の組合せとして適当なものは $\boxed{チ}$ である。

$\boxed{チ}$ の解答群

⓪ A : a, B : $b=2a$	① A : a, B : $a=2b$
② A : b, B : $b=2a$	③ A : b, B : $a=2b$

(iii) 円 C は点 R を通ることと(ii)までから，円 C の方程式は次の 2 通りしかないとわかる。

$$(x-\boxed{ツ})^2+(y-\boxed{テ})^2=\boxed{ト}\ \cdots\cdots①$$
$$(x-\boxed{ナ})^2+(y-\boxed{ニ})^2=\boxed{ヌネ}\ \cdots\cdots②$$

(iv) 方程式①の表す円の中心を S，方程式②の表す円の中心を T とすると，直線 ST は原点 O を通り，点 O は線分 ST を $\boxed{ノ}$ する。

$\boxed{ノ}$ の解答群

⓪ 1 : 1 に内分	① 1 : 2 に内分	② 2 : 1 に内分
③ 1 : 1 に外分	④ 1 : 2 に外分	⑤ 2 : 1 に外分

数学Ⅱ 3 三角関数

4

解答編 p.43　時間 10分

(1) 次の問題 A について考えよう。

> **問題 A**　関数 $y=\sin\theta+\sqrt{3}\cos\theta$ $\left(0\leqq\theta\leqq\dfrac{\pi}{2}\right)$ の最大値を求めよ。

$$\sin\frac{\pi}{\boxed{\text{ア}}}=\frac{\sqrt{3}}{2},\ \cos\frac{\pi}{\boxed{\text{ア}}}=\frac{1}{2}$$

であるから，三角関数の合成により

$$y=\boxed{\text{イ}}\sin\left(\theta+\frac{\pi}{\boxed{\text{ア}}}\right)$$

と変形できる。

よって，y は $\theta=\dfrac{\pi}{\boxed{\text{ウ}}}$ で最大値 $\boxed{\text{エ}}$ をとる。

(2) p を定数とし，次の**問題 B** について考えよう。

問題 B　　関数 $y = \sin\theta + p\cos\theta\ \left(0 \leqq \theta \leqq \dfrac{\pi}{2}\right)$ の最大値を求めよ。

(i) $p = 0$ のとき，y は $\theta = \dfrac{\pi}{\boxed{オ}}$ で最大値 $\boxed{カ}$ をとる。

(ii) $p > 0$ のときは，加法定理

$$\cos(\theta - \alpha) = \cos\theta\cos\alpha + \sin\theta\sin\alpha$$

を用いると

$$y = \sin\theta + p\cos\theta = \sqrt{\boxed{キ}}\ \cos(\theta - \alpha)$$

と表すことができる。ただし，α は

$$\sin\alpha = \frac{\boxed{ク}}{\sqrt{\boxed{キ}}},\quad \cos\alpha = \frac{\boxed{ケ}}{\sqrt{\boxed{キ}}},\quad 0 < \alpha < \frac{\pi}{2}$$

を満たすものとする。

　　このとき，y は $\theta = \boxed{コ}$ で最大値 $\sqrt{\boxed{サ}}$ をとる。

(iii) $p < 0$ のとき，y は $\theta = \boxed{シ}$ で最大値 $\boxed{ス}$ をとる。

$\boxed{キ} \sim \boxed{ケ}$，$\boxed{サ}$，$\boxed{ス}$ の解答群（同じものを繰り返し選んでもよい。）

⓪　-1	①　1	②　$-p$	③　p
④　$1-p$	⑤　$1+p$	⑥　$-p^2$	⑦　p^2
⑧　$1-p^2$	⑨　$1+p^2$	ⓐ　$(1-p)^2$	ⓑ　$(1+p)^2$

$\boxed{コ}$，$\boxed{シ}$ の解答群（同じものを繰り返し選んでもよい。）

⓪　0	①　α	②　$\dfrac{\pi}{2}$

（令和 7 年度　試作問題
2021 年　共通テスト本試験）

5

解答編 p.44　時間 6分

　Oを原点とする座標平面上に，点A(0, −1)と，中心がOで半径が1の円Cがある。円C上にy座標が正である点Pをとり，線分OPとx軸の正の部分とのなす角を θ（$0<\theta<\pi$）とする。また，円C上にx座標が正である点Qを，つねに ∠POQ$=\dfrac{\pi}{2}$ となるようにとる。次の問いに答えよ。

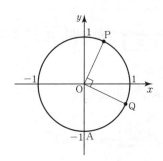

(1)　P，Qの座標をそれぞれθを用いて表すと

P(ア , イ)

Q(ウ , エ)

である。

ア ～ エ の解答群（同じものを繰り返し選んでもよい。）

⓪	$\sin\theta$	①	$\cos\theta$	②	$\tan\theta$
③	$-\sin\theta$	④	$-\cos\theta$	⑤	$-\tan\theta$

(2) θ は $0<\theta<\pi$ の範囲を動くものとする。このとき線分 AQ の長さ l は θ の関数である。

関数 l のグラフの概形は オ である。

 オ については，最も適当なものを，次の ⓪〜⑨ のうちから一つ選べ。

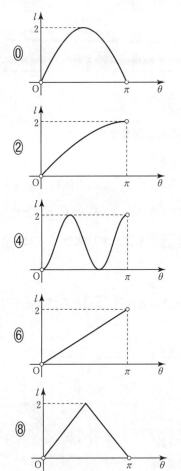

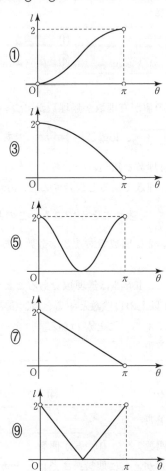

（2018 年　試行調査）

数学Ⅱ 4 指数関数・対数関数

6

解答編 p.45　時間 6分

(1) $a>0$, $a\neq1$, $b>0$ のとき, $\log_a b=x$ とおくと, ア が成り立つ。

ア の解答群

⓪ $x^a=b$	① $x^b=a$	② $a^x=b$
③ $b^x=a$	④ $a^b=x$	⑤ $b^a=x$

(2) 様々な対数の値が有理数か無理数かについて考えよう。

(ⅰ) $\log_5 25=$ イ , $\log_9 27=\dfrac{ウ}{エ}$ であり, どちらも有理数である。

(ⅱ) $\log_2 3$ が有理数と無理数のどちらであるかを考えよう。

$\log_2 3$ が有理数であると仮定すると, $\log_2 3>0$ であるので, 二つの自然数 p, q を用いて $\log_2 3=\dfrac{p}{q}$ と表すことができる。このとき, (1)により $\log_2 3=\dfrac{p}{q}$ は オ と変形できる。いま, 2 は偶数であり 3 は奇数であるので, オ を満たす自然数 p, q は存在しない。

したがって, $\log_2 3$ は無理数であることがわかる。

(ⅲ) a, b を 2 以上の自然数とするとき, (ⅱ)と同様に考えると, 「 カ ならば $\log_a b$ はつねに無理数である」ことがわかる。

オ の解答群

⓪ $p^2=3q^2$	① $q^2=p^3$	② $2^q=3^p$
③ $p^3=2q^3$	④ $p^2=q^3$	⑤ $2^p=3^q$

カ の解答群

⓪ a が偶数	① b が偶数	② a が奇数	③ b が奇数

④ a と b がともに偶数, または a と b がともに奇数

⑤ a と b のいずれか一方が偶数で, もう一方が奇数

（2023年　共通テスト本試験）

7

解答編
p.45

時間
12分

関数 $y=2^x$ とそのグラフについて，次の問いに答えよ。

(1) 関数 $y=2^x$ について

$x=\log_2 5$ のときの y の値は　　ア

$x=\log_2 5-1$ のときの y の値は　　イ

$x=\log_{\frac{1}{2}} 4$ のときの y の値は　　ウ

$y=4\sqrt{2}$ のときの x の値は　　エ

ア ～ エ の解答群（同じものを繰り返し選んでもよい。）

⓪ $\dfrac{1}{8}$	① $\dfrac{1}{4}$	② $\dfrac{1}{2}$	③ 1	④ $\dfrac{3}{2}$
⑤ 2	⑥ $\dfrac{5}{2}$	⑦ 3	⑧ 4	⑨ 5

(2) $y=2^x$ は　オ　関数であるから，$\sqrt[3]{4}$，$\sqrt[4]{8}$，$\sqrt[8]{32}$ を大きい順に並べると　カ　となる。

また，$\left(\dfrac{1}{4}\right)^{\frac{x}{3}}<\left(\dfrac{1}{8}\right)^{\frac{y}{4}}<\left(\dfrac{1}{2}\right)^{\frac{z}{2}}$ であるとき，x, y, z の間には　キ　という関係式が成り立つ。

オ の解答群

⓪ 偶	① 奇	② 周期	③ 増加	④ 減少

カ の解答群

⓪ $\sqrt[3]{4}$，$\sqrt[4]{8}$，$\sqrt[8]{32}$	① $\sqrt[3]{4}$，$\sqrt[8]{32}$，$\sqrt[4]{8}$
② $\sqrt[4]{8}$，$\sqrt[3]{4}$，$\sqrt[8]{32}$	③ $\sqrt[4]{8}$，$\sqrt[8]{32}$，$\sqrt[3]{4}$
④ $\sqrt[8]{32}$，$\sqrt[3]{4}$，$\sqrt[4]{8}$	⑤ $\sqrt[8]{32}$，$\sqrt[4]{8}$，$\sqrt[3]{4}$

キ の解答群

⓪ $8x<9y<6z$	① $8x<6z<9y$
② $9y<8x<6z$	③ $9y<6z<8x$
④ $6z<8x<9y$	⑤ $6z<9y<8x$

(3) 関数 $y=2^x$ のグラフを平行移動，対称移動してできるグラフについて考えてみよう。

(i) $y=2(2^x-1)$ のグラフは，$y=2^x$ のグラフを x 軸方向に　ク　，y 軸方向に　ケ　だけ平行移動したものである。

ク ，ケ の解答群（同じものを繰り返し選んでもよい。）

⓪ -2	① -1	② 1	③ 2

（次のページに続く）

(ii) $y=\left(\dfrac{1}{2}\right)^x$ のグラフは，$y=2^x$ のグラフを ┃ コ ┃ に関して対称移動したものである。

┃ コ ┃ の解答群

⓪ x 軸　　　　　① y 軸　　　　　② 原点

(4) 関数 $y=2^x+2^{-x}$ のグラフの概形は ┃ サ ┃ である。

┃ サ ┃ については，最も適当なものを，次の⓪〜②のうちから一つ選べ。

⓪　① ②

(5) 関数 $y=4^x+4^{-x}-3(2^{x+1}+2^{-x+1})+9$ の最小値を求めよう。ただし，x はすべての実数の値をとる。

　　$t=2^x+2^{-x}$ とおくと，t のとりうる値の範囲は ┃ シ ┃ である。

　　$4^x+4^{-x}=t^{┃ス┃}-┃ セ ┃$ であるから，y を t を用いて表すと

　　$y=t^{┃ソ┃}-┃ タ ┃t+┃ チ ┃$

となる。

　　よって，y は $t=┃ ツ ┃$ のとき，最小値 ┃ テト ┃ をとる。

┃ シ ┃ の解答群

⓪ $t\geqq0$　　① $t\geqq1$　　② $t\geqq2$　　③ $t\geqq3$　　④ $t\geqq4$

(6) 方程式 $4^x+4^{-x}-3(2^{x+1}+2^{-x+1})+9=k$ ……①

について考える。ただし，k は実数とする。

　　$k=-1$ のとき，①を満たす x の値は ┃ ナ ┃ 個ある。

　　また，①を満たす x の値が2個になるのは，k が ┃ ニ ┃ または ┃ ヌ ┃ のときである。

┃ ニ ┃，┃ ヌ ┃ の解答群（解答の順序は問わない。）

⓪ $k<-2$　　① $k\leqq-2$　　② $k=-2$　　③ $-2<k<-1$

④ $-2\leqq k<-1$　　⑤ $-2<k\leqq-1$　　⑥ $-2\leqq k\leqq-1$　　⑦ $k=-1$

⑧ $-1<k$　　⑨ $-1\leqq k$

数学Ⅱ 5 微分法と積分法

8

解答編	時間
p.48	12分

太郎さんと花子さんのクラスでは，3次方程式の解について，3次関数のグラフを利用しながらグループワークを行っている。次の会話の問いに答えよ。

先生：微分法と積分法の復習として，下の問題を考えてみましょう。

問題　次の2つの条件を満たす3次方程式 $f(x)=0$ の解の個数を求めよ。

(Ⅰ) 関数 $f(x)$ は $x=3$ で極大値4をとり，$x=-1$ で極小値をとる。

(Ⅱ) $y=f(x)$ のグラフは点 $(0,\ -5)$ を通る。

---

(1)

太郎：まずは $y=f(x)$ のグラフがどのような形になるかを調べよう。

花子：$f(x)$ の導関数 $f'(x)$ は ア 次関数で，$(x+$ イ $)(x-$ ウ $)$ で割り切れるはずだよ。

太郎：そうだね。$f'(x)=a(x+$ イ $)(x-$ ウ $)$ と表せるということだよね。

花子：他の条件から考えると，$a=$ エオ となるね。

太郎：そうしたら，$f(x)=-\dfrac{\text{カ}}{\text{キ}}x^3+x^2+$ ク $x-$ ケ だね。

---

(2)

花子：関数 $f(x)$ がわかったから，そのグラフを考えてみよう。

太郎：関数 $f(x)$ が極値をとる点に注目すればいいね。

花子：そうだね。関数 $f(x)$ は コ から，$f(x)=0$ は実数解を サ 個もつとわかるね。

先生：そうしたら，この実数解のうち，負の範囲にはいくつあるかも考えてみてください。

太郎：関数 $f(x)$ は シ ね。

花子：ということは，負の範囲の解は ス 個だね。

コ ， シ の解答群（同じものを繰り返し選んではならない。）

⓪ 極大値と極小値をもつ

① 極大値が正で，極小値が負である

② $x=3$ で極大値をとり，$x=-1$ で極小値をとる

③ $f(3)>0$ であり，$f(0)<0$ である

④ 極値をとるときの2つの x の値の積が負である

（次のページに続く）

先生：次は方程式 $f(x)=k$ について考えてみましょう。異なる3つの実数解をもつときと，異なる2つの実数解をもつときの k の条件はそれぞれどうなるでしょうか？

(3)

太郎：$y=f(x)$ の概形をかいたとき，直線 $y=k$ が図の $\boxed{\text{セ}}$ にくれば，異なる3つの実数解をもつはずだよね。

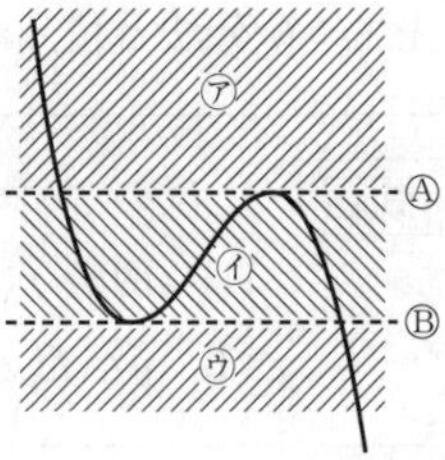

花子：そうだね。そのとき，k の値の範囲は

$$-\frac{\boxed{\text{ソタ}}}{\boxed{\text{チ}}}<k<\boxed{\text{ツ}}\ \ \text{になるね。}$$

太郎：じゃあ，異なる2つの解をもつときはどうだろう。

花子：2つの解のうち1つは重解になるはずだから，さっきの概形でいうと，直線 $y=k$ が $\boxed{\text{テ}}$ にくるときに異なる2つの解をもつよ。

太郎：$k=-\dfrac{\boxed{\text{ソタ}}}{\boxed{\text{チ}}}$，$\boxed{\text{ツ}}$ ということだね。

花子：$k=-\dfrac{\boxed{\text{ソタ}}}{\boxed{\text{チ}}}$ のとき，重解は $x=\boxed{\text{トナ}}$ で，もう一つの解は $x=\boxed{\text{ニ}}$ になるよ。

太郎：$k=\boxed{\text{ツ}}$ のときは，重解は $x=\boxed{\text{ヌ}}$ で，もう一つの解は $x=\boxed{\text{ネノ}}$ だよね。

$\boxed{\text{セ}}$，$\boxed{\text{テ}}$ の解答群（同じものを繰り返し選んでもよい。）

⓪ 斜線部分㋐	① 斜線部分㋑	② 斜線部分㋒
③ 直線Ⓐ	④ 直線Ⓑ	⑤ 直線Ⓐまたは直線Ⓑ

先生：では，$f(x) = k$ が異なる 3 つの解をもつとき，その 3 つの解がとりうる値はどうなる
でしょうか？

(4)

太郎：3 つの解を小さい方から順番に α, β, γ として考えよう。

花子：グラフを見ながら考えると……

　　　　α のとりうる値の範囲は　ハ

　　　　β のとりうる値の範囲は　ヒ

　　　　γ のとりうる値の範囲は　フ

　　　だね。

ハ の解答群

⓪　$\alpha < -1$	①　$-\dfrac{20}{3} < \alpha < 4$	②　$-3 < \alpha < -1$

ヒ の解答群

⓪　$-1 < \beta < 3$	①　$-1 < \beta < 5$	②　$-3 < \beta < 3$

フ の解答群

⓪　$0 < \gamma < 4$	①　$3 < \gamma < 5$	②　$3 < \gamma$

9

解答編 p.49　時間 10分

a を定数とする。関数 $f(x)$ に対し，$S(x)=\displaystyle\int_a^x f(t)\,dt$ とおく。このとき，関数 $S(x)$ の増減から $y=f(x)$ のグラフの概形を考えよう。

(1) $S(x)$ は 3 次関数であるとし，$y=S(x)$ のグラフは次の図のように，2 点 $(-1,\ 0)$，$(0,\ 4)$ を通り，点 $(2,\ 0)$ で x 軸に接しているとする。

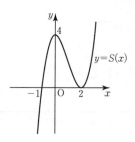

このとき，

$$S(x)=(x+\boxed{\ ア\ })(x-\boxed{\ イ\ })^{\boxed{ウ}}$$

である。$S(a)=\boxed{\ エ\ }$ であるから，a を負の定数とするとき，$a=\boxed{\ オカ\ }$ である。

関数 $S(x)$ は $x=\boxed{\ キ\ }$ を境に増加から減少に移り，$x=\boxed{\ ク\ }$ を境に減少から増加に移っている。したがって，関数 $f(x)$ について，$x=\boxed{\ キ\ }$ のとき $\boxed{\ ケ\ }$ であり，$x=\boxed{\ ク\ }$ のとき $\boxed{\ コ\ }$ である。また，$\boxed{\ キ\ }<x<\boxed{\ ク\ }$ の範囲では $\boxed{\ サ\ }$ である。

$\boxed{\ ケ\ }$，$\boxed{\ コ\ }$，$\boxed{\ サ\ }$ の解答群（同じものを繰り返し選んでもよい。）

⓪ $f(x)$ の値は 0	① $f(x)$ の値は正	② $f(x)$ の値は負
③ $f(x)$ は極大	④ $f(x)$ は極小	

$y=f(x)$ のグラフの概形は $\boxed{\ シ\ }$ である。

$\boxed{\ シ\ }$ については，最も適当なものを，次の ⓪〜⑤ のうちから一つ選べ。

⓪

①

②

③

④

⑤

(2) (1)からわかるように，関数 $S(x)$ の増減から $y=f(x)$ のグラフの概形を考えることができる。

　$a=0$ とする。次の⓪～④は $y=S(x)$ のグラフの概形と $y=f(x)$ のグラフの概形の組である。このうち，$S(x)=\displaystyle\int_0^x f(t)\,dt$ の関係と**矛盾するもの**は　ス　，　セ　である。

　ス　，　セ　については，最も適当なものを，次の⓪～④のうちから一つ選べ。ただし，解答の順序は問わない。

⓪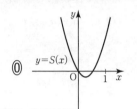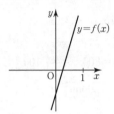

①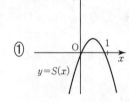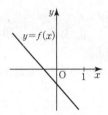

②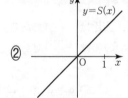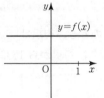

③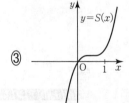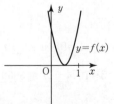

④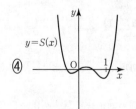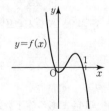

（2017 年　試行調査）

1st Step ファースト ステップ

数学B 1 数列

例題 1 等差数列

等差数列 $\{a_n\}$ において $a_4=27$, $a_{10}=75$ のとき, 初項は □ , 公差は □ である。また, 795 はこの数列の第 □ 項であり, 初項から 795 までの和は □ である。

解 初項を a, 公差を d とすると

$a_4=a+3d=27$ ……①, $a_{10}=a+9d=75$ ……②　　　　◀ $a_n=a+(n-1)d$ に代入。

①, ②を解いて $a=\boxed{3}$, $d=\boxed{8}$

また, $a_n=3+(n-1)\cdot8=795$ より $8n=800$ $n=\boxed{100}$

初項から 795 までの和は $\dfrac{3+795}{2}\times100=\boxed{39900}$ である。　　◀ $S_n=\dfrac{n(a+l)}{2}$

解法のアシスト

等差数列 ➡ 一般項 $a_n=a+\underset{\text{初項}}{}(n-1)\underset{\text{公差}}{d}$ 　和 $S_n=\dfrac{1}{2}n\{2a+(n-1)d\}=\dfrac{1}{2}n(a+l)$　初項　末項

☑ **練習 1** 等差数列 $\{a_n\}$ において $a_3=13$, $a_7=29$ のとき, 初項は □, 公差は □ である。また, 初項から第 □ 項までの和は 230 である。

例題 2 等比数列

等比数列 $\{a_n\}$ において $a_3=12$, $a_6=96$ のとき, 初項は □ , 公比は □ である。また, 1536 はこの数列の第 □ 項であり, 初項から 1536 までの和は □ である。

解 $a_3=ar^2=12$, $a_6=ar^5=96$　　　　　　　　　　　　◀ $a_n=a\cdot r^{n-1}$ に代入。

$ar^5=ar^2\cdot r^3$ より $96=12\cdot r^3$

$r^3=8$ r は実数より $r=\boxed{2}$, $a=\boxed{3}$

$a_n=3\cdot2^{n-1}=1536$ $2^{n-1}=512=2^9$ $n-1=9$ $n=\boxed{10}$

初項から 1536 までの和は $\dfrac{3\cdot(2^{10}-1)}{2-1}=3\cdot(1024-1)=\boxed{3069}$　　◀ $S_n=\dfrac{a(r^n-1)}{r-1}$

解法のアシスト

等比数列 ➡ 一般項 $a_n=a\cdot r^{n-1}$ 　和 $S_n=\dfrac{a(1-r^n)}{1-r}=\dfrac{a(r^n-1)}{r-1}$ $(r\neq1)$

☑ **練習 2** (1) 等比数列 $\{a_n\}$ において $a_2=10$, $a_5=-80$ のとき, 初項は □, 公比は □ である。この数列の a_5 から a_{10} までの和は □ である。

(2) はじめの 3 項の和が 18, 次の 3 項の和が -144 である等比数列の初項は □, 公比は □ である。また, 初項から第 n 項までの和は □$\{1-(\boxed{})^n\}$ である。

例題 3 a_n と S_n の関係

数列 $\{a_n\}$ の初項から第 n 項までの和が $S_n=3n^2+1$ で与えられている。この数列は，$a_1=\boxed{}$，$n\geqq2$ のとき $a_n=\boxed{}\,n-\boxed{}$ で表される。また，第 3 項から第 10 項までの和は $S=\boxed{}$ である。

B

1

数列

解　$a_1=S_1$ だから　$a_1=3\cdot1^2+1=\boxed{4}$

$n\geqq2$ のとき，$a_n=S_n-S_{n-1}$ より

$a_n=3n^2+1-\{3(n-1)^2+1\}$

$\quad=\boxed{6}\,n-\boxed{3}$

$S=S_{10}-(a_1+a_2)$

$\quad=3\cdot10^2+1-(4+9)=\boxed{288}$

$\circleftarrow$
$$S_n=a_1+a_2+\cdots\cdots+a_{n-1}+a_n$$
$$\underline{-)\ S_{n-1}=a_1+a_2+\cdots\cdots+a_{n-1}}$$
$$S_n-S_{n-1}=a_n$$

$\circleftarrow$ a_3 から a_{10} までの和 S は a_1 から a_{10} までの和 S_{10} から a_1，a_2 の和 S_2 を引いたもの。

解法のアシスト

a_n と S_n を結ぶ式は　➡　$a_n=S_n-S_{n-1}$ $(n\geqq2)$

☑ **練習 3**　数列 $\{a_n\}$ の初項から第 n 項までの和が $S_n=-2n^2+100$ で与えられている。この数列は，$a_1=\boxed{}$，$n\geqq2$ のとき $a_n=-\boxed{}\,n+\boxed{}$ で表される。また，第 4 項から第 20 項までの和は $S=-\boxed{}$ である。

例題 4 $a_n=$(等差)$\cdot$(等比) の和

$S_n=2\cdot1+4\cdot3+6\cdot3^2+\cdots\cdots+2n\cdot3^{n-1}$

$\quad=\dfrac{\boxed{}}{\boxed{}}\{((\boxed{}\,n-\boxed{})\cdot\boxed{}^{\,n}+\boxed{}\}$ である。

解
$$S_n=2\cdot1+4\cdot3+6\cdot3^2+\cdots\cdots+2(n-1)\cdot3^{n-2}\ +2n\cdot3^{n-1}$$
$$\underline{-)\ \ 3S_n=\qquad 2\cdot3+4\cdot3^2+6\cdot3^3+\cdots\qquad\cdots+2(n-1)\cdot3^{n-1}+2n\cdot3^n}$$
$$-2S_n=2\cdot1+2\cdot3+2\cdot3^2+\cdots\cdots\qquad\qquad+2\cdot3^{n-1}-2n\cdot3^n$$

$\circleftarrow$ S_n-rS_n を計算する。

$\quad=2(\underbrace{1+3+3^2+\cdots\cdots+3^{n-1}}_{\text{初項1，公比3，項数}n\text{の等比数列の和}})-2n\cdot3^n$

$\circleftarrow$ 一般項が (等差)$\cdot$(等比) の形の数列の和 S_n は S_n-rS_n を計算すると等比数列の和が出てくる。

$\quad=2\cdot\dfrac{3^n-1}{3-1}-2n\cdot3^n=(1-2n)\cdot3^n-1$

よって，$S_n=\dfrac{\boxed{1}}{\boxed{2}}\{(\boxed{2}\,n-\boxed{1})\cdot\boxed{3}^{\,n}+\boxed{1}\}$

解法のアシスト

一般項　$a_n=$(等差)$\cdot$(等比) の和は　➡　S_n-rS_n を計算
　　　　└‥‥公比 r を掛けて，ズラして引く‥‥┘

☑ **練習 4**　奇数の数列 $\{a_n\}$ の第 n 項は $a_n=\boxed{}\,n-\boxed{}$ と表され，初項が $\dfrac{1}{2}$，公比 2 の等比数列 $\{b_n\}$ の第 n 項は $b_n=2^{n-\boxed{}}$ と表される。数列 $\{c_n\}$ を $c_n=a_n\cdot b_n$ とすると $S_n=c_1+c_2+\cdots\cdots+c_n=(\boxed{}\,n-\boxed{})\cdot2^{n-\boxed{}}+\dfrac{\boxed{}}{\boxed{}}$ となる。

例題 5　Σ計算

(1) $\displaystyle\sum_{k=1}^{n}(3k^2-2k+1)=\frac{1}{2}n(\boxed{}n^2+n+\boxed{})$

(2) $\displaystyle\sum_{k=1}^{n}3^k=\dfrac{\boxed{}^{\,n+\boxed{}}-\boxed{}}{\boxed{}}$

解 (1) $\displaystyle\sum_{k=1}^{n}(3k^2-2k+1)=3\sum_{k=1}^{n}k^2-2\sum_{k=1}^{n}k+\sum_{k=1}^{n}1$ ◀ $\displaystyle\sum_{k=1}^{n}c=\underbrace{c+c+\cdots\cdots+c}_{n\text{ 個の和}}=n\cdot c$

$\displaystyle\qquad=3\cdot\frac{1}{6}n(n+1)(2n+1)-2\cdot\frac{1}{2}n(n+1)+1\cdot n$

$\displaystyle\qquad=\frac{1}{2}n\{(n+1)(2n+1)-2(n+1)+2\}=\frac{1}{2}n(\boxed{2}\,n^2+n+\boxed{1})$

(2) $\displaystyle\sum_{k=1}^{n}3^k=3+3^2+\cdots\cdots+3^n=\frac{3(3^n-1)}{3-1}=\dfrac{\boxed{3}^{\,n+\boxed{1}}-\boxed{3}}{\boxed{2}}$ ◀ 初項 3，公比 3，項数 n の等比数列の和。

解法のアシスト

Σ の公式 ➡

$\displaystyle\sum_{k=1}^{n}k=\frac{1}{2}n(n+1)$ 　　$\displaystyle\sum_{k=1}^{n}k^2=\frac{1}{6}n(n+1)(2n+1)$

$\displaystyle\sum_{k=1}^{n}k^3=\left\{\frac{1}{2}n(n+1)\right\}^2$ 　　$\displaystyle\sum_{k=1}^{n}r^k=\frac{r(r^n-1)}{r-1}\ (r\neq1)$

☑ **練習 5** 等比数列 $\{a_n\}$ が $a_1+a_2=32$，$a_4+a_5=864$ を満たしている。このとき

$a_n=\boxed{}\cdot\boxed{}^{\,n-1}$ であり，$\displaystyle\sum_{k=1}^{n}(a_k+4k-2)=\boxed{}\cdot\boxed{}^{\,n}+\boxed{}n^2-\boxed{}$ である。

例題 6　分数の和

$a_n=2+4+\cdots\cdots+2n$ のとき $a_n=n(n+\boxed{})$，$\displaystyle\sum_{k=1}^{n}\frac{1}{a_k}=\frac{n}{n+\boxed{}}$

解 $\displaystyle a_n=\sum_{k=1}^{n}2k=2\cdot\frac{1}{2}n(n+1)=n(n+\boxed{1})$

$\displaystyle\sum_{k=1}^{n}\frac{1}{a_k}=\sum_{k=1}^{n}\frac{1}{k(k+1)}=\sum_{k=1}^{n}\left(\frac{1}{k}-\frac{1}{k+1}\right)$

$\displaystyle\qquad=\left(1-\frac{1}{2}\right)+\left(\frac{1}{2}-\frac{1}{3}\right)+\cdots\cdots+\left(\frac{1}{n}-\frac{1}{n+1}\right)$

$\displaystyle\qquad=1-\frac{1}{n+1}=\frac{n}{n+\boxed{1}}$

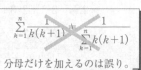

$\displaystyle\sum_{k=1}^{n}\frac{1}{k(k+1)}\neq\frac{1}{\sum_{k=1}^{n}k(k+1)}$

分母だけを加えるのは誤り。

解法のアシスト

分数の数列の和 ➡ $\dfrac{1}{k(k+\boxed{a})}=\dfrac{1}{\boxed{a}}\left(\dfrac{1}{k}-\dfrac{1}{k+\boxed{a}}\right)$ 　分数を部分分数に 分解せよ（分数の差）

☑ **練習 6** $\dfrac{1}{4k^2-1}=\dfrac{1}{\boxed{}}\left(\dfrac{1}{\boxed{}k-\boxed{}}-\dfrac{1}{\boxed{}k+\boxed{}}\right)$ と変形できることを利用して，

$\displaystyle\sum_{k=1}^{n}\frac{1}{4k^2-1}=\frac{n}{\boxed{}n+\boxed{}}$ となる。また，$\dfrac{1}{3}+\dfrac{1}{15}+\dfrac{1}{35}+\cdots\cdots+\dfrac{1}{1023}=\dfrac{\boxed{}}{\boxed{}}$ である。

例題 7 群数列

数列 $a_k = 4k + 2$ がある。この数列を次のように，第 n 群に 2^{n-1} 個の項を含むように分ける。

$a_1 \mid a_2\ a_3 \mid a_4\ a_5\ a_6\ a_7 \mid a_8\ a_9 \cdots\cdots a_{15} \mid a_{16} \cdots\cdots$

(1) $n \geqq 2$ のとき，第 1 群から第 $(n-1)$ 群までに出てくるすべての項数は $2^{n-\boxed{}} - \boxed{}$ 個ある。

(2) 2222 は $a_{\boxed{}}$ であり，2222 は第 $\boxed{}$ 群の $\boxed{}$ 番目の数である。

(3) 第 n 群の最初の数を b_n とおくと $b_n = \boxed{}(2^n + \boxed{})$ と表される。

解 (1) 第 $(n-1)$ 群までの各群の項数の和は

$1 + 2 + 2^2 + \cdots\cdots + 2^{n-2}$

$= \dfrac{2^{n-1}-1}{2-1} = 2^{n-\boxed{1}} - \boxed{1}$

◆ 末項は 2^{n-2} であり，項数は $(n-1)$ 個であることに注意する。

(2) $4k + 2 = 2222$

$\quad 4k = 2220$

$\quad\ k = 555$

よって，$a_{\boxed{555}} = 2222$

また，$2^9 = 512$ だから第 1 群から第 9 群までの項数は

$2^9 - 1 = 511$（個）

$555 - 511 = 44$

ゆえに，$a_{555} = 2222$ は第 $\boxed{10}$ 群の $\boxed{44}$ 番目

◆ 555 が第 n 群に入っているときの n は
$2^{n-1} - 1 < 555 \leqq 2^n - 1$
を満たす n をみつける。
$2^9 = 512,\ 2^{10} = 1024$

(3) $n \geqq 2$ のとき

$(2^{n-1} - 1) + 1 = 2^{n-1}$ より

第 n 群の最初の数は，はじめから数えて 2^{n-1} 番目の数になるから

$b_n = a_{2^{n-1}} = 4 \cdot 2^{n-1} + 2$

$\quad = 2^{n+1} + 2$

$\quad = \boxed{2}(2^n + \boxed{1})$

◆ $a_n = 4n + 2$ に $n = 2^{n-1}$ を代入する。

◆ $n = 1$ でも成り立つ。

解法のアシスト

群数列 ➡ 群の分け方の規則性をとらえ，
第 $(n-1)$ 群の最後の項が，はじめから数えて何番目になるかを明らかにする

練習 7 奇数の列を次のように，第 n 群に 2^n 個の項を含むように分ける。

$1\ 3 \mid 5\ 7\ 9\ 11 \mid 13\ 15\ 17\ 19\ 21\ 23\ 25\ 27 \mid 29 \cdots\cdots$

(1) 第 n 群の最初の数を b_n とすると $b_5 = \boxed{}$，$b_n = 2^{n+\boxed{}} - \boxed{}$ である。

(2) 第 m 群の k 番目の項は $2^{m+\boxed{}} + \boxed{}k - \boxed{}$ と表される。

(3) 第 5 群に含まれる項の和は $\boxed{}$ である。

例題 8 階差数列

数列 $\{a_n\}$: 2, 3, 7, 14, 24, 37, 53, …… の階差数列を $\{b_n\}$ とすると b_n の第 n 項は

$\boxed{}\, n - \boxed{}$ である。これより $a_n = \dfrac{\boxed{}}{\boxed{}} n^2 - \dfrac{\boxed{}}{\boxed{}} n + \boxed{}$ $(n \geqq 1)$ であ

り，$\displaystyle\sum_{k=1}^{n} a_k = \dfrac{\boxed{}}{\boxed{}} n(n^2 - \boxed{}\, n + \boxed{})$ となる。

解 右のように階差をとると

$\{b_n\}$ は初項 1，公差 3 の等差数列なので

$b_n = 1 + 3(n-1) = \boxed{3}\, n - \boxed{2}$

よって $n \geqq 2$ のとき

$\{a_n\}$: 2, 3, 7, 14, 24, 37, 53, …

$\{b_n\}$: 1, 4, 7, 10, 13, 16

$a_n = a_1 + \displaystyle\sum_{k=1}^{n-1} b_k$

$= 2 + \displaystyle\sum_{k=1}^{n-1}(3k-2)$

$= 2 + 3\displaystyle\sum_{k=1}^{n-1} k - \displaystyle\sum_{k=1}^{n-1} 2$

$= 2 + 3 \cdot \dfrac{1}{2}(n-1)n - 2(n-1)$

$= \dfrac{\boxed{3}}{\boxed{2}} n^2 - \dfrac{\boxed{7}}{\boxed{2}} n + \boxed{4}$ （$n=1$ でも成立）

❷ $\displaystyle\sum_{k=1}^{n-1}$ は，$\displaystyle\sum_{k=1}^{n}$ の公式の n に $n-1$ を代入。

$\displaystyle\sum_{k=1}^{n} a_k = \dfrac{3}{2}\displaystyle\sum_{k=1}^{n} k^2 - \dfrac{7}{2}\displaystyle\sum_{k=1}^{n} k + \displaystyle\sum_{k=1}^{n} 4$

$= \dfrac{3}{2} \cdot \dfrac{1}{6} n(n+1)(2n+1) - \dfrac{7}{2} \cdot \dfrac{1}{2} n(n+1) + 4n$

$= \dfrac{1}{4} n\{(n+1)(2n+1) - 7(n+1) + 16\}$

$= \dfrac{\boxed{1}}{\boxed{2}} n(n^2 - \boxed{2}\, n + \boxed{5})$

> **∑ の公式**
>
> $\displaystyle\sum_{k=1}^{n} k^2 = \dfrac{1}{6} n(n+1)(2n+1)$
>
> $\displaystyle\sum_{k=1}^{n} k = \dfrac{1}{2} n(n+1)$
>
> $\displaystyle\sum_{k=1}^{n} c = nc$ （c は定数）

解法のアシスト

$\{a_n\}$: a_1, a_2, a_3, ……, a_{n-1}, a_n

階差数列の一般項 ➡ $\{b_n\}$: b_1, b_2, ……, b_{n-2}, b_{n-1}

$n \geqq 2$ のとき $a_n = a_1 + (b_1 + b_2 + \cdots\cdots + b_{n-1}) = a_1 + \displaystyle\sum_{k=1}^{n-1} b_k$

☐ **練習 8** 数列 $\{a_n\}$: 2, 5, 11, 23, 47, 95, …… について，次の問いに答えよ。

(1) $b_n = a_{n+1} - a_n$ $(n \geqq 1)$ とおくと，$b_n = \boxed{} \cdot \boxed{}^{n-1}$ である。これより

$a_n = \boxed{} \cdot \boxed{}^{n-1} - \boxed{}$ $(n \geqq 1)$ と表される。

(2) 数列 $\{a_n\}$ の初項から第 n 項までの和を S_n とすると $S_n = \boxed{} \cdot \boxed{}^n - n - \boxed{}$，

$S_n > 1000$ となる最小の n の値は $n = \boxed{}$ である。

B
1
数列

例題 9 　漸化式 $a_{n+1}=a_n+f(n)$ （階差型）

数列 $\{a_n\}$ を $a_1=3$, $a_{n+1}=a_n+4n$ $(n=1, 2, 3, \cdots\cdots)$ によって定める。このとき，$a_2=\boxed{}$, $a_3=\boxed{}$ であり，一般項は $a_n=\boxed{}n^2-\boxed{}n+\boxed{}$ と表される。

解 $a_{n+1}=a_n+4n$ に $n=1$, 2 を代入して

$a_2=a_1+4\cdot1=3+4=\boxed{7}$

$a_3=a_2+4\cdot2=7+8=\boxed{15}$

$n\geqq2$ のとき，

$a_n=a_1+\displaystyle\sum_{k=1}^{n-1}4k=3+4\cdot\dfrac{(n-1)n}{2}$

$\qquad=\boxed{2}n^2-\boxed{2}n+\boxed{3}$ 　$(n=1$ でも成立$)$

○ $a_{n+1}-a_n=f(n)$ のとき
$a_n=a_1+\displaystyle\sum_{k=1}^{n-1}f(k)$ $(n\geqq2)$

解法のアシスト

階差型　$a_{n+1}-a_n=f(n)$ の漸化式 ➡ $a_n=a_1+\displaystyle\sum_{k=1}^{n-1}f(k)$ $(n\geqq2)$ の公式で

☑ **練習 9**　$a_1=1$, $a_{n+1}=a_n+6n+2$ $(n=1, 2, 3, \cdots\cdots)$ で定められる数列 $\{a_n\}$ において，$a_2=\boxed{}$，$a_3=\boxed{}$ であり，一般項は $a_n=\boxed{}n^2-n-\boxed{}$ と表される。

例題 10 　漸化式 $a_{n+1}=pa_n+q$ $(p\neq1)$

$a_1=5$ $a_{n+1}=3a_n-6$ $(n=1, 2, 3, \cdots\cdots)$ で定められる数列 $\{a_n\}$ が，$a_{n+1}-\alpha=3(a_n-\alpha)$ と変形できるのは $\alpha=\boxed{}$ のときである。したがって，数列 $\{a_n-\alpha\}$ は初項 $a_1-\alpha=\boxed{}$，公比 $\boxed{}$ の等比数列になり，$a_n-\alpha=\boxed{}\cdot\boxed{}^{n-1}$ より $a_n=\boxed{}\cdot\boxed{}^{n-1}+\boxed{}$ となる。

解 $\alpha=3\alpha-6$ より $\alpha=\boxed{3}$

$a_{n+1}-3=3(a_n-3)$ より数列 $\{a_n-3\}$ の

初項は $a_1-3=5-3=\boxed{2}$，公比は $\boxed{3}$

よって，$a_n-3=\boxed{2}\cdot\boxed{3}^{n-1}$ より

$\qquad a_n=\boxed{2}\cdot\boxed{3}^{n-1}+\boxed{3}$

○ $a_{n+1}=3a_n-6$
　　↓　　↓
　$\alpha\ =3\alpha-6$
として，α を求める。

解法のアシスト

$a_{n+1}=pa_n+q$ $(p\neq1)$ の漸化式 ➡ $\alpha=p\alpha+q$ として定数 α（特性解）を求め，$a_{n+1}-\alpha=p(a_n-\alpha)$ の等比数列で

☑ **練習 10**　$a_1=1$, $a_{n+1}=\dfrac{a_n}{3a_n+2}$ $(n=1, 2, 3, \cdots\cdots)$ で定められる数列 $\{a_n\}$ がある。$\dfrac{1}{a_n}=b_n$ とおくと $b_1=\boxed{}$, $b_{n+1}=\boxed{}b_n+\boxed{}$ と表され，これは $b_{n+1}+\boxed{}=\boxed{}(b_n+\boxed{})$ と変形できる。これより $b_n=\boxed{}^{n+\boxed{}}-\boxed{}$ となり $a_n=\dfrac{1}{\boxed{}^{n+\boxed{}}-\boxed{}}$ となる。

例題 11 漸化式 $a_{n+1}=pa_n+f(n)$ $(p \neq 1)$

$a_1=1$, $a_{n+1}=3a_n+2n+3$ $(n=1, 2, 3, \cdots)$ で定められる数列 $\{a_n\}$ について $b_n=a_n+\alpha n+\beta$ とおき, $b_{n+1}=3b_n$ となるように α, β を定める。このとき, $\alpha=\boxed{}$, $\beta=\boxed{}$ である。

また, $b_1=\boxed{}$ より $b_n=\boxed{} \cdot \boxed{}^{n-1}$ となるから

$a_n=\boxed{} \cdot \boxed{}^{n-1}-\boxed{}-\boxed{}$ で表される。

解 $b_n=a_n+\alpha n+\beta$ より

$\qquad b_{n+1}=a_{n+1}+\alpha(n+1)+\beta$

$b_{n+1}=3b_n$ となるから

$\qquad \underline{a_{n+1}}+\alpha(n+1)+\beta=3(a_n+\alpha n+\beta)$

$\qquad \boxed{a_{n+1}=3a_n+2n+3 \text{ を代入}}$　　　　　　　　　　　　　⬅ a_{n+1} を a_n の式に置き換える。

$\qquad (3a_n+2n+3)+\alpha(n+1)+\beta=3(a_n+\alpha n+\beta)$

$\qquad (\alpha+2)n+\alpha+\beta+3=3\alpha n+3\beta$　　　　　　　　　　　　⬅ n についての恒等式とみる。

両辺を比較して

$\qquad \alpha+2=3\alpha$, $\alpha+\beta+3=3\beta$

これより, $\alpha=\boxed{1}$, $\beta=\boxed{2}$

$\qquad b_n=a_n+n+2$ だから

$\qquad b_1=a_1+1+2=\boxed{4}$

よって,

$\qquad b_n=\boxed{4} \cdot \boxed{3}^{n-1}$　　　　　　　　　　　　　　　　⬅ $b_1=4$, $b_{n+1}=3b_n$ の一般項。

ゆえに, $a_n=\boxed{4} \cdot \boxed{3}^{n-1}-\boxed{n}-\boxed{2}$

解法のアシスト

$a_{n+1}=pa_n+f(n)$　　➡　　・$a_{n+1}+\alpha(n+1)+\beta=p(a_n+\alpha n+\beta)$

$(p \neq 1)$ の漸化式は　　　　　　と変形して, $b_{n+1}=p \, b_n$ $(b_n=a_n+\alpha n+\beta)$

　　　　　　　　　　　　　　　　$\boxed{初項 b_1, 公比 p の等比数列}$

　　　　　　　　　　　　　　・α, β の決定は n についての恒等式として両辺を比較

練習 11 $a_1=4$, $a_{n+1}=4a_n-6n+5$ $(n=1, 2, 3, \cdots)$ で定められる数列 $\{a_n\}$ について $b_n=a_n+\alpha n+\beta$ とおき, $b_{n+1}=4b_n$ となるように α, β を定める。このとき, $\alpha=\boxed{}$, $\beta=\boxed{}$ である。

また, $b_1=\boxed{}$ より $b_n=\boxed{} \cdot \boxed{}^{n-1}$ となるから, $a_n=\boxed{} \cdot \boxed{}^{n-1}+\boxed{}n-\boxed{}$ である。

さらに, $\displaystyle\sum_{k=1}^{n} a_k=\boxed{}^{\boxed{}}+\boxed{}^{\boxed{}}-\boxed{}$ である。

数学B 2 確率分布と統計的な推測

例題 12 確率変数の平均（期待値）・分散・標準偏差

右のような確率分布について，次の問いに答えよ。

X	1	3	5	7	計
P	$\dfrac{4}{10}$	$\dfrac{3}{10}$	$\dfrac{2}{10}$	$\dfrac{1}{10}$	1

(1) X の平均（期待値）$E(X)$ は $E(X)=$ ☐

(2) X の分散 $V(X)$ は $V(X)=$ ☐

(3) X の標準偏差 $\sigma(X)$ は $\sigma(X)=$ ☐

解

(1) $E(X)=1\times\dfrac{4}{10}+3\times\dfrac{3}{10}+5\times\dfrac{2}{10}+7\times\dfrac{1}{10}$

$=\dfrac{1}{10}(4+9+10+7)=\boxed{3}$

(2) $V(X)=(1-3)^2\times\dfrac{4}{10}+(3-3)^2\times\dfrac{3}{10}+(5-3)^2\times\dfrac{2}{10}+(7-3)^2\times\dfrac{1}{10}$

$=\dfrac{1}{10}(16+0+8+16)=\boxed{4}$

└ （分散）＝（偏差の 2 乗の平均）

別解 $V(X)=1^2\times\dfrac{4}{10}+3^2\times\dfrac{3}{10}+5^2\times\dfrac{2}{10}+7^2\times\dfrac{1}{10}-3^2$

$=\dfrac{1}{10}(4+27+50+49)-9$

└ （分散）＝（2 乗の平均）－（平均の 2 乗）

$=13-9=\boxed{4}$

(3) $\sigma(X)=\sqrt{V(X)}=\sqrt{4}=\boxed{2}$

解法のアシスト

確率変数の平均（期待値）$E(X)$・分散 $V(X)$・標準偏差 $\sigma(X)$

$E(X)=x_1p_1+x_2p_2+\cdots+x_np_n=m$

$V(X)=(x_1-m)^2p_1+(x_2-m)^2p_2+\cdots+(x_n-m)^2p_n$

または $=x_1^2p_1+x_2^2p_2+\cdots+x_n^2p_n-m^2$

$\sigma(X)=\sqrt{V(X)}$

X	x_1	x_2	$\cdots$	x_n	計
P	p_1	p_2	$\cdots$	p_n	1

練習 12 (1) 右のような確率分布について，次の問いに答えよ。

X	2	4	6	8	計
P	$\dfrac{1}{10}$	$\dfrac{2}{10}$	$\dfrac{3}{10}$	$\dfrac{4}{10}$	1

　(ア) X の平均（期待値）$E(X)$ を求めると，$E(X)=$ ☐

　(イ) X の分散 $V(X)$ を求めると，$V(X)=$ ☐

　(ウ) X の標準偏差 $\sigma(X)$ を求めると，$\sigma(X)=$ ☐

(2) ①，①，①，②，②，③ の 6 枚のカードから無作為に 2 枚のカードを取り出し，書かれている数の和を X とする。

　(ア) 右の確率変数 X の確率分布表を完成せよ。

X	2	3	4	5	計
P	$\dfrac{\square}{15}$	$\dfrac{\square}{15}$	$\dfrac{\square}{15}$	$\dfrac{\square}{15}$	☐

　(イ) X の平均（期待値）は $E(X)=$ ☐ である。

　(ウ) X の分散は $V(X)=$ ☐ である。

例題 13 $aX+b$ の平均（期待値）・分散・標準偏差

確率変数 X の平均（期待値）が 7 で，標準偏差が 3 であるとき，$Y=4X+2$ で表される確率変数 Y について，平均 $E(Y)$，分散 $V(Y)$，標準偏差 $\sigma(Y)$ は

$$E(Y)=\boxed{},\quad V(Y)=\boxed{},\quad \sigma(Y)=\boxed{}\sqrt{\boxed{}}\quad\text{である。}$$

解
$$E(Y)=E(4X+2)=4E(X)+2$$
$$=4\times7+2=\boxed{30}$$
$$V(Y)=V(4X+2)=4^2\times V(X)$$
$$=16\times3^2=\boxed{144}$$
$$\sigma(Y)=\sigma(4X+2)=|4|\sigma(X)=4\times3=\boxed{12}$$

◐ $4X+2$ は 4 倍して 2 を加えたデータになる。

◐ $\sigma(X)=\sqrt{V(X)}$
$\sigma(X)=3$ だから $V(X)=3^2$

解法のアシスト

$Y=aX+b$ とする 確率変数 Y の	➡	平均	$E(Y)=E(aX+b)=aE(X)+b$
		分散	$V(Y)=V(aX+b)=a^2V(X)$
		標準偏差	$\sigma(Y)=\sigma(aX+b)=|a|\sigma(X)$

☑ **練習 13** 確率変数 X の平均（期待値）が 18 で標準偏差が 6 であるとき，$Y=\dfrac{1}{3}X+2$ で表される確率変数 Y について，平均 $E(Y)$，分散 $V(Y)$，標準偏差 $\sigma(Y)$ は

$$E(Y)=\boxed{},\quad V(Y)=\boxed{},\quad \sigma(Y)=\boxed{}\quad\text{である。}$$

例題 14 二項分布の平均（期待値）・分散・標準偏差

1 個のさいころを 180 回投げて，3 の倍数の目が出る回数を X とする。X の平均（期待値）は $E(X)=\boxed{}$，分散は $V(X)=\boxed{}$，標準偏差は

$$\sigma(X)=\boxed{}\sqrt{\boxed{}}\quad\text{である。}$$

解
X は二項分布 $B\left(180,\ \dfrac{1}{3}\right)$ に従うから

$$E(X)=180\times\frac{1}{3}=\boxed{60}$$

$$V(X)=180\times\frac{1}{3}\times\frac{2}{3}=\boxed{40}$$

$$\sigma(X)=\sqrt{180\times\frac{1}{3}\times\frac{2}{3}}=\boxed{2}\sqrt{\boxed{10}}$$

◐ 3 の倍数の目が出る確率は $\dfrac{1}{3}$

◐ $\sigma(X)=\sqrt{V(X)}$ としてもよい。

解法のアシスト

二項分布 $B(n,\ p)$ の平均（期待値）・分散・標準偏差

$B(n,\ p)$ に従うとき	➡	平均	分散	標準偏差
		$E(X)=np,$	$V(X)=npq,$	$\sigma(X)=\sqrt{npq}\quad(q=1-p)$

☑ **練習 14** 2 枚のコインを同時に 160 回投げて，2 枚とも裏の出る回数を X とする。X の平均（期待値）は $E(X)=\boxed{}$，分散は $V(X)=\boxed{}$，標準偏差は $\sigma(X)=\boxed{}$ である。

例題 15 **正規分布（標準化と応用）**

以下の問題を解答するにあたっては，152 ページの正規分布表を用いてもよい。

(1) 確率変数 X が正規分布 $N(30, 10^2)$ に従うとき，$Z = \dfrac{X - \boxed{}}{\boxed{}}$ とおいて X を

標準化して $X \geqq 40$ となる割合を求めると，およそ $\boxed{}$ ％である。

(2) あるテストの点数は，平均 54 点，標準偏差 12 点の正規分布に従うという。

このとき，30 点以下の人は全体のおよそ $\boxed{}$ ％である。

B
2
確率分布と統計的な推測

 解

(1) X を標準化すると $Z = \dfrac{X - \boxed{30}}{\boxed{10}}$ 　　◀ Z は正規分布 $N(0, 1)$ に従う。

$$P(X \geqq 40) = P\left(Z \geqq \dfrac{40 - 30}{10}\right) = P(Z \geqq 1)$$

$$= P(Z \geqq 0) - P(0 \leqq Z \leqq 1)$$

$$= 0.5 - 0.3413 = 0.1587$$

よって，およそ $\boxed{15.87}$ ％である。

(2) $Z = \dfrac{X - 54}{12}$ とおくと Z は正規分布 $N(0, 1)$ に従う。

$$P(X \leqq 30) = P\left(Z \leqq \dfrac{30 - 54}{12}\right) = P(Z \leqq -2)$$

$$= P(Z \geqq 0) - P(0 \leqq Z \leqq 2)$$

$$= 0.5 - 0.4772 = 0.0228$$

よって，およそ $\boxed{2.28}$ ％である。

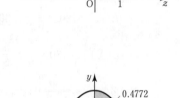

解法のアシスト

確率変数 X が正規分布 $N(\mu, \sigma^2)$ に従うとき

$$Z = \dfrac{X - \mu}{\sigma}$$ 　◀ X を標準化して Z の値を求める。

正規分布
と
標準化 　➡

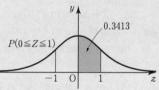

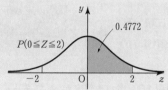

☑ **練習 15** 以下の問題を解答するにあたっては，152 ページの正規分布表を用いてもよい。

(1) 確率変数 X が正規分布 $N(76, 12^2)$ に従うとき，$X \geqq 100$ となる割合はおよそ $\boxed{}$ ％であり，$79 \leqq X \leqq 100$ となる割合はおよそ $\boxed{}$ ％である。

(2) ある工場でつくられている製品の重さは，平均 120 g，標準偏差 5 g の正規分布に従うという。

製品の重さを X とすると，X は正規分布 $N(\boxed{}, \boxed{}^2)$ に従い，$Z = \dfrac{X - \boxed{}}{\boxed{}}$ とおくと，Z

は $N(\boxed{}, 1)$ に従う。110 g 以上 130 g 以下の製品を合格品とすると，合格品は全体のおよそ $\boxed{}$ ％である。

例題 16　二項分布の正規分布による近似

1個のさいころを 180 回投げて 1 の目の出る回数を X とする。次の問いに答えよ。

(1) X は二項分布 $B(\boxed{},\ \boxed{})$ に従い，平均（期待値）は $E(X)=\boxed{}$，標準偏差は $\sigma(X)=\boxed{}$ である。

(2) $n=180$ は十分大きいから $Z=\dfrac{X-\boxed{}}{\boxed{}}$ とおくと，Z は近似的に正規分布 $N(\boxed{},\ \boxed{})$ に従う。

(3) 1 の目が 25 回以上出る確率 $P(X\geqq25)$ は $P(Z\geqq\boxed{})$ と表され，152 ページの正規分布表から $P(X\geqq25)=\boxed{}$ が求まる。

解

(1) 1 の目の出る確率は $\dfrac{1}{6}$ だから X は

$$B\left(\boxed{180},\ \boxed{\dfrac{1}{6}}\right) \text{に従う。}$$

$$E(X)=180\times\dfrac{1}{6}=\boxed{30},$$

$$\sigma(X)=\sqrt{180\times\dfrac{1}{6}\times\dfrac{5}{6}}=\boxed{5}$$

> 二項分布
> X が $B(n,\ p)$ に従うとき
> 平均　　$E(X)=np$
> 分散　　$V(X)=np(1-p)$
> 標準偏差　$\sigma(X)=\sqrt{np(1-p)}$

(2) $Z=\dfrac{X-\boxed{30}}{\boxed{5}}$ とおくと Z は正規分布 $N(\boxed{0},\ \boxed{1})$ に従う。

(3) $P(X\geqq25)=P\left(Z\geqq\dfrac{25-30}{5}\right)=P(Z\geqq\boxed{-1})$

$\qquad\qquad\quad =P(0\leqq Z\leqq1)+P(Z\geqq0)$

$\qquad\qquad\quad =0.3413+0.5=\boxed{0.8413}$

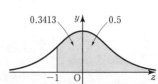

解法のアシスト

二項分布の正規分布による近似（n が十分大きいとき）

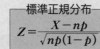

二項分布 $B(n,\ p)$ ➡ 標準正規分布 $Z=\dfrac{X-np}{\sqrt{np(1-p)}}$ ⬅ $Z=\dfrac{X-\mu}{\sigma}$ 　$\cdots E(X)=np$　$\cdots\sigma(X)=\sqrt{np(1-p)}$

（平均 μ と標準偏差 σ を置きかえる）

☑ **練習 16** 当たる確率が $\dfrac{1}{3}$ であるくじを 450 回引くとき，次の問いに答えよ。

(1) 当たる回数を X とすると，X は二項分布 $B(\boxed{},\ \boxed{})$ に従い，この二項分布の平均（期待値）は $E(X)=\boxed{}$，標準偏差は $\sigma(X)=\boxed{}$ である。

(2) $n=450$ は十分大きいから $Z=\dfrac{X-\boxed{}}{\boxed{}}$ とおくと，Z は近似的に正規分布 $N(\boxed{},\ \boxed{})$ に従う。

(3) 当たる回数が 165 回以上となる確率 $P(X\geqq165)$ は $P(Z\geqq\boxed{})$ と表され，152 ページの正規分布表から $P(X\geqq165)=\boxed{}$ が求まる。また，140 回以上 170 回以下となる確率は $P(140\leqq X\leqq170)=\boxed{}$ である。

例題 17　母集団分布と標本平均

母平均 108，母標準偏差 32 の母集団から大きさ 64 の標本を抽出するとき，標本平均 $\overline{X}$ について，次の問いに答えよ。解答にあたっては，152 ページの正規分布表を用いてよい。

(1) $\overline{X}$ の平均（期待値）は $E(\overline{X})=\boxed{}$，標準偏差は $\sigma(\overline{X})=\boxed{}$ である。

(2) 標本の大きさは十分大きいから，$\overline{X}$ は正規分布 $N(\boxed{},\ \boxed{})$ に従い，$Z=\dfrac{\overline{X}-\boxed{}}{\boxed{}}$ とおくと Z は標準正規分布 $N(0,\ 1)$ に従う。

(3) 標本平均 $\overline{X}$ が 110 以上となる確率は $P(\overline{X}\geqq110)=\boxed{}$ である。

解 (1) 母平均が 108，母標準偏差が 32 だから

$$E(\overline{X})=\boxed{108}$$

$$\sigma(\overline{X})=\frac{32}{\sqrt{64}}=\boxed{4}\qquad \circlearrowleft\ \sigma(\overline{X})=\frac{\sigma}{\sqrt{n}}$$

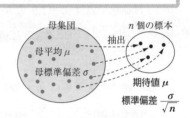

(2) $N\!\left(108,\ \dfrac{32^2}{64}\right)=N(\boxed{108},\ \boxed{16})\qquad \circlearrowleft\ N\!\left(\mu,\ \dfrac{\sigma^2}{n}\right)$

$$Z=\frac{\overline{X}-\boxed{108}}{\boxed{4}}\qquad \circlearrowleft\ Z=\frac{\overline{X}-E(\overline{X})}{\sigma(\overline{X})}$$

(3) $P(\overline{X}\geqq110)=P\!\left(Z\geqq\dfrac{110-108}{4}\right)=P(Z\geqq0.5)$

$=P(Z\geqq0)-P(0\leqq Z\leqq0.5)$

$=0.5-0.1915=\boxed{0.3085}$

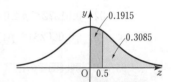

解法のアシスト

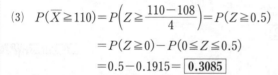

練習 17　母平均 176，母標準偏差 90 の母集団から大きさ 225 の標本を抽出するとき，標本平均 $\overline{X}$ について，次の問いに答えよ。解答にあたっては，152 ページの正規分布表を用いてよい。

(1) 標本平均 $\overline{X}$ の平均（期待値）は $E(\overline{X})=\boxed{\ }$，標準偏差は $\sigma(\overline{X})=\boxed{\ }$ である。
標本の大きさは十分に大きいから，$\overline{X}$ は正規分布 $N(\boxed{\ },\ \boxed{\ })$ に従い，$Z=\dfrac{\overline{X}-\boxed{\ }}{\boxed{\ }}$ とおいて $\overline{X}$ を標準化すると，Z は $N(\boxed{\ },\ \boxed{\ })$ に従う。

(2) 標本平均 $\overline{X}$ が 170 以上 179 以下となる確率は $P(170\leqq\overline{X}\leqq179)=\boxed{\ }$ である。また，$\overline{X}$ が 161 より小さくなる確率は $P(\overline{X}<161)=\boxed{\ }$ である。

例題 18 母平均の推定／母比率の推定

(1) 大量に生産されているある製品の中から，100 個を無作為に抽出して長さを測ったら，平均値 40.0 cm，標準偏差 3.0 cm であった。この製品の長さの平均 μ に対する信頼度 95 ％の信頼区間は [　　] $\leqq \mu \leqq$ [　　] である。

(2) ある工場で生産される大量の製品の中から，400 個を無作為に抽出して調べた結果，8 個の不良品が含まれていた。この製品全体の不良品の母比率 p に対する信頼度 95 ％の信頼区間は [　　] $\leqq p \leqq$ [　　] である。

解 (1) 標本平均は $\overline{X} = 40.0$，標本の大きさは $n = 100$

母標準偏差は $\sigma = 3.0$ だから，95 ％の信頼区間は

$$40.0 - \frac{1.96 \times 3.0}{\sqrt{100}} \leqq \mu \leqq 40.0 + \frac{1.96 \times 3.0}{\sqrt{100}}$$

◀ 母平均の推定

よって，$\boxed{39.412} \leqq \mu \leqq \boxed{40.588}$

(2) 標本の大きさは $n = 400$

標本比率は $p_0 = \dfrac{8}{400} = 0.02$ だから，95 ％の信頼区間は

$$0.02 - 1.96 \times \sqrt{\frac{0.02 \times 0.98}{400}} \leqq p \leqq 0.02 + 1.96 \times \sqrt{\frac{0.02 \times 0.98}{400}}$$

◀ 母比率の推定

$$0.02 - 0.01372 \leqq p \leqq 0.02 + 0.01372$$

よって，$\boxed{0.00628} \leqq p \leqq \boxed{0.03372}$

解法のアシスト

95 ％の信頼区間での推定

母平均の推定 ➡ $\overline{X} - \dfrac{1.96\sigma}{\sqrt{n}} \leqq \mu \leqq \overline{X} + \dfrac{1.96\sigma}{\sqrt{n}}$

母比率の推定 ➡ $p_0 - 1.96\sqrt{\dfrac{p_0(1-p_0)}{n}} \leqq p \leqq p_0 + 1.96\sqrt{\dfrac{p_0(1-p_0)}{n}}$

練習 18 (1) ある缶詰工場で製造される缶詰の中から，256 個を無作為に抽出して重さを測ったら，平均値 200.0 g，標準偏差 10.0 g であった。この製品の重さの平均 μ に対する信頼度 95 ％の信頼区間は

$$\boxed{} - \frac{1.96 \times \boxed{}}{\sqrt{\boxed{}}} \leqq \mu \leqq \boxed{} + \frac{1.96 \times \boxed{}}{\sqrt{\boxed{}}}$$

より $\boxed{} \leqq \mu \leqq \boxed{}$ である。

(2) ある調査で，有権者から 1600 人を無作為に抽出して，J 政党の支持者を調べたら 320 人いた。J 政党の支持者の母比率 p に対する信頼度 95 ％の信頼区間は

$$\boxed{} - 1.96\sqrt{\frac{\boxed{}(1 - \boxed{})}{\boxed{}}} \leqq p \leqq \boxed{} + 1.96\sqrt{\frac{\boxed{}(1 - \boxed{})}{\boxed{}}}$$

より $\boxed{} \leqq p \leqq \boxed{}$ である。

例題 19　母平均の検定

総量が 250 g と表示された大量の商品から，100 個を無作為に抽出して重さを測ったら，平均値 249.5 g，標準偏差 3.0 g であった。総量は表示通りの 250 g でないといえるか。(1), (2)に答えて，有意水準 5 % で検定せよ。

(1) 帰無仮説は「総量は表示通りの ア 」であり，棄却域は $|z| >$ ☐ である。

ア の解答群	⓪ 250 g である	① 250 g でない

(2) z の値を求めると $z =$ ☐ である。よって，仮説は イ ので，総量は表示通りの 250 g ウ 。

イ の解答群	⓪ 棄却される	① 棄却されない

ウ の解答群	⓪ であるといえる	① であるとはいえない

解 (1)　帰無仮説は「総量は表示通りの **250 g である**」 ア ⓪

有意水準 5 % だから棄却域は $|z| >$ **1.96**

(2)　標本平均は $\overline{X} = 249.5$，標本標準偏差は $\sigma = 3.0$，標本の大きさは $n = 100$

$\overline{X}$ は近似的に正規分布 $N\left(250, \dfrac{3.0^2}{100}\right)$ に従うから

$z = \dfrac{249.5 - 250}{\dfrac{3.0}{\sqrt{100}}} = -\dfrac{5}{3} \fallingdotseq \boxed{-1.67}$，$|z| < 1.96$　よって，仮説は **棄却されない** イ ①

ゆえに，総量は表示通りの 250 g **であるといえる** ウ ⓪

解法のアシスト

母平均の検定
(有意水準 5 %)
$\Rightarrow$
$z = \dfrac{\overset{\text{標本平均}}{\overline{X}} - \overset{\text{母平均}}{\mu}}{\underset{\text{標本の大きさ}}{\dfrac{\sigma}{\sqrt{n}}} \leftarrow \text{標本標準偏差}}$

・帰無仮説「母平均は μ である」
に対して，z の値により仮説は
$|z| > 1.96$ のとき棄却される。
$|z| \leqq 1.96$ のとき棄却されない。

練習 19　ある農園のメロンの糖度は，これまでの経験から平均 15.2，標準偏差 1.2 である。ある年に新しい栽培方法で生産したメロンの中から，64 個を無作為に選んで調べたところ，糖度は 15.6 であった。これは例年と異なるといえるか。次の(1), (2)に答えて有意水準 5 % で検定せよ。

(1) 帰無仮説は「この年のメロンの糖度は ア 」，棄却域は $|z| >$ ☐ である。

ア の解答群	⓪ 15.6 である	① 15.2 である	② 15.2 でない

(2) 標本平均は $\overline{X} =$ ☐，標本標準偏差は ☐，標本の大きさは $n =$ ☐

標本は十分大きいから $\overline{X}$ は近似的に イ $N\left(\text{☐}, \dfrac{\text{☐}^2}{\text{☐}}\right)$ に従う。

イ の解答群	⓪ 母平均分布	① 正規分布	② 二項分布

z の値を求めると $z =$ ☐ である。よって，仮説は棄却 ウ ので，この年のメロンの糖度はこれまでと異なると エ 。

ウ の解答群	⓪ される	① されない		エ の解答群	⓪ いえる	① いえない

例題 20 母比率の検定

あるテレビ番組はこれまでの視聴率が 10 % であった。このたび，無作為に 400 世帯を選んで調べたところ 54 世帯で視聴していることがわかった。視聴率はこれまでと変化があったといえるか。(1), (2)に答えて，有意水準 5 % で検定せよ。

(1) 帰無仮説は「視聴率に　ア　，母比率は $p=0.1$ である」，棄却域は $|z|>1.96$

　　　ア　の解答群　　⓪　変化はなく　　　　　　①　変化があり

(2) 標本比率は $p_0=$ ☐ ，標本の大きさは $n=$ ☐ であり，母比率が 0.1 であるから二項分布 $B($ ☐ $, 0.1)$ で表される。n が十分大きいから正規分布 $N($ ☐ $,$ ☐ $^2)$ で近似できる。

　　z の値を求めると $z=$ ☐ である。よって，視聴率に変化は　イ　。

　　　イ　の解答群　　⓪　あったといえる　　　　　①　なかったといえる

解 (1) 帰無仮説は「視聴率に**変化はなく**，母比率は $p=0.1$ である」よって，　ア ⓪

(2) 標本比率は $p_0=\dfrac{54}{400}=\boxed{0.135}$ ，標本の大きさは $n=\boxed{400}$

よって，二項分布 $B(\boxed{400}, 0.1)$ で表される。

$E(X)=400\times0.1=40$, $\sigma(X)=\sqrt{400\times0.1\times0.9}=6$ だから

正規分布 $N(\boxed{40}, \boxed{6}^2)$ で近似できる。

$z=\dfrac{54-40}{6}\fallingdotseq\boxed{2.3}$ $|z|>1.96$ となり仮説は棄却される。

よって，視聴率に変化は**あったといえる** 　イ ⓪

> 二項分布 $B(n, p)$
> 平均
> $E(X)=np$
> 標準偏差
> $\sigma(X)=\sqrt{np(1-p)}$

解法のアシスト

母比率の検定
(有意水準 5 %) ➡ $z=\dfrac{p_0-p}{\sqrt{\dfrac{p(1-p)}{n}}}=\dfrac{n(p_0-p)}{\sqrt{np(1-p)}}$

（上に：標本比率／母比率，下に：標本の大きさ）

・帰無仮説「母比率は p である」に対して z の値により仮説は $|z|>1.96$ のとき棄却される。
$|z|\leqq1.96$ のとき棄却されない。

☐ **練習 20** あるクレーンゲーム機は成功する割合が 20 % であるように設計されている。このゲーム機を試験的に 100 回行ったところ 16 回成功した。これは設計通りでないといえるか。(1), (2)に答えて，有意水準 5 % で検定せよ。

(1) 帰無仮説は「ゲーム機は ア ，母比率は $p=$ ☐ である」，棄却域は $|z|>$ ☐ である。

　　　ア　の解答群　　⓪　設計通りでなく　　　　　①　設計通りであり

(2) 標本比率は $p_0=$ ☐ ，標本の大きさは $n=$ ☐ であり，z の値を求めると $z=$ ☐ となる。この結果，　イ　。

　　　イ　の解答群
　　　⓪　仮説は棄却されず，ゲーム機は設計通りであるといえる
　　　①　仮説は棄却され，ゲーム機は設計通りであるとはいえない

数学C 1 | **ベクトル**

例題 **21** 内分点と外分点のベクトル

$\triangle$ABC の辺 AB を $2:1$ に内分する点を P，辺 BC を $1:3$ に内分する点を Q，$1:2$ に外分する点を R とする。$\overrightarrow{AB}=\vec{b}$，$\overrightarrow{AC}=\vec{c}$ とすると

$\overrightarrow{AQ}=\boxed{}\vec{b}+\boxed{}\vec{c}$，$\overrightarrow{AR}=\boxed{}\vec{b}-\boxed{}\vec{c}$，$\overrightarrow{PQ}=\boxed{}\vec{b}+\boxed{}\vec{c}$

 解

$\overrightarrow{AQ}=\dfrac{3\vec{b}+1\vec{c}}{1+3}=\boxed{\dfrac{3}{4}}\vec{b}+\boxed{\dfrac{1}{4}}\vec{c}$

$\overrightarrow{AR}=\dfrac{-2\vec{b}+1\vec{c}}{1-2}=\boxed{2}\vec{b}-\boxed{1}\vec{c}$

$\overrightarrow{PQ}=\overrightarrow{AQ}-\overrightarrow{AP}=\dfrac{3}{4}\vec{b}+\dfrac{1}{4}\vec{c}-\dfrac{2}{3}\vec{b}=\boxed{\dfrac{1}{12}}\vec{b}+\boxed{\dfrac{1}{4}}\vec{c}$

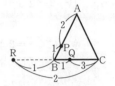

解法のアシスト

$A(\vec{a})$，$B(\vec{b})$ について

線分 AB を $m:n$ に内分する点は

分子はタスキ掛け

$\dfrac{n\vec{a}+m\vec{b}}{m+n}$

外分する点は

外分は $n \to -n$

$\dfrac{-n\vec{a}+m\vec{b}}{m-n}$

☑ **練習 21** 右図の $\triangle$ABC において，AB=3，AC=2，AD は $\angle$A の二等分線，AE：ED=5：3 である。このとき，$\overrightarrow{AD}=\boxed{}\overrightarrow{AB}+\boxed{}\overrightarrow{AC}$ であり，線分 BE を 4：1 に外分する点を F とすると $\overrightarrow{AF}=\boxed{}\overrightarrow{AC}$ と表される。

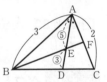

例題 **22** ベクトルの平行と垂直

$\vec{a}=(2,\ 1)$，$\vec{b}=(1,\ -1)$ のとき，$\vec{a}+x\vec{b}$ と $\vec{a}$ が垂直となるのは $x=-\boxed{}$ のときで，$\vec{a}+x\vec{b}$ と $\vec{a}+2\vec{b}$ が平行となるのは $x=\boxed{}$ のときである。

解

$\vec{a}+x\vec{b}=(2+x,\ 1-x)$ と $\vec{a}=(2,\ 1)$ が垂直のとき

　$(\vec{a}+x\vec{b})\cdot\vec{a}=0$　より　$(2+x)\times2+(1-x)\times1=0$　よって，$x=-\boxed{5}$

$\vec{a}+2\vec{b}=(4,\ -1)$ と $\vec{a}+x\vec{b}$ が平行になるとき

　$(2+x,\ 1-x)=k(4,\ -1)$　より

　$\begin{cases} 2+x=4k \\ 1-x=-k \end{cases}$　よって，$k=1$，$x=\boxed{2}$

解法のアシスト

ベクトルの　平行　$\vec{a}\ /\!/\ \vec{b} \iff \vec{a}=k\vec{b}$　垂直　$\vec{a}\perp\vec{b} \iff \vec{a}\cdot\vec{b}=0$

☑ **練習 22** $\vec{a}=(2,\ -1)$，$\vec{b}=(3,\ 1)$，$\vec{c}=(1,\ 2)$ のとき，$x\vec{a}+\vec{b}$ と $\vec{b}+\vec{c}$ が垂直になるのは $x=\boxed{}$ のときで，$\vec{a}-y\vec{b}$ と $\vec{c}$ が平行になるのは $y=\boxed{}$ のときである。また，s，t が 0 でない整数のとき $\vec{a}+s\vec{b}$ と $\vec{a}-t\vec{c}$ が垂直になるのは $s=\boxed{}$，$t=\boxed{}$ のときである。

例題 23 ベクトルのなす角

$2\vec{x}+\vec{y}=5\vec{a}$, $\vec{x}+3\vec{y}=5\vec{b}$ のとき $\vec{x}=\boxed{}\vec{a}-\vec{b}$, $\vec{y}=-\vec{a}+\boxed{}\vec{b}$ である。
このとき, $\vec{a}=(1,\ 1)$, $\vec{b}=(1,\ 2)$, $\vec{x}$, $\vec{y}$ のなす角を θ とすると $\theta=\boxed{}°$ である。

解　$2\vec{x}+\vec{y}=5\vec{a}$ ……①, $\vec{x}+3\vec{y}=5\vec{b}$ ……② とおく。

①×3−②より　　$5\vec{x}=15\vec{a}-5\vec{b}$

　　　　　よって, $\vec{x}=\boxed{3}\vec{a}-\vec{b}$　　　　　　　　◁ $\vec{x}$, $\vec{y}$ を $\vec{a}$, $\vec{b}$ で表す。

①−②×2 より　$-5\vec{y}=5\vec{a}-10\vec{b}$

　　　　　よって, $\vec{y}=-\vec{a}+\boxed{2}\vec{b}$

ゆえに　$\vec{x}=3(1,\ 1)-(1,\ 2)=(2,\ 1)$

　　　　$\vec{y}=-(1,\ 1)+2(1,\ 2)=(1,\ 3)$

$$\cos\theta=\frac{2\times1+1\times3}{\sqrt{2^2+1^2}\sqrt{1^2+3^2}}=\frac{5}{\sqrt{50}}=\frac{1}{\sqrt{2}}$$

$0\leqq\theta\leqq180°$ より　$\theta=\boxed{45}°$

解法のアシスト

$\begin{matrix}\vec{a}=(a_1,\ a_2)\\\vec{b}=(b_1,\ b_2)\end{matrix}$ のなす角 θ ⇒ $\cos\theta=\dfrac{\vec{a}\cdot\vec{b}}{|\vec{a}||\vec{b}|}=\dfrac{a_1b_1+a_2b_2}{\sqrt{a_1{}^2+a_2{}^2}\sqrt{b_1{}^2+b_2{}^2}}$

☑ **練習 23**　$\vec{a}=(2,\ 1)$, $\vec{b}=(4,\ -3)$ とする。$\vec{x}+2\vec{y}=3\vec{a}-\vec{b}$, $2\vec{x}-\vec{y}=\vec{a}+3\vec{b}$ を満たすとき, $\vec{x}=(\boxed{},\ \boxed{})$, $\vec{y}=(\boxed{},\ \boxed{})$ である。$\vec{x}$, $\vec{y}$ のなす角は$\boxed{}°$である。

例題 24 ベクトルの内積

ベクトル $\vec{a}$, $\vec{b}$ が $|\vec{a}+\vec{b}|=4$, $|\vec{a}-\vec{b}|=2$, $|\vec{b}|=2$ を満たすとき,
$\vec{a}\cdot\vec{b}=\boxed{}$, $|\vec{a}|=\boxed{}$ である。

解　$|\vec{a}+\vec{b}|^2=|\vec{a}|^2+2\vec{a}\cdot\vec{b}+|\vec{b}|^2=16$ ……①

　　　$|\vec{a}-\vec{b}|^2=|\vec{a}|^2-2\vec{a}\cdot\vec{b}+|\vec{b}|^2=4$ ……②

①−②より　$4\vec{a}\cdot\vec{b}=12$

よって, $\vec{a}\cdot\vec{b}=\boxed{3}$

①に代入して　$|\vec{a}|^2+2\times3+2^2=16$

よって, $|\vec{a}|=\boxed{\sqrt{6}}$

◁ $|\vec{a}+\vec{b}|^2$
$=(\vec{a}+\vec{b})\cdot(\vec{a}+\vec{b})$
$=\vec{a}\cdot\vec{a}+\vec{a}\cdot\vec{b}+\vec{b}\cdot\vec{a}+\vec{b}\cdot\vec{b}$
$=|\vec{a}|^2+2\vec{a}\cdot\vec{b}+|\vec{b}|^2$

解法のアシスト

ベクトル $\vec{a}$, $\vec{b}$ の計算は文字 a, b と同様にできる

$|\vec{a}+\vec{b}|$ は2乗して $|\vec{a}+\vec{b}|^2=|\vec{a}|^2+2\vec{a}\cdot\vec{b}+|\vec{b}|^2$

ただし, $\vec{a}\cdot\vec{a}=|\vec{a}|^2$, $\vec{b}\cdot\vec{b}=|\vec{b}|^2$ は大きさの2乗, $\vec{a}\cdot\vec{b}$ は内積である

☑ **練習 24**　平面上に4点O, A, B, Cがあり, $\overrightarrow{OA}+\overrightarrow{OB}+\overrightarrow{OC}=\vec{0}$, OA=2, OB=3, OC=4 とする。$|\overrightarrow{OC}|^2=|\overrightarrow{OA}|^2+\boxed{}\overrightarrow{OA}\cdot\overrightarrow{OB}+|\overrightarrow{OB}|^2$ であるから, $\overrightarrow{OA}\cdot\overrightarrow{OB}=\boxed{}$ となる。また, $\overrightarrow{AB}$ の大きさは $|\overrightarrow{AB}|=\boxed{}$ である。

例題 25　図形と内積

OA$=6$, OB$=3\sqrt{3}$, cos$\angle$AOB$=\dfrac{1}{\sqrt{3}}$ の $\triangle$OAB がある。辺 AB を $1:2$ に内分する点を P, $4:1$ に外分する点を Q とする。$\overrightarrow{\text{OA}}=\vec{a}$, $\overrightarrow{\text{OB}}=\vec{b}$ とすると,

$\overrightarrow{\text{OP}}=\boxed{}\,\vec{a}+\boxed{}\,\vec{b}$, $\overrightarrow{\text{OQ}}=-\boxed{}\,\vec{a}+\boxed{}\,\vec{b}$, $\overrightarrow{\text{OP}}\cdot\overrightarrow{\text{OQ}}=\boxed{}$ である。

解

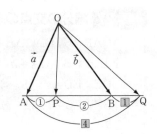

$\overrightarrow{\text{OP}}=\dfrac{2\vec{a}+\vec{b}}{1+2}=\boxed{\dfrac{2}{3}}\,\vec{a}+\boxed{\dfrac{1}{3}}\,\vec{b}$

$\overrightarrow{\text{OQ}}=\dfrac{-\vec{a}+4\vec{b}}{4-1}=-\boxed{\dfrac{1}{3}}\,\vec{a}+\boxed{\dfrac{4}{3}}\,\vec{b}$

$\overrightarrow{\text{OP}}\cdot\overrightarrow{\text{OQ}}=\left(\dfrac{2}{3}\vec{a}+\dfrac{1}{3}\vec{b}\right)\cdot\left(-\dfrac{1}{3}\vec{a}+\dfrac{4}{3}\vec{b}\right)$

$\qquad\qquad =-\dfrac{2}{9}|\vec{a}|^2+\dfrac{7}{9}\vec{a}\cdot\vec{b}+\dfrac{4}{9}|\vec{b}|^2$

ここで, $|\vec{a}|=6$, $|\vec{b}|=3\sqrt{3}$, $\vec{a}\cdot\vec{b}=6\times3\sqrt{3}\times\dfrac{1}{\sqrt{3}}=18$ だから

$\overrightarrow{\text{OP}}\cdot\overrightarrow{\text{OQ}}=-\dfrac{2}{9}\times36+\dfrac{7}{9}\times18+\dfrac{4}{9}\times27=\boxed{18}$

解法のアシスト

平面図形を $\vec{a}$, $\vec{b}$ で考えるとき　➡　$|\vec{a}|$, $|\vec{b}|$, $\vec{a}\cdot\vec{b}$ の値を明らかにする

 練習 25　OA$=2$, OB$=3$, $\angle$AOB$=120°$ の $\triangle$OAB がある。辺 AB を $1:3$ に内分する点を P とすると, $\overrightarrow{\text{OP}}=\boxed{}\overrightarrow{\text{OA}}+\boxed{}\overrightarrow{\text{OB}}$, $|\overrightarrow{\text{OP}}|=\boxed{}$, $\overrightarrow{\text{OP}}\cdot\overrightarrow{\text{OB}}=\boxed{}$ である。

例題 26　$a\overrightarrow{\text{PA}}+b\overrightarrow{\text{PB}}+c\overrightarrow{\text{PC}}=\vec{0}$

$\triangle$ABC の内部の点 P に対して, $\overrightarrow{\text{PA}}+2\overrightarrow{\text{PB}}+3\overrightarrow{\text{PC}}=\vec{0}$ が成り立つとき,

$\overrightarrow{\text{AP}}=\dfrac{\boxed{}\overrightarrow{\text{AB}}+\boxed{}\overrightarrow{\text{AC}}}{\boxed{}}$ となる。AP の延長と辺 BC との交点を D とすると,

D は BC を $\boxed{}:\boxed{}$ に内分するから $\overrightarrow{\text{AD}}=\dfrac{\boxed{}\overrightarrow{\text{AB}}+\boxed{}\overrightarrow{\text{AC}}}{\boxed{}}$ と表せる。

よって, $\overrightarrow{\text{AP}}=\boxed{}\overrightarrow{\text{AD}}$ から, P は AD を $\boxed{}:\boxed{}$ に内分する点である。

解

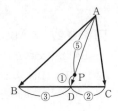

$\overrightarrow{\text{PA}}+2\overrightarrow{\text{PB}}+3\overrightarrow{\text{PC}}=\vec{0}$ より　$-\overrightarrow{\text{AP}}+2(\overrightarrow{\text{AB}}-\overrightarrow{\text{AP}})+3(\overrightarrow{\text{AC}}-\overrightarrow{\text{AP}})=\vec{0}$

よって, $\overrightarrow{\text{AP}}=\dfrac{\boxed{2}\overrightarrow{\text{AB}}+\boxed{3}\overrightarrow{\text{AC}}}{\boxed{6}}$

D は BC を $\boxed{3}:\boxed{2}$ に内分するから

$\overrightarrow{\text{AD}}=\dfrac{\boxed{2}\overrightarrow{\text{AB}}+\boxed{3}\overrightarrow{\text{AC}}}{\boxed{5}}$

$\overrightarrow{\text{AP}}=\boxed{\dfrac{5}{6}}\overrightarrow{\text{AD}}$ より, P は AD を $\boxed{5}:\boxed{1}$ に内分する。

解法のアシスト

$a\overrightarrow{\text{PA}}+b\overrightarrow{\text{PB}}+c\overrightarrow{\text{PC}}=\vec{0}$　➡　始点をそろえて $\overrightarrow{\text{AP}}=\bigcirc\overrightarrow{\text{AB}}+\square\overrightarrow{\text{AC}}$ の形に

☐ **練習 26** △ABC の内部の点 P に対して，$5\overrightarrow{PA}+4\overrightarrow{PB}+3\overrightarrow{PC}=\vec{0}$ が成り立つとき，

$\overrightarrow{AP}=\dfrac{\boxed{}\overrightarrow{AB}+\boxed{}\overrightarrow{AC}}{\boxed{}}$ となる。AP の延長と辺 BC との交点を D とすると，D は BC を

$\boxed{}:\boxed{}$ に内分するから $\overrightarrow{AD}=\dfrac{\boxed{}\overrightarrow{AB}+\boxed{}\overrightarrow{AC}}{\boxed{}}$ と表せる。よって，$\overrightarrow{AP}=\boxed{}\overrightarrow{AD}$ から，

P は AD を $\boxed{}:\boxed{}$ に内分する点である。

例題 27 **線分の交点の求め方**

△OAB の辺 OA，AB を 1:3 に内分する点をそれぞれ C，D とし，BC と OD の交点を E とする。$\overrightarrow{OA}=\vec{a}$，$\overrightarrow{OB}=\vec{b}$ とおく。

　OE：ED$=s:(1-s)$ とおくと　$\overrightarrow{OE}=\boxed{}\vec{a}+\boxed{}\vec{b}$ ……①

　BE：EC$=t:(1-t)$ とおくと　$\overrightarrow{OE}=\boxed{}\vec{a}+\boxed{}\vec{b}$ ……②

と表せる。

①，②から $\overrightarrow{OE}$ を求めると，$\overrightarrow{OE}=\boxed{}\vec{a}+\boxed{}\vec{b}$ である。

解

$\overrightarrow{OE}=s\overrightarrow{OD}=s\dfrac{3\vec{a}+1\vec{b}}{1+3}=\boxed{\dfrac{3}{4}s}\,\vec{a}+\boxed{\dfrac{1}{4}s}\,\vec{b}$ ……①

$\overrightarrow{OE}=t\overrightarrow{OC}+(1-t)\overrightarrow{OB}=\boxed{\dfrac{1}{4}t}\,\vec{a}+\boxed{(1-t)}\,\vec{b}$ ……②

$\vec{a}$，$\vec{b}$ は 1 次独立だから，①，②より

$\dfrac{3}{4}s=\dfrac{1}{4}t,\ \dfrac{1}{4}s=1-t$

これを解いて　$s=\dfrac{4}{13},\ t=\dfrac{12}{13}$

①に代入して　$\overrightarrow{OE}=\boxed{\dfrac{3}{13}}\,\vec{a}+\boxed{\dfrac{1}{13}}\,\vec{b}$ である。

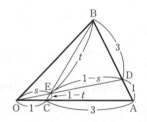

解法のアシスト

線分の交点　➡　・内分点の考えから，2 つの線分を $s:(1-s)$，$t:(1-t)$ で表す

　　　　　　　　・2 通りで表したベクトルが一致するように，係数を比較する

　　　　　　等しい
$m\vec{a}+n\vec{b}=m'\vec{a}+n'\vec{b}$ $(\vec{a},\ \vec{b}$ が 1 次独立のとき$)$
　　　　　　等しい　　　　　　　　$\vec{a}\neq\vec{0},\ \vec{b}\neq\vec{0},\ \vec{a}\not\parallel\vec{b}$

☐ **練習 27** △ABC の辺 AB を 2:3 に内分する点を M，辺 AC を 1:2 に内分する点を N，CM と BN との交点を P とする。$\overrightarrow{AB}=\vec{b}$，$\overrightarrow{AC}=\vec{c}$ とおくと

　$\overrightarrow{BP}=t\overrightarrow{BN}$ のとき，$\overrightarrow{AP}=(\boxed{}-\boxed{})\vec{b}+\boxed{}\vec{c}$ ……①

　$\overrightarrow{CP}=s\overrightarrow{CM}$ のとき，$\overrightarrow{AP}=\boxed{}\vec{b}+(\boxed{}-\boxed{})\vec{c}$ ……②

と表せる。

①，②から $\overrightarrow{AP}$ を求めると，$\overrightarrow{AP}=\boxed{}\vec{b}+\boxed{}\vec{c}$ である。

例題 28　平面ベクトル $s\overrightarrow{\text{OA}}+t\overrightarrow{\text{OB}}$ の決定

$\triangle\text{OAB}$ において，$\text{OA}=2\sqrt{2}$，$\text{OB}=\sqrt{3}$，$\overrightarrow{\text{OA}}\cdot\overrightarrow{\text{OB}}=2$ である。
$\overrightarrow{\text{OH}}=s\overrightarrow{\text{OA}}+t\overrightarrow{\text{OB}}$ とする点 H が辺 AB 上にあるとき，$s+t=$ □ ……①で，さらに OH⊥AB ならば □$s-t=$ □ ……② である。
①，②より $\overrightarrow{\text{OH}}=$ □$\overrightarrow{\text{OA}}+$ □$\overrightarrow{\text{OB}}$ となる。

C
1
ベクトル

解　H が AB 上にあるとき　$s+t=\boxed{1}$ ……①
OH⊥AB より
$\overrightarrow{\text{OH}}\cdot\overrightarrow{\text{AB}}=(s\overrightarrow{\text{OA}}+t\overrightarrow{\text{OB}})\cdot(\overrightarrow{\text{OB}}-\overrightarrow{\text{OA}})=0$
$s\overrightarrow{\text{OA}}\cdot\overrightarrow{\text{OB}}-s|\overrightarrow{\text{OA}}|^2+t|\overrightarrow{\text{OB}}|^2-t\overrightarrow{\text{OB}}\cdot\overrightarrow{\text{OA}}=0$
$2s-8s+3t-2t=0$　よって，$\boxed{6}s-t=\boxed{0}$ ……②

①，②より　$s=\dfrac{1}{7}$，$t=\dfrac{6}{7}$

よって，$\overrightarrow{\text{OH}}=\boxed{\dfrac{1}{7}}\overrightarrow{\text{OA}}+\boxed{\dfrac{6}{7}}\overrightarrow{\text{OB}}$

◆ 直線 AB のベクトル方程式は
$\overrightarrow{\text{OH}}=(1-t)\overrightarrow{\text{OA}}+t\overrightarrow{\text{OB}}$
$1-t=s$　とおくと
$\overrightarrow{\text{OH}}=s\overrightarrow{\text{OA}}+t\overrightarrow{\text{OB}}$
　　$(s+t=1)$

解法のアシスト

平面ベクトル $\overrightarrow{\text{OH}}=s\overrightarrow{\text{OA}}+t\overrightarrow{\text{OB}}$ ➡ H が直線 AB 上ならば　$s+t=1$
OH⊥AB ならば　$\overrightarrow{\text{OH}}\cdot\overrightarrow{\text{AB}}=0$

☐ **練習 28**　$\triangle\text{ABC}$ において，$\overrightarrow{\text{AB}}=\vec{b}$，$\overrightarrow{\text{AC}}=\vec{c}$ とする。$|\vec{b}|=4$，$|\vec{c}|=3$，$\vec{b}\cdot\vec{c}=2$ とし，$\triangle\text{ABC}$ の重心 G から辺 BC に垂線 GH を引くと，$\overrightarrow{\text{AH}}=$ □$\vec{b}+$ □$\vec{c}$ である。

例題 29　$\overrightarrow{\text{OP}}=s\overrightarrow{\text{OA}}+t\overrightarrow{\text{OB}}$ の点 P の存在範囲

$\triangle\text{OAB}$ がある。$s+2t\leqq3$，$s\geqq0$，$t\geqq0$ のとき，$\overrightarrow{\text{OP}}=s\overrightarrow{\text{OA}}+t\overrightarrow{\text{OB}}$ の点 P の存在範囲の面積は，$\triangle\text{OAB}$ の □ 倍である。

解　$s+2t=3$ のとき，$\dfrac{s}{3}+\dfrac{2t}{3}=1$ だから，

$\overrightarrow{\text{OP}}=s\overrightarrow{\text{OA}}+t\overrightarrow{\text{OB}}=\dfrac{s}{3}(3\overrightarrow{\text{OA}})+\dfrac{2t}{3}\left(\dfrac{3}{2}\overrightarrow{\text{OB}}\right)$ と変形すると，

点 P は $3\overrightarrow{\text{OA}}$ と $\dfrac{3}{2}\overrightarrow{\text{OB}}$ の終点を結ぶ直線上にある。

よって，$s+2t\leqq3$，$s\geqq0$，$t\geqq0$ のとき，点 P は右図の色部分にあるから，求める面積は $\triangle\text{OAB}$ の $3\times\dfrac{3}{2}=\boxed{\dfrac{9}{2}}$ （倍）

◆ $\overrightarrow{\text{OP}}=\bullet\vec{a}+\blacktriangle\vec{b}$ と変形する。
$\bullet+\blacktriangle=1$

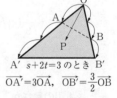

A′ $s+2t=3$ のとき B′
$\overrightarrow{\text{OA}′}=3\overrightarrow{\text{OA}}$，$\overrightarrow{\text{OB}′}=\dfrac{3}{2}\overrightarrow{\text{OB}}$

解法のアシスト

$\overrightarrow{\text{OP}}=s\overrightarrow{\text{OQ}}+t\overrightarrow{\text{OR}}$ の点 P の存在範囲
➡ $s+t\leqq1$，$s\geqq0$，$t\geqq0$ のとき　$\triangle\text{OQR}$ の内部（周を含む）

☐ **練習 29**　$\triangle\text{OAB}$ がある。$3s+2t\leqq5$，$s\geqq0$，$t\geqq0$ のとき，$\overrightarrow{\text{OP}}=s\overrightarrow{\text{OA}}+t\overrightarrow{\text{OB}}$ の点 P の存在範囲の面積は，$\triangle\text{OAB}$ の □ 倍である。

例題 30 空間ベクトルの成分計算

$\vec{a}=(1,\ 2,\ 1)$, $\vec{b}=(3,\ 4,\ 1)$ とする。$t\vec{a}+\vec{b}=(\boxed{},\ \boxed{},\ \boxed{})$ であり、$|t\vec{a}+\vec{b}|$ は $t=\boxed{}$ のとき最小値 $\boxed{}$ をとる。

解 $t\vec{a}+\vec{b}=(\boxed{t+3},\ \boxed{2t+4},\ \boxed{t+1})$ より

$$|t\vec{a}+\vec{b}|^2=(t+3)^2+(2t+4)^2+(t+1)^2$$
$$=6t^2+24t+26=6(t+2)^2+2$$

よって、$|t\vec{a}+\vec{b}|$ は $t=\boxed{-2}$ のとき最小値 $\boxed{\sqrt{2}}$ をとる。

解法のアシスト

空間ベクトル　➡　計算の規則は平面と同じ
z 成分が増えるだけ

☑ **練習 30**　A$(1,\ -1,\ 3)$, B$(4,\ 3,\ 3)$, C$(0,\ 1,\ 5)$ とする。
$\overrightarrow{AB}=(\boxed{},\ \boxed{},\ \boxed{})$, $\overrightarrow{AC}=(\boxed{},\ \boxed{},\ \boxed{})$ であり、$|\overrightarrow{AB}|=\boxed{}$, $|\overrightarrow{AC}|=\boxed{}$,
$\overrightarrow{AB}\cdot\overrightarrow{AC}=\boxed{}$ である。また、$\triangle ABC$ の面積は $\boxed{}$ である。

例題 31 正四面体

1 辺の長さが 2 の正四面体 ABCD があり、$\overrightarrow{AB}=\vec{b}$, $\overrightarrow{AC}=\vec{c}$, $\overrightarrow{AD}=\vec{d}$ とする。
辺 BC を $1:2$ に内分する点を P とすると $\overrightarrow{PA}=\boxed{}\vec{b}+\boxed{}\vec{c}$ であり、
$\overrightarrow{PD}=\boxed{}\vec{b}+\boxed{}\vec{c}+\vec{d}$ より $\overrightarrow{PA}\cdot\overrightarrow{PD}=\boxed{}$ である。

解 $\overrightarrow{PA}=-\overrightarrow{AP}=-\dfrac{2\vec{b}+1\vec{c}}{1+2}=\boxed{-\dfrac{2}{3}}\vec{b}+\boxed{\left(-\dfrac{1}{3}\right)}\vec{c}$

◑ 始点を A にそろえる。

$\overrightarrow{PD}=\overrightarrow{AD}-\overrightarrow{AP}=\vec{d}-\left(\dfrac{2}{3}\vec{b}+\dfrac{1}{3}\vec{c}\right)=\boxed{-\dfrac{2}{3}}\vec{b}+\boxed{\left(-\dfrac{1}{3}\right)}\vec{c}+\vec{d}$

◑

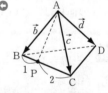

ここで、$|\vec{b}|=|\vec{c}|=|\vec{d}|=2$, $\vec{b}\cdot\vec{c}=\vec{c}\cdot\vec{d}=\vec{d}\cdot\vec{b}=2\times2\times\cos60°=2$
だから

$$\overrightarrow{PA}\cdot\overrightarrow{PD}=\left\{-\dfrac{1}{3}(2\vec{b}+\vec{c})\right\}\cdot\left\{-\dfrac{1}{3}(2\vec{b}+\vec{c}-3\vec{d})\right\}$$
$$=\dfrac{1}{9}(4|\vec{b}|^2+4\vec{b}\cdot\vec{c}+|\vec{c}|^2-6\vec{b}\cdot\vec{d}-3\vec{c}\cdot\vec{d})$$
$$=\dfrac{1}{9}(4\times2^2+4\times2+2^2-6\times2-3\times2)=\boxed{\dfrac{10}{9}}$$

解法のアシスト

1 辺の長さが
k の正四面体　➡　$|\vec{a}|=|\vec{b}|=|\vec{c}|=k$, $\vec{a}\cdot\vec{b}=\vec{b}\cdot\vec{c}=\vec{c}\cdot\vec{a}=\dfrac{k^2}{2}$　を使う

☑ **練習 31**　1 辺の長さが 1 の正四面体 OABC があり $\overrightarrow{OA}=\vec{a}$, $\overrightarrow{OB}=\vec{b}$, $\overrightarrow{OC}=\vec{c}$ とする。辺 BC
を $3:1$ に内分する点を P とすると $\overrightarrow{OP}=\boxed{}\vec{b}+\boxed{}\vec{c}$ であり、$\overrightarrow{OA}\cdot\overrightarrow{OP}=\boxed{}$ である。辺 OA
上に点 Q をとり、$\overrightarrow{OQ}=t\vec{a}$ $(0<t<1)$ とすると $|\overrightarrow{PQ}|=\dfrac{3}{4}$ となるのは $t=\boxed{}$ のときである。

例題 32 空間ベクトルと内積

右図の直方体において，AB=2，AD=AE=1
とする。$\overrightarrow{AB}=\vec{a}$，$\overrightarrow{AD}=\vec{b}$，$\overrightarrow{AE}=\vec{c}$ とするとき，
$\vec{a}\cdot\vec{b}=\vec{b}\cdot\vec{c}=\vec{c}\cdot\vec{a}=\boxed{}$
である。$\overrightarrow{AG}$，$\overrightarrow{BH}$ を $\vec{a}$，$\vec{b}$，$\vec{c}$ で表すと
$\overrightarrow{AG}=\boxed{}$，$\overrightarrow{BH}=\boxed{}$ であるから，
$\overrightarrow{AG}\cdot\overrightarrow{BH}=\boxed{}$，$|\overrightarrow{AG}|=\boxed{}$，$|\overrightarrow{BH}|=\boxed{}$
また，$\overrightarrow{AG}$ と $\overrightarrow{BH}$ のなす角 θ について $\cos\theta=\boxed{}$ である。

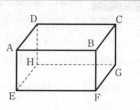

解 $\vec{a}\perp\vec{b}$，$\vec{b}\perp\vec{c}$，$\vec{c}\perp\vec{a}$ より

$\vec{a}\cdot\vec{b}=\vec{b}\cdot\vec{c}=\vec{c}\cdot\vec{a}=\boxed{0}$

$\overrightarrow{AG}=\overrightarrow{AB}+\overrightarrow{BC}+\overrightarrow{CG}=\boxed{\vec{a}+\vec{b}+\vec{c}}$

$\overrightarrow{BH}=\overrightarrow{BA}+\overrightarrow{AD}+\overrightarrow{DH}=\boxed{-\vec{a}+\vec{b}+\vec{c}}$ である。

$\begin{aligned}
\overrightarrow{AG}\cdot\overrightarrow{BH}&=(\vec{a}+\vec{b}+\vec{c})\cdot(-\vec{a}+\vec{b}+\vec{c})\\
&=-|\vec{a}|^2+|\vec{b}|^2+|\vec{c}|^2\\
&=-2^2+1^2+1^2=\boxed{-2}
\end{aligned}$

$\begin{aligned}
|\overrightarrow{AG}|^2&=(\vec{a}+\vec{b}+\vec{c})\cdot(\vec{a}+\vec{b}+\vec{c})\\
&=|\vec{a}|^2+|\vec{b}|^2+|\vec{c}|^2\\
&=2^2+1^2+1^2=6
\end{aligned}$

よって，　　$|\overrightarrow{AG}|=\boxed{\sqrt{6}}$

同様にして　$|\overrightarrow{BH}|=\boxed{\sqrt{6}}$

$\cos\theta=\dfrac{\overrightarrow{AG}\cdot\overrightarrow{BH}}{|\overrightarrow{AG}||\overrightarrow{BH}|}=\dfrac{-2}{\sqrt{6}\times\sqrt{6}}=\boxed{-\dfrac{1}{3}}$

> $\begin{aligned}
&(\vec{a}+\vec{b}+\vec{c})\cdot(-\vec{a}+\vec{b}+\vec{c})\\
&=-|\vec{a}|^2+\vec{a}\cdot\vec{b}+\vec{a}\cdot\vec{c}\\
&\quad-\vec{b}\cdot\vec{a}+|\vec{b}|^2+\vec{b}\cdot\vec{c}\\
&\quad-\vec{c}\cdot\vec{a}+\vec{c}\cdot\vec{b}+|\vec{c}|^2\\
&=-|\vec{a}|^2+|\vec{b}|^2+|\vec{c}|^2\\
&(\vec{a}\cdot\vec{b}=\vec{b}\cdot\vec{c}=\vec{c}\cdot\vec{a}=0)
\end{aligned}$

解法のアシスト

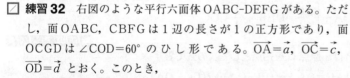

空間図形 ➡ 図形を構成している3つのベクトル $\vec{a}$，$\vec{b}$，$\vec{c}$ の
大きさ $|\vec{a}|$，$|\vec{b}|$，$|\vec{c}|$　　内積 $\vec{a}\cdot\vec{b}$，$\vec{b}\cdot\vec{c}$，$\vec{c}\cdot\vec{a}$ を求めよ

☐ **練習 32**　右図のような平行六面体 OABC-DEFG がある。ただ
し，面 OABC，CBFG は1辺の長さが1の正方形であり，面
OCGD は $\angle COD=60°$ のひし形である。$\overrightarrow{OA}=\vec{a}$，$\overrightarrow{OC}=\vec{c}$，
$\overrightarrow{OD}=\vec{d}$ とおく。このとき，
$\vec{a}\cdot\vec{c}=\vec{d}\cdot\vec{a}=\boxed{}$，$\vec{c}\cdot\vec{d}=\boxed{}$
である。EB を $2:1$ に内分する点を P，GE を $t:(1-t)$ に内分
する点を Q とすると
$\overrightarrow{PG}=-\vec{a}+\boxed{}\vec{c}+\boxed{}\vec{d}$
$\overrightarrow{PQ}=(t-1)\vec{a}+(\boxed{})\vec{c}+\boxed{}\vec{d}$
である。
PQ の長さは，$t=\boxed{}$ のとき，最小値 $\boxed{}$ をとる。

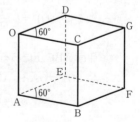

例題 33 平面と直線の交点

四面体 OABC において，辺 OA，BC を 1：2 に内分する
点をそれぞれ M，N とする。MN の中点を L とすると，
$\overrightarrow{\mathrm{OL}}=\boxed{}\overrightarrow{\mathrm{OA}}+\boxed{}\overrightarrow{\mathrm{OB}}+\boxed{}\overrightarrow{\mathrm{OC}}$ である。
直線 OL と平面 ABC の交点を P とすると，
$\overrightarrow{\mathrm{OP}}=\boxed{}\overrightarrow{\mathrm{OA}}+\boxed{}\overrightarrow{\mathrm{OB}}+\boxed{}\overrightarrow{\mathrm{OC}}$ である。

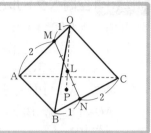

解 $\overrightarrow{\mathrm{OM}}=\dfrac{1}{3}\overrightarrow{\mathrm{OA}}$，$\overrightarrow{\mathrm{ON}}=\dfrac{2\overrightarrow{\mathrm{OB}}+1\overrightarrow{\mathrm{OC}}}{1+2}=\dfrac{2}{3}\overrightarrow{\mathrm{OB}}+\dfrac{1}{3}\overrightarrow{\mathrm{OC}}$ より

◀ 平面ベクトルと同様に
求められる。

$\overrightarrow{\mathrm{OL}}=\dfrac{1}{2}(\overrightarrow{\mathrm{OM}}+\overrightarrow{\mathrm{ON}})=\boxed{\dfrac{1}{6}}\overrightarrow{\mathrm{OA}}+\boxed{\dfrac{1}{3}}\overrightarrow{\mathrm{OB}}+\boxed{\dfrac{1}{6}}\overrightarrow{\mathrm{OC}}$ である。

$\overrightarrow{\mathrm{OP}}=k\overrightarrow{\mathrm{OL}}=\dfrac{k}{6}\overrightarrow{\mathrm{OA}}+\dfrac{k}{3}\overrightarrow{\mathrm{OB}}+\dfrac{k}{6}\overrightarrow{\mathrm{OC}}$ ……① と表せる。

一方，P は平面 ABC 上にあるから

$\quad\overrightarrow{\mathrm{OP}}=\overrightarrow{\mathrm{OA}}+\overrightarrow{\mathrm{AP}}=\overrightarrow{\mathrm{OA}}+s\overrightarrow{\mathrm{AB}}+t\overrightarrow{\mathrm{AC}}$

$\quad\quad\ =\overrightarrow{\mathrm{OA}}+s(\overrightarrow{\mathrm{OB}}-\overrightarrow{\mathrm{OA}})+t(\overrightarrow{\mathrm{OC}}-\overrightarrow{\mathrm{OA}})$

$\quad\overrightarrow{\mathrm{OP}}=(1-s-t)\overrightarrow{\mathrm{OA}}+s\overrightarrow{\mathrm{OB}}+t\overrightarrow{\mathrm{OC}}$ ……②

◀

$\overrightarrow{\mathrm{OA}}$，$\overrightarrow{\mathrm{OB}}$，$\overrightarrow{\mathrm{OC}}$ は一次独立なので，①，② より

$\quad 1-s-t=\dfrac{k}{6}$，$s=\dfrac{k}{3}$，$t=\dfrac{k}{6}$

よって，$1-\dfrac{k}{3}-\dfrac{k}{6}=\dfrac{k}{6}$ より

$k=\dfrac{3}{2}\ \left(s=\dfrac{1}{2},\ t=\dfrac{1}{4}\right)$

ゆえに，$\overrightarrow{\mathrm{OP}}=\boxed{\dfrac{1}{4}}\overrightarrow{\mathrm{OA}}+\boxed{\dfrac{1}{2}}\overrightarrow{\mathrm{OB}}+\boxed{\dfrac{1}{4}}\overrightarrow{\mathrm{OC}}$

平面 ABC 上の点 P は
2 つの変数 s，t を用いて
$\overrightarrow{\mathrm{OP}}=\overrightarrow{\mathrm{OA}}+s\overrightarrow{\mathrm{AB}}+t\overrightarrow{\mathrm{AC}}$
と表される。

別解 ① より，P は平面 ABC 上にあるから

$\dfrac{k}{6}+\dfrac{k}{3}+\dfrac{k}{6}=1$　よって，$k=\dfrac{3}{2}$

ゆえに，$\overrightarrow{\mathrm{OP}}=\boxed{\dfrac{1}{4}}\overrightarrow{\mathrm{OA}}+\boxed{\dfrac{1}{2}}\overrightarrow{\mathrm{OB}}+\boxed{\dfrac{1}{4}}\overrightarrow{\mathrm{OC}}$

◀ $\overrightarrow{\mathrm{OP}}=\overrightarrow{\mathrm{OA}}+s\overrightarrow{\mathrm{AB}}+t\overrightarrow{\mathrm{AC}}$
$\quad=\underbrace{(1-s-t)\,\overrightarrow{\mathrm{OA}}+s\,\overrightarrow{\mathrm{OB}}+t\,\overrightarrow{\mathrm{OC}}}_{\text{和が 1}}$

解法のアシスト

平面 ABC 上にある点 P は，原点 O を始点として次の式で表す
$\overrightarrow{\mathrm{OP}}=\overrightarrow{\mathrm{OA}}+s\overrightarrow{\mathrm{AB}}+t\overrightarrow{\mathrm{AC}}=\overrightarrow{\mathrm{OA}}+s(\overrightarrow{\mathrm{OB}}-\overrightarrow{\mathrm{OA}})+t(\overrightarrow{\mathrm{OC}}-\overrightarrow{\mathrm{OA}})$
$\quad\quad=(1-s-t)\overrightarrow{\mathrm{OA}}+s\overrightarrow{\mathrm{OB}}+t\overrightarrow{\mathrm{OC}}$

練習 33 右図の平行六面体 ABCD−EFGH において，$\overrightarrow{\mathrm{CI}}=2\overrightarrow{\mathrm{CG}}$ である。
$\overrightarrow{\mathrm{AB}}=\vec{b}$，$\overrightarrow{\mathrm{AD}}=\vec{d}$，$\overrightarrow{\mathrm{AE}}=\vec{e}$ とすると，$\overrightarrow{\mathrm{AI}}=\vec{b}+\vec{d}+\boxed{}\vec{e}$ であり，AI と平
面 BDE の交点を P とすると，$\overrightarrow{\mathrm{AP}}=\boxed{}\vec{b}+\boxed{}\vec{d}+\boxed{}\vec{e}$ である。

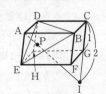

数学C 2 **平面上の曲線と複素数平面**

例題 34 複素数平面と共役な複素数

複素数平面上で，点 $\alpha=a+bi$ が右図のように表され
ているとき，次の複素数の表す点を(ア)～(キ)の中から選べ。

(1) $\overline{\alpha}$　　　　(2) $-\alpha$　　　　(3) $-\dfrac{\alpha+\overline{\alpha}}{2}$

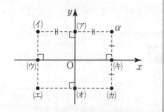

解 (1) $\overline{\alpha}=a-bi$ だから x 軸に対称になる。(カ)

(2) $-\alpha=-a-bi$ だから原点対称になる。(エ)

(3) $-\dfrac{\alpha+\overline{\alpha}}{2}=-\dfrac{(a+bi)+(a-bi)}{2}=-a$ だから(ウ)

> **α と共役な複素数 $\overline{\alpha}$**
> $\alpha=a+bi,\ \overline{\alpha}=a-bi$
> $\overline{\alpha}=\alpha \iff \alpha=a$ （実数）
> $\overline{\alpha}=-\alpha \iff \alpha=bi$ （純虚数）

解法のアシスト

> 複素数と共役な複素数　⟹　$\alpha+\overline{\alpha}=2a$　（実数）
> $\alpha=a+bi,\ \overline{\alpha}=a-bi$　　$\alpha-\overline{\alpha}=2bi$　（純虚数）

☐ **練習 34**　複素数平面上で，点 α が右図のように表されていると
き，次の複素数の表す点を(ア)～(キ)の中から選べ。

(1) $-\overline{\alpha}$　　　　(2) $\dfrac{\alpha+\overline{\alpha}}{2}$　　　　(3) $-\dfrac{\alpha-\overline{\alpha}}{2}$

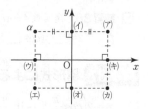

例題 35 複素数の絶対値と 2 点間の距離

原点 O，2 点 A$(-3+i)$，B$(1-2i)$ について，次の距離を求めよ。

(1) OA$=\sqrt{\boxed{}}$　　　　　　　(2) AB$=\boxed{}$

解 (1) OA$=|-3+i|=\sqrt{(-3)^2+1^2}$
$=\sqrt{\boxed{10}}$

(2) AB$=|(1-2i)-(-3+i)|$
$=|4-3i|=\sqrt{4^2+(-3)^2}$
$=\sqrt{25}=\boxed{5}$

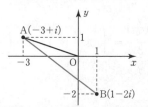

> **2 点間の距離**

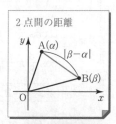

解法のアシスト

> 複素数の絶対値　⟹　$\alpha=a+bi$ のとき，$|\alpha|=\sqrt{a^2+b^2}$
> 2 点間の距離　⟹　A(α)，B(β) のとき，AB$=|\beta-\alpha|$

☐ **練習 35**　2 点 A$(-2+5i)$，B$(4+2i)$ について，線分 AB を 2 : 1 に内分する点を C(c)，1 : 2 に
外分する点を D(d) とすると $c=\boxed{}+\boxed{}i$，$d=-\boxed{}+\boxed{}i$ と表せる。また，2 点 C，D の
距離は CD$=\boxed{}\sqrt{\boxed{}}$ である。

例題 36 複素数の極形式

複素数 $-\sqrt{3}+i$ を極形式で表すと $-\sqrt{3}+i=\boxed{}(\cos\boxed{}+i\sin\boxed{})$ となり，複素数 $3i$ を極形式で表すと $3i=\boxed{}(\cos\boxed{}+i\sin\boxed{})$ となる。ただし，偏角 θ は $0\le\theta<2\pi$ とする。

解

$|-\sqrt{3}+i|=\sqrt{(-\sqrt{3})^2+1^2}=2,\ \arg(-\sqrt{3}+i)=\dfrac{5}{6}\pi$

よって，$-\sqrt{3}+i=\boxed{2}\left(\cos\boxed{\dfrac{5}{6}\pi}+i\sin\boxed{\dfrac{5}{6}\pi}\right)$

$|3i|=3|i|=3,\ \arg(3i)=\dfrac{\pi}{2}$

よって，$3i=\boxed{3}\left(\cos\boxed{\dfrac{\pi}{2}}+i\sin\boxed{\dfrac{\pi}{2}}\right)$

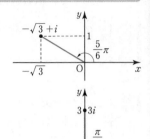

解法のアシスト

$z=a+bi$ の極形式 $\Rightarrow$ $\begin{array}{l}r=|z|=\sqrt{a^2+b^2}\\[4pt]\theta=\arg z\ \left(\tan\theta=\dfrac{b}{a}\right)\end{array}$ $\Rightarrow$ $z=r(\cos\theta+i\sin\theta)$

☐ **練習 36** 複素数 $4+4i$ を極形式で表すと，$4+4i=\boxed{}\sqrt{\boxed{}}(\cos\boxed{}+i\sin\boxed{})$ となる。また，$-2=\boxed{}(\cos\boxed{}+i\sin\boxed{})$ となる。ただし，偏角 θ は $0\le\theta<2\pi$ とする。

例題 37 極形式による積・商

$z_1=2\left(\cos\dfrac{\pi}{8}+i\sin\dfrac{\pi}{8}\right),\ z_2=\cos\dfrac{3}{8}\pi+i\sin\dfrac{3}{8}\pi$ のとき，$z_1z_2=\boxed{},\ \dfrac{z_1}{z_2}=\boxed{}$

解

$z_1z_2=2\left(\cos\dfrac{\pi}{8}+i\sin\dfrac{\pi}{8}\right)\left(\cos\dfrac{3}{8}\pi+i\sin\dfrac{3}{8}\pi\right)$

$\qquad=2\left(\cos\dfrac{\pi}{2}+i\sin\dfrac{\pi}{2}\right)=\boxed{2i}$

$\quad\bullet\ \arg(z_1z_2)=\arg z_1+\arg z_2$
$\qquad\qquad\qquad=\dfrac{\pi}{8}+\dfrac{3}{8}\pi=\dfrac{\pi}{2}$

$\dfrac{z_1}{z_2}=\dfrac{2\left(\cos\dfrac{\pi}{8}+i\sin\dfrac{\pi}{8}\right)}{\cos\dfrac{3}{8}\pi+i\sin\dfrac{3}{8}\pi}=2\left\{\cos\left(-\dfrac{\pi}{4}\right)+i\sin\left(-\dfrac{\pi}{4}\right)\right\}$

$\quad\bullet\ \arg\left(\dfrac{z_1}{z_2}\right)=\arg z_1-\arg z_2$
$\qquad\qquad\qquad=\dfrac{\pi}{8}-\dfrac{3}{8}\pi=-\dfrac{\pi}{4}$

$\qquad=\boxed{\sqrt{2}-\sqrt{2}\,i}$

解法のアシスト

$z_n=r_n(\cos\theta_n+i\sin\theta_n)$ のとき

$z_1z_2=r_1r_2\{\cos(\theta_1+\theta_2)+i\sin(\theta_1+\theta_2)\},\ \dfrac{z_1}{z_2}=\dfrac{r_1}{r_2}\{\cos(\theta_1-\theta_2)+i\sin(\theta_1-\theta_2)\}$

☐ **練習 37** $z_1=2\left(\cos\dfrac{5}{12}\pi+i\sin\dfrac{5}{12}\pi\right),\ z_2=4\left(\cos\dfrac{\pi}{4}+i\sin\dfrac{\pi}{4}\right)$ のとき，

$z_1z_2=-\boxed{}+\boxed{}\sqrt{\boxed{}}\,i,\ \dfrac{z_1}{z_2}=\dfrac{\sqrt{\boxed{}}}{\boxed{}}+\dfrac{1}{\boxed{}}i$ である。

例題 38　ド・モアブルの定理

$z=\sqrt{3}+i$ を極形式で表すと $z=\boxed{}(\cos\boxed{}+i\sin\boxed{})$ である。また，$z^9=\boxed{}i$ であり，$\dfrac{1}{z^4}=\boxed{}(1+\boxed{}i)$ である。ただし，偏角 θ は $0\leqq\theta<2\pi$ とする。

解

$z=\boxed{2}\left(\cos\dfrac{\pi}{6}+i\sin\dfrac{\pi}{6}\right)$

$z^9=\left\{2\left(\cos\dfrac{\pi}{6}+i\sin\dfrac{\pi}{6}\right)\right\}^9$

$\quad=2^9\left(\cos\dfrac{3}{2}\pi+i\sin\dfrac{3}{2}\pi\right)=\boxed{-512}\,i$

$\dfrac{1}{z^4}=z^{-4}=\left\{2\left(\cos\dfrac{\pi}{6}+i\sin\dfrac{\pi}{6}\right)\right\}^{-4}$

$\quad=2^{-4}\left\{\cos\left(-\dfrac{2}{3}\pi\right)+i\sin\left(-\dfrac{2}{3}\pi\right)\right\}$

$\quad=\dfrac{1}{16}\left(-\dfrac{1}{2}-\dfrac{\sqrt{3}}{2}i\right)=\boxed{-\dfrac{1}{32}}(1+\boxed{\sqrt{3}}\,i)$

◖ $|z|=\sqrt{(\sqrt{3})^2+1^2}=2$
$\quad\arg z=\dfrac{\pi}{6}$

◖ $\dfrac{1}{z^n}=z^{-n}=(\cos\theta+i\sin\theta)^{-n}$
$\quad=\cos(-n\theta)+i\sin(-n\theta)$

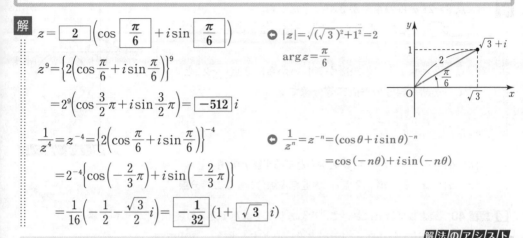

解法のアシスト

ド・モアブルの定理 ➡ $(\cos\theta+i\sin\theta)^n=\cos n\theta+i\sin n\theta$

☑ **練習 38** $z=\dfrac{\sqrt{3}+i}{1-i}$ のとき，$z^4=\boxed{}(\boxed{}-\sqrt{\boxed{}}\,i)$ である。また，z^n が純虚数となる最小の自然数 n は $n=\boxed{}$ であり，そのとき，$z^n=\boxed{}i$ である。

例題 39　原点のまわりの回転移動

複素数 z に対して，$z(-1+\sqrt{3}\,i)$ で表される点は，点 z を原点のまわりに $\boxed{}$ だけ回転して，原点からの距離を $\boxed{}$ 倍に拡大した点である。

解

$-1+\sqrt{3}\,i=2\left(\cos\dfrac{2}{3}\pi+i\sin\dfrac{2}{3}\pi\right)$ だから

$\quad z(-1+\sqrt{3}\,i)=z\cdot2\left(\cos\dfrac{2}{3}\pi+i\sin\dfrac{2}{3}\pi\right)$

よって，点 z を原点のまわりに $\boxed{\dfrac{2}{3}\pi}$ だけ回転し，原点からの距離を $\boxed{2}$ 倍に拡大した点である。

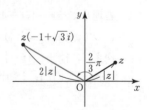

解法のアシスト

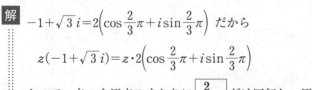

原点のまわりの回転 ➡ $z\cdot r(\cos\theta+i\sin\theta)$
　　　　　└⋯⋯ r 倍に拡大　　└⋯⋯角 θ だけ回転

☑ **練習 39** 複素数平面上に正方形 OABC があり，O は原点で，A$(4+i)$，B(β)，C(γ) とする。点 B が第 1 象限にあるとき，$\beta=\boxed{}+\boxed{}i$，$\gamma=-\boxed{}+\boxed{}i$ である。

例題 40 方程式の表す図形(1)

複素数平面上で，次の方程式を満たす点 z の表す図形について答えよ。

(1) $|z-3+2i|=2$ は点 □－□ を中心とする半径 □ の円である。

(2) $|z+2|=|z-i|$ は，2 点 □ と □ を結ぶ線分の垂直二等分線である。

解 (1) 点 $3-2i$ からの距離が 2 で一定だから

点 $\boxed{3}$ － $\boxed{2i}$ を中心とする半径 $\boxed{2}$ の円である。

(2) 点 -2 と点 i までの距離が等しいから，2 点 $\boxed{-2}$ と

$\boxed{i}$ を結ぶ線分の垂直二等分線である。

解法のアシスト

$|z-\alpha|=r$ ➡ 点 α を中心とする半径 r の円

$|z-\alpha|=|z-\beta|$ ➡ 2 点 α，β を結ぶ線分の垂直二等分線

☑ **練習 40** 複素数平面上において，次の方程式を満たす点 z の表す図形について答えよ。

(1) $|2z+8-3i|=4$ は点 □＋□ を中心とする半径 □ の円である。

(2) $|z-3|=|z+4-2i|$ は，2 点 □ と □＋□ を結ぶ線分の垂直二等分線である。

例題 41 方程式の表す図形(2)

複素数平面上で，$|z|=2|z-3i|$ を満たす点 z 全体の図形は

$(z-□)(\bar{z}+□)=□$ と変形でき，$|z-□|=□$ と表せるから，

点 □ を中心とする半径 □ の円である。

解 $|z|^2=4|z-3i|^2$ より $z\bar{z}=4(z-3i)\overline{(z-3i)}$

$z\bar{z}=4(z-3i)(\bar{z}+3i)$ ◖ $\overline{(z-3i)}=\bar{z}+3i$

整理して $z\bar{z}-4i\bar{z}+4iz+12=0$

よって，$(z-\boxed{4i})(\bar{z}+\boxed{4i})=\boxed{4}$

ゆえに，$|z-\boxed{4i}|=\boxed{2}$

これは，点 $\boxed{4i}$ を中心とする半径 $\boxed{2}$ の円である。

解法のアシスト

$|z-\alpha|=k|z-\beta|$ の表す図形 ➡ $|z-●|=r$ と変形する

点 ● を中心とする半径 r の円

☑ **練習 41** 複素数平面上で，$|z+2i|=2|z-4i|$ を満たす点 z 全体の図形は

$(z-□)(\bar{z}+□)=□$ と変形でき，$|z-□|=□$ と表せるから，点 □ を中心とする半径 □ の円である。

例題 42　複素数と軌跡

複素数 z が $|z|=1$ を満たすとき，$w=2z-i$ を満たす点 w 全体は点 $\boxed{}$ を中心とする半径 $\boxed{}$ の円であり，$w=\dfrac{z+i}{z-1}$ を満たす点 w 全体は 2 点 $\boxed{}$ と $\boxed{}$ を結ぶ線分の垂直二等分線である。

解

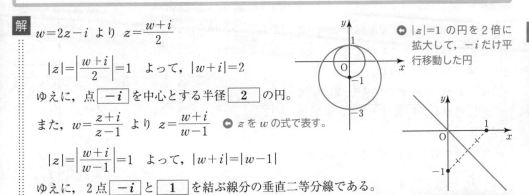

$w=2z-i$ より $z=\dfrac{w+i}{2}$

$|z|=\left|\dfrac{w+i}{2}\right|=1$ よって，$|w+i|=2$

ゆえに，点 $\boxed{-i}$ を中心とする半径 $\boxed{2}$ の円。

また，$w=\dfrac{z+i}{z-1}$ より $z=\dfrac{w+i}{w-1}$　◖ z を w の式で表す。

$|z|=\left|\dfrac{w+i}{w-1}\right|=1$ よって，$|w+i|=|w-1|$

ゆえに，2 点 $\boxed{-i}$ と $\boxed{1}$ を結ぶ線分の垂直二等分線である。

◖ $|z|=1$ の円を 2 倍に拡大して，$-i$ だけ平行移動した円

解法のアシスト

$w=f(z)$ の w の軌跡　➡　$z=(w$ の式$)$ に変形して，z の条件式に代入

☑ **練習 42**　複素数 z が $|z-1|=1$ を満たすとき，$w=2z$ を満たす点 w 全体は点 $\boxed{}$ を中心とする半径 $\boxed{}$ の円であり，$w=\dfrac{z+i}{z}$ を満たす点 w 全体は 2 点 $\boxed{}$ と $\boxed{}+\boxed{}$ を結ぶ線分の垂直二等分線である。

例題 43　2線分のなす角

$\alpha=4-i$，$\beta=5+i$，$\gamma=1-2i$ の表す点を，それぞれ A(α)，B(β)，C(γ) とすると $\dfrac{\gamma-\alpha}{\beta-\alpha}=\boxed{}+\boxed{}$ であるから $\angle$BAC$=\boxed{}\pi$ である。

解

$\dfrac{\gamma-\alpha}{\beta-\alpha}=\dfrac{(1-2i)-(4-i)}{(5+i)-(4-i)}=\dfrac{-3-i}{1+2i}=\boxed{-1}+\boxed{i}$

$\arg\left(\dfrac{\gamma-\alpha}{\beta-\alpha}\right)=\arg(-1+i)=\dfrac{3}{4}\pi$

よって，$\angle$BAC$=\boxed{\dfrac{3}{4}}\pi$

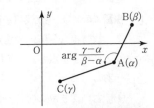

解法のアシスト

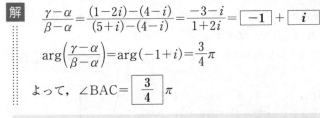

線分 AB と AC のなす角　➡　A(α) $\arg\dfrac{\gamma-\alpha}{\beta-\alpha}$　←角の方向に注意

☑ **練習 43**　$\alpha=-1+2i$，$\beta=1+i$，$\gamma=5+4i$ の表す点を，それぞれ A(α)，B(β)，C(γ) とすると $\dfrac{\gamma-\alpha}{\beta-\alpha}=\boxed{}+\boxed{}$ であるから $\angle$BAC$=\boxed{}\pi$ である。

例題 44 放物線の方程式

(1) 焦点が $(3, 0)$ で，準線が $x=-3$ である放物線の方程式は $y^2=\boxed{}x$ である。

(2) 放物線 $x^2=-8y$ の焦点の座標は $(\boxed{}, \boxed{})$ で，準線は $y=\boxed{}$ である。

(3) 原点を頂点とし，点 $(2, 8)$ を通る放物線は $x^2=\boxed{}y$ と $y^2=\boxed{}x$ である。

解 (1) 焦点が $(3, 0)$ で準線が $x=-3$ だから

$y^2=4px$ で $p=3$ のとき

よって，$y^2=\boxed{12}x$

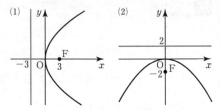

(2) $x^2=-8y$ を $x^2=4\cdot(-2)y$ だから

焦点 $(\boxed{0}, \boxed{-2})$，準線 $y=\boxed{2}$

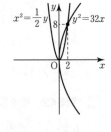

(3) $x^2=4py$ が点 $(2, 8)$ を通るから

$4=32p$ より $p=\dfrac{1}{8}$

よって，$x^2=\boxed{\dfrac{1}{2}}y$

$y^2=4px$ が点 $(2, 8)$ を通るから

$64=8p$ より $p=8$

よって，$y^2=\boxed{32}x$

解法のアシスト

放物線
定点と定直線（準線）から等しい距離にある点の軌跡

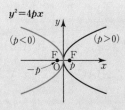

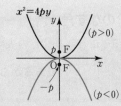

□ **練習 44** (1) 焦点が $(-4, 0)$，準線が $x=4$ である放物線の方程式は $y^2=\boxed{}x$ である。

(2) 放物線 $y^2=6x$ の焦点は $(\boxed{}, \boxed{})$ で，準線は $x=\boxed{}$ である。

(3) 原点を頂点とし，点 $(3, -6)$ を通る放物線の方程式は2つあり，$y^2=\boxed{}x$ と $x^2=\boxed{}y$ である。

(4) 右のグラフの(ア)，(ウ)は $y^2=4px$，(イ)，(エ)は $x^2=4py$ の式で表される放物線である。ただし，(イ)，(エ)は x 軸に関して対称である。

　次の⓪～③のうち正しいものは $\boxed{}$ である。

⓪ p の値が一番大きい放物線は(ア)である。

① p の値が一番小さい放物線は(ウ)である。

② p の値が等しい放物線は(イ)と(エ)である。

③ p の値は(ア)，(イ)，(エ)，(ウ)の順に小さくなる。

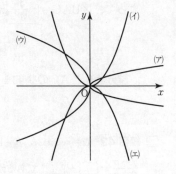

例題 **45** 楕円の方程式

次の条件を満たす楕円の方程式を求めよ。

(1)　2点 $(\sqrt{5},\ 0)$, $(-\sqrt{5},\ 0)$ を焦点とし，焦点からの距離の和が 6 である。

(2)　2点 $(0,\ 4)$, $(0,\ -4)$ を焦点とし，長軸の長さが 10 である。

(1)の方程式は $\dfrac{x^2}{\boxed{}}+\dfrac{y^2}{\boxed{}}=1$　　(2)の方程式は $\dfrac{x^2}{\boxed{}}+\dfrac{y^2}{\boxed{}}=1$

C

2

平面上の曲線と複素数平面

解　求める方程式を $\dfrac{x^2}{a^2}+\dfrac{y^2}{b^2}=1$ とおく。

(1)　焦点が x 軸上にあるから $a>b>0$

　　焦点からの距離の和が 6 だから

　　$2a=6$ より $a=3$ $(a^2=9)$

　　$\sqrt{3^2-b^2}=\sqrt{5}$ より $b^2=4$

　　よって，$\dfrac{x^2}{\boxed{9}}+\dfrac{y^2}{\boxed{4}}=1$

�𝗦 $PF+PF'=6$

�𝗦 焦点
$F(\pm\sqrt{a^2-b^2},\ 0)$

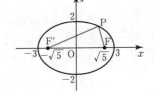

(2)　焦点が y 軸上にあるから $b>a>0$

　　長軸の長さが 10 だから

　　$2b=10$ より $b=5$ $(b^2=25)$

　　$\sqrt{5^2-a^2}=4$ より $a^2=9$

　　よって，$\dfrac{x^2}{\boxed{9}}+\dfrac{y^2}{\boxed{25}}=1$

�𝗦 焦点
$F(0,\ \pm\sqrt{b^2-a^2})$

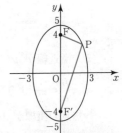

解法のアシスト

楕円
2定点からの距離の和が一定である点 P の軌跡

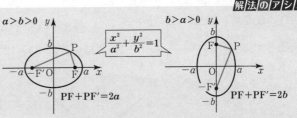

$$\dfrac{x^2}{a^2}+\dfrac{y^2}{b^2}=1$$

☑ **練習 45**　(1)　楕円 $\dfrac{x^2}{8}+\dfrac{y^2}{2}=1$ と同じ焦点をもち，焦点までの距離の和は 6 で，原点を中心とする楕円の方程式は $\dfrac{x^2}{\boxed{}}+\dfrac{y^2}{\boxed{}}=1$ である。

(2)　原点を中心とし，x 軸上にある焦点間の距離と短軸の長さがともに 6 である楕円の方程式は $\dfrac{x^2}{\boxed{}}+\dfrac{y^2}{\boxed{}}=1$ である。

(3)　原点を中心とし，x 軸上の短軸と y 軸上の長軸の長さの比が $1:2$ であり，点 $(-2,\ 4\sqrt{3})$ を通る楕円の方程式は $\dfrac{x^2}{\boxed{}}+\dfrac{y^2}{\boxed{}}=1$ である。

例題 46　双曲線の方程式

(1) 焦点を $(3, 0)$，$(-3, 0)$ とし，焦点からの距離の差が 4 である双曲線の方程式は

$$\frac{x^2}{\boxed{}} - \frac{y^2}{\boxed{}} = 1$$ であり，漸近線は直線 $y = \pm \dfrac{\boxed{}}{\boxed{}} x$ である。

(2) 漸近線の 1 つが直線 $y = \dfrac{1}{2}x$ で，焦点が $(0, \sqrt{15})$，$(0, -\sqrt{15})$ である双曲線の

方程式は $\dfrac{x^2}{\boxed{}} - \dfrac{y^2}{\boxed{}} = -1$ であり，焦点からの距離の差は $\boxed{}$ である。

解　求める方程式を(1)では $\dfrac{x^2}{a^2} - \dfrac{y^2}{a^2} = 1$，(2)では $\dfrac{x^2}{a^2} - \dfrac{y^2}{b^2} = -1$ とおく。

(1) 焦点からの距離の差が 4 だから

$2a = 4$ より $a = 2$

焦点の座標が $(\pm 3, 0)$ だから　　　◀ 焦点

$\sqrt{2^2 + b^2} = 3$ より $b^2 = 5$　　$F(\pm\sqrt{a^2+b^2}, 0)$

よって，$\dfrac{x^2}{\boxed{4}} - \dfrac{y^2}{\boxed{5}} = 1$，漸近線は $y = \pm \dfrac{\sqrt{5}}{\boxed{2}} x$

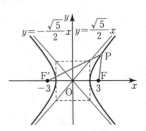

(2) 漸近線が $y = \dfrac{1}{2}x$ だから

$\dfrac{b}{a} = \dfrac{1}{2}$ より $a = 2b$ ……①

焦点の座標が $(0, \pm\sqrt{15})$ だから　　　◀ 焦点が y 軸上

$\sqrt{a^2 + b^2} = \sqrt{15}$　　　……②

①，②を解いて $a^2 = 12$，$b^2 = 3$

よって，$\dfrac{x^2}{\boxed{12}} - \dfrac{y^2}{\boxed{3}} = -1$，距離の差は $2b = \boxed{2\sqrt{3}}$

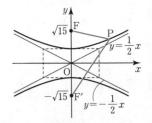

解法のアシスト

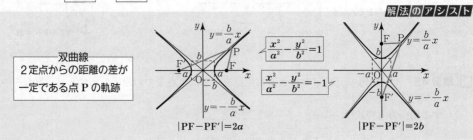

双曲線
2定点からの距離の差が
一定である点 P の軌跡

$$\frac{x^2}{a^2} - \frac{y^2}{b^2} = 1$$

$$\frac{x^2}{a^2} - \frac{y^2}{b^2} = -1$$

$|PF - PF'| = 2a$　　　　　　　　$|PF - PF'| = 2b$

☑ **練習 46** (1) 2 焦点 $F(5, 0)$，$F'(-5, 0)$ があり，$|PF - PF'| = 8$ を満たす点 P の軌跡の方程式は，下の(ア)，(イ)のうち $\boxed{}$ の式で，$a^2 = \boxed{}$，$b^2 = \boxed{}$ である。

(2) 漸近線が直線 $y = \pm 2x$ であり，焦点が $(0, \sqrt{5})$，$(0, -\sqrt{5})$ である双曲線の方程式は，下の(ア)，(イ)のうち $\boxed{}$ の式であり，$a^2 = \boxed{}$，$b^2 = \boxed{}$ である。

(3) 原点を中心とし，焦点が x 軸上にあり焦点間の距離は 6 である。さらに，点 $(2\sqrt{2}, 1)$ を通る双曲線の方程式は，下の(ア)，(イ)のうち $\boxed{}$ の式で，$a^2 = \boxed{}$，$b^2 = \boxed{}$ である。

(ア) $\dfrac{x^2}{a^2} - \dfrac{y^2}{b^2} = 1$	(イ) $\dfrac{x^2}{a^2} - \dfrac{y^2}{b^2} = -1$

例題 47 2次曲線の平行移動

方程式 $x^2+2y^2-4x+12y+18=0$ は楕円 $\dfrac{(x-\boxed{})^2}{\boxed{}}+\dfrac{(y+\boxed{})^2}{\boxed{}}=1$ を表し，

焦点の座標は $(\boxed{}\pm\sqrt{\boxed{}},\ \boxed{})$ である。

解　$(x^2-4x)+2(y^2+6y)+18=0$

$(x-2)^2+2(y+3)^2=4$

よって，$\dfrac{(x-\boxed{2})^2}{4}+\dfrac{(y+\boxed{3})^2}{2}=1$

焦点の座標は $(\boxed{2}\pm\sqrt{\boxed{2}},\ \boxed{-3})$

◉ $\dfrac{x^2}{4}+\dfrac{y^2}{2}=1$ の焦点 $(\pm\sqrt{2},\ 0)$ を x 軸方向に 2，y 軸方向に -3 だけ平行移動したもの。

解法のアシスト

平行移動した2次曲線　➡　2次曲線の中心を原点に平行移動して考える。

☑ **練習 47** 方程式 $9x^2-4y^2+36x+24y-36=0$ は双曲線 $\dfrac{(x+\boxed{})^2}{\boxed{}}-\dfrac{(y-\boxed{})^2}{\boxed{}}=1$ を表し，

焦点の座標は $(\boxed{}\pm\sqrt{\boxed{}},\ \boxed{})$，漸近線は $y=\boxed{}x+\boxed{}$ と $y=\boxed{}x$ である。

例題 48 円と楕円の関係

円 $x^2+y^2=9$ を y 軸を基準として x 軸方向に 2 倍に拡大した曲線は

$\dfrac{x^2}{\boxed{}}+\dfrac{y^2}{\boxed{}}=1$ の楕円であり，長軸の長さは $\boxed{}$ である。

解　円 $x^2+y^2=9$ 上の点を $(s,\ t)$，x 軸方向に 2 倍に拡大した

点を $(x,\ y)$ とすると

$s^2+t^2=9$　……①

$x=2s,\ y=t$ ……②

②を①に代入して

$\left(\dfrac{x}{2}\right)^2+y^2=9$

よって，$\dfrac{x^2}{36}+\dfrac{y^2}{9}=1$，長軸の長さは $\boxed{12}$

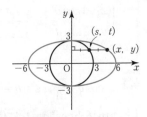

x 座標は s の 2 倍→$x=2s$
y 座標は t と同じ→$y=t$

解法のアシスト

　　　　　　　　　・x 軸方向に k 倍拡大　　・y 軸方向に k 倍拡大

円 $x^2+y^2=r^2$ ➡ 　$\left(\dfrac{x}{k}\right)^2+y^2=r^2$ 　　　$x^2+\left(\dfrac{y}{k}\right)^2=r^2$

☑ **練習 48** 円 $x^2+y^2=16$ を x 軸を基準として，y 軸方向に $\dfrac{3}{4}$ 倍に縮小した曲線は

$\dfrac{x^2}{\boxed{}}+\dfrac{y^2}{\boxed{}}=1$ の楕円であり，短軸の長さは $\boxed{}$ である。

例題 49 媒介変数表示(1)

媒介変数表示 $\begin{cases} x=2t-1 \\ y=t^2-t \end{cases}$ で表される曲線は，t を消去すると，$y=\boxed{}x^2-\boxed{}$

と表され，$t\geqq0$ のとき，x，y の範囲は $x\geqq\boxed{}$，$y\geqq\boxed{}$ である。

解 $x=2t-1$ より $t=\dfrac{x+1}{2}$，y に代入して

$$y=\left(\dfrac{x+1}{2}\right)^2-\left(\dfrac{x+1}{2}\right)=\boxed{\dfrac{1}{4}}x^2-\boxed{\dfrac{1}{4}}$$

$t\geqq0$ のとき，x，y の範囲は

$$x=2t-1\geqq\boxed{-1},\quad y=\left(t-\dfrac{1}{2}\right)^2-\dfrac{1}{4}\geqq\boxed{-\dfrac{1}{4}}$$

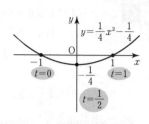

解法のアシスト

媒介変数表示 ➡ ・変数を消去して，x，y の関係式にする。
・変数に制限があるときは x，y の範囲に注意する。

☐ **練習 49** 媒介変数 $\begin{cases} x=t^2 \\ y=4t \end{cases}$ で表される曲線は，t を消去すると $y^2=\boxed{}x$ と表され，$t\geqq-1$ の

とき，x，y の範囲は $x\geqq\boxed{}$，$y\geqq\boxed{}$ である。

例題 50 媒介変数表示(2)

次の θ を媒介変数として表される曲線の方程式は

$\begin{cases} x=3\cos\theta \\ y=2\sin\theta \end{cases}$ は $\dfrac{x^2}{\boxed{}}+\dfrac{y^2}{\boxed{}}=1$，$\begin{cases} x=\dfrac{3}{\cos\theta} \\ y=2\tan\theta \end{cases}$ は $\dfrac{x^2}{\boxed{}}-\dfrac{y^2}{\boxed{}}=1$ となる。

解 $\cos\theta=\dfrac{x}{3}$，$\sin\theta=\dfrac{y}{2}$

$\sin^2\theta+\cos^2\theta=1$ に代入して

$$\left(\dfrac{y}{2}\right)^2+\left(\dfrac{x}{3}\right)^2=1$$

よって，$\dfrac{x^2}{\boxed{9}}+\dfrac{y^2}{\boxed{4}}=1$（楕円）

$\cos\theta=\dfrac{3}{x}$，$\tan\theta=\dfrac{y}{2}$

$1+\tan^2\theta=\dfrac{1}{\cos^2\theta}$ に代入して

$$1+\left(\dfrac{y}{2}\right)^2=\left(\dfrac{x}{3}\right)^2$$

よって，$\dfrac{x^2}{\boxed{9}}-\dfrac{y^2}{\boxed{4}}=1$（双曲線）

解法のアシスト

三角関数で表される 媒介変数表示 ➡ $\sin^2\theta+\cos^2\theta=1$，$1+\tan^2\theta=\dfrac{1}{\cos^2\theta}$ を利用

☐ **練習 50** 次の θ を媒介変数として表される曲線の方程式は

$\begin{cases} x=4\cos\theta+2 \\ y=3\sin\theta \end{cases}$ は $\dfrac{(x-\boxed{})^2}{\boxed{}}+\dfrac{y^2}{\boxed{}}=1$，$\begin{cases} x=\dfrac{5}{\cos\theta} \\ y=3\tan\theta \end{cases}$ は $\dfrac{x^2}{\boxed{}}-\dfrac{y^2}{\boxed{}}=1$ となる。

C
2

例題 **51** 極座標

右図の △ABC は 1 辺が $2\sqrt{3}$ の正三角形であり，極 O は重心にある。このとき，頂点 A，B，C を極座標で表すと A(□, □)，B(□, □)，C(□, □) である。ただし，偏角 θ は $0 \leqq \theta < 2\pi$ とする。

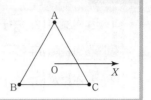

解 1 辺が $2\sqrt{3}$ より OA=OB=OC=2

$\angle AOX=\dfrac{\pi}{2}$, $\angle BOX=\dfrac{7}{6}\pi$, $\angle COX=\dfrac{11}{6}\pi$ だから

A(2 , $\dfrac{\pi}{2}$), B(2 , $\dfrac{7}{6}\pi$), C(2 , $\dfrac{11}{6}\pi$)

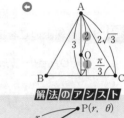

解法のアシスト

極座標 ➡ (r, θ)

動径 OP の長さ

OX と OP のなす角

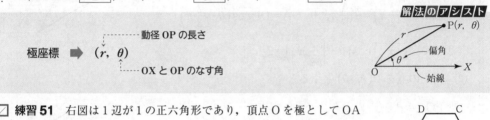

☑ 練習 51 右図は 1 辺が 1 の正六角形であり，頂点 O を極として OA は始線上にある。このとき，B，C，E を極座標で表すと B(□, □)，C(□, □)，E(□, □) である。ただし，偏角 θ は $0 \leqq \theta < 2\pi$ とする。

例題 **52** 極座標と直交座標

(1) 極座標で $\left(6, \dfrac{\pi}{3}\right)$ と表された点は直交座標で表すと (□, □) となる。

(2) 直交座標で $(-\sqrt{3}, 1)$ と表された点は極座標で表すと (□, □) となる。

解 (1) $x=6\cos\dfrac{\pi}{3}=3$, $y=6\sin\dfrac{\pi}{3}=3\sqrt{3}$

よって，直交座標は (3 , $3\sqrt{3}$)

(2) $r=\sqrt{(-\sqrt{3})^2+1^2}=2$

$\cos\theta=-\dfrac{\sqrt{3}}{2}$, $\sin\theta=\dfrac{1}{2}$ となる角は $\theta=\dfrac{5}{6}\pi$

よって，極座標は (2 , $\dfrac{5}{6}\pi$)

解法のアシスト

極座標と直交座標 ➡ 　極座標　　　直交座標
$(r, \theta) \Longleftrightarrow (x, y)=(r\cos\theta, r\sin\theta)$

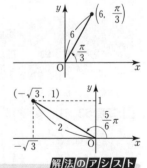

☑ 練習 52 (1) 極座標で $\left(10, \dfrac{7}{6}\pi\right)$ と表された点は直交座標で表すと (□, □) となる。

(2) 直交座標で $(\sqrt{2}, -\sqrt{2})$ と表された点は極座標で表すと (□, □) となる。ただし，偏角 θ は $0 \leqq \theta < 2\pi$ とする。

例題 53 極方程式

(1) 極座標が $\left(2, \dfrac{2}{3}\pi\right)$ である点 A を通り，OA に垂直な直線の方程式は

$\boxed{} \cos\left(\theta - \boxed{}\right) = \boxed{}$ と表せる。

(2) 極座標が $\left(3, \dfrac{\pi}{6}\right)$ である点 A と極 O を直径の両端とする円の極方程式は

$r = \boxed{} \cos\left(\theta - \boxed{}\right)$ または，$r = \boxed{} \sin\left(\boxed{} - \theta\right)$ である。

解 (1) 直線上の点を $\mathrm{P}(r, \theta)$ とすると

$\angle \mathrm{POA} = \theta - \dfrac{2}{3}\pi$ だから

$\cos\left(\theta - \dfrac{2}{3}\pi\right) = \dfrac{\mathrm{OA}}{\mathrm{OP}}$ より $\mathrm{OA} = \mathrm{OP}\cos\left(\theta - \dfrac{2}{3}\pi\right)$

よって，$\boxed{r}\cos\left(\theta - \boxed{\dfrac{2}{3}\pi}\right) = 2$

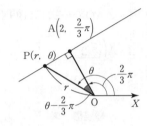

(2) 円上の点を $\mathrm{P}(r, \theta)$ とすると

$\angle \mathrm{POA} = \theta - \dfrac{\pi}{6}$ だから

$\cos\left(\theta - \dfrac{\pi}{6}\right) = \dfrac{\mathrm{OP}}{\mathrm{OA}}$ より $\mathrm{OP} = \mathrm{OA}\cos\left(\theta - \dfrac{\pi}{6}\right)$

よって，$r = \boxed{3}\cos\left(\theta - \boxed{\dfrac{\pi}{6}}\right)$

また，$\cos\left(\theta - \dfrac{\pi}{6}\right) = \sin\left\{\dfrac{\pi}{2} - \left(\theta - \dfrac{\pi}{6}\right)\right\}$

$\qquad\qquad\qquad = \sin\left(\dfrac{2}{3}\pi - \theta\right)$

よって，$r = \boxed{3}\sin\left(\boxed{\dfrac{2}{3}\pi} - \theta\right)$

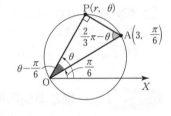

◖ $\angle \mathrm{OAP} = \dfrac{2}{3}\pi - \theta$ からも求まる。

解法のアシスト

極方程式 ➡
・定点 $\mathrm{A}(a, \alpha)$ に関する"直線"や"円"の極方程式は
　曲線上の点を $\mathrm{P}(r, \theta)$ とおいて $\cos(\theta - \alpha)$ を考える。
・θ は α より大きくとると図形が考えやすい。

☐ **練習 53** (1) 極座標が $\left(4, \dfrac{\pi}{4}\right)$ である点 A を通り，OA に垂直な直線の方程式は

$\boxed{} \cos\left(\theta - \boxed{}\right) = \boxed{}$ である。

(2) 極座標が $\left(5, \dfrac{\pi}{3}\right)$ である点 A と極 O を直径の両端とする円の極方程式は

$r = \boxed{} \cos\left(\theta - \boxed{}\right)$ または $r = \boxed{} \sin\left(\boxed{} - \theta\right)$

例題 54 極方程式と直交座標の方程式

(1) 極方程式 $r\cos\left(\theta-\dfrac{\pi}{6}\right)=1$ を直交座標の方程式で表すと $\boxed{}\,x+y=\boxed{}$ である。

(2) 円 $(x-1)^2+(y-\sqrt{3}\,)^2=4$ を極方程式で表すと $r=\boxed{}\sin(\theta+\boxed{})$ である。

C
2
平面上の曲線と複素数平面

解

(1) $r\cos\left(\theta-\dfrac{\pi}{6}\right)=1$ より

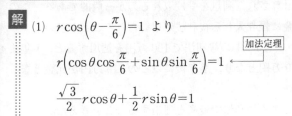

$\boxed{\text{加法定理}}$

$r\left(\cos\theta\cos\dfrac{\pi}{6}+\sin\theta\sin\dfrac{\pi}{6}\right)=1$

$\dfrac{\sqrt{3}}{2}r\cos\theta+\dfrac{1}{2}r\sin\theta=1$

$x=r\cos\theta,\ y=r\sin\theta$ を代入して

$\boxed{\sqrt{3}}\,x+y=\boxed{2}$

(2) $(x-1)^2+(y-\sqrt{3}\,)^2=4$ より

$x^2-2x+y^2-2\sqrt{3}\,y=0$

$x=r\cos\theta,\ y=r\sin\theta,\ x^2+y^2=r^2$ を代入して

$r^2-2r\cos\theta-2\sqrt{3}\,r\sin\theta=0$

$r(r-2\cos\theta-2\sqrt{3}\,\sin\theta)=0$

$r=0$ または $r=2\sqrt{3}\,\sin\theta+2\cos\theta$

$\boxed{\text{三角関数を合成する}}$

よって，$r=\boxed{4}\sin\left(\theta+\boxed{\dfrac{\pi}{6}}\right)$

（$r=0$ は $\theta=\dfrac{5}{6}\pi$ のときに含まれる。）

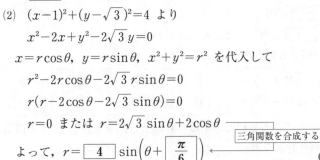

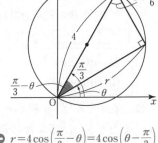

◐ $r=4\cos\left(\dfrac{\pi}{3}-\theta\right)=4\cos\left(\theta-\dfrac{\pi}{3}\right)$ とも表せる。

解法のアシスト

極座標と直交座標 ➡ **極座標と直交座標は次の式で結ばれる**
$(r,\ \theta)\longleftrightarrow x=r\cos\theta,\ y=r\sin\theta,\ x^2+y^2=r^2$

☑ **練習 54** (1) 極方程式 $r=2$ が表す曲線を直交座標の方程式で表すと $\boxed{ア}$ であり，直交座標で $y=\sqrt{3}\,x$ と表される曲線を極方程式で表すと $\boxed{イ}$ である。

$\boxed{ア}\ \boxed{イ}$ の解答群

⓪ $\theta=\dfrac{\pi}{3}$	① $r=\dfrac{\pi}{3}$	② $\theta=2$	③ $x^2+y^2=2$	④ $x^2+y^2=4$

(2) 極方程式 $r\cos\left(\theta+\dfrac{\pi}{3}\right)=2$ を直交座標の方程式で表すと $x-\boxed{}\,y=\boxed{}$ であり，

$r=6\sqrt{2}\,\cos\left(\theta-\dfrac{\pi}{4}\right)$ を直交座標で表すと $(x-\boxed{})^2+(y-\boxed{})^2=\boxed{}$ である。

(3) 直線 $x+y=\sqrt{2}$ を極方程式で表すと $r\sin(\theta+\boxed{})=\boxed{}$ であり，

円 $(x-1)^2+(y-1)^2=2$ を極方程式で表すと $r=\boxed{}\sin(\theta+\boxed{})$ である。

2nd *Step* セカンド ステップ

数学B 1 数列

1

解答編 p.65　時間 10分

　　銀行にお金を預けると，金利を元に計算された利息を受け取れるのが一般的である。この利息の計算には，利息を毎期ごとに元金に繰り入れる複利法が用いられることが多い。

　　たとえば，1年を1期とする年利率 0.1 (10 %) の複利法で 100 万円を運用すると，1年後の元利合計（元金と利息の合計）は 110 万円となり，2年後にはこの 110 万円が元金となるので，元利合計は 121 万円となる。

　　太郎さんと花子さんは，1年を1期とする複利法で資産を運用することを考えた。

(1)　太郎さんが年利率 r の複利法で a 万円を 30 年間預けたときの元利合計を調べたところ

　　　　1年後の元利合計は ア 万円

　　　　2年後の元利合計は イ 万円

　　　　30 年後の元利合計は ウ 万円　　　となることがわかった。

　　ア 〜 ウ の解答群（同じものを繰り返し選んでもよい。）

⓪ $a(1+r)$	① $a(1+r^2)$	② $a^2(1+r)$	③ $a(1+r)^2$
④ $a^2(1+r^2)$	⑤ $a(1+r^{30})$	⑥ $a(1+r)^{30}$	⑦ $a^{30}(1+r)$

(2)　花子さんは，年利率 r，1年ごとの複利で毎年はじめに b 万円を入金して 30 年間積み立てたときの，30 年後の元利合計額を調べた。すると

　　　　1年目に入金した b 万円はその 30 年後に エ 万円

　　　　2年目に入金した b 万円はその 29 年後に オ 万円

　　　　30 年目に入金した b 万円はその1年後に カ 万円　　　になることがわかった。

　　エ 〜 カ の解答群（同じものを繰り返し選んでもよい。）

⓪ br	① $b(1+r)$	② $b(1+r)^2$	③ $b(1+r^2)$
④ $b(1+r)^{29}$	⑤ $b(1+r^{29})$	⑥ $b(1+r)^{30}$	⑦ $b(1+r^{30})$

(3)　年利率が 2 %，すなわち $r=0.02$ のとき，30 年で 1000 万円を貯金する方法を考えたい。ただし，$1.02^{30}=1.811$，$1.02^{31}=1.848$ として，金額は小数第2位を四捨五入して答えよ。

　(i)　太郎さんの考え方を用いると，はじめの年に キクケ.コ 万円を元金として預ければ，30 年間で 1000 万円を貯金することができることがわかる。

　(ii)　花子さんの考え方を用いると，30 年後の元利合計を S 万円としたとき，S は

　　　　$S=$ エ $+$ オ $+\cdots+$ カ 　　　のように等比数列の和になっている。この和は

　　　　$S=\dfrac{\text{サ}}{r}(\text{シ}+r)\{(1+r)^{\text{スセ}}-1\}$

　　と表せるから，毎年 ソタ.チ 万円を元金として預ければ，30 年間で 1000 万円を貯金することができることがわかる。

2

xy 平面において，x 座標，y 座標がともに整数である点を格子点という。

右の図は，xy 平面上に $y=x^2$ で表される曲線 C と，$x=n$（n は整数）をかいたものである。斜線部分は，曲線 C と $x=n$，x 軸に囲まれた領域であり，境界も含む。

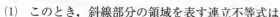

(1) このとき，斜線部分の領域を表す連立不等式は

$$\begin{cases} \boxed{\text{ア}} \\ \boxed{\text{イ}} \end{cases}$$

$\boxed{\text{ア}}$，$\boxed{\text{イ}}$ の解答群（解答の順序は問わない。）

⓪ $0<x<n$	① $0<x\leqq n$	② $0\leqq x\leqq n$
③ $0<y<n^2$	④ $0<y\leqq n^2$	⑤ $0\leqq y\leqq n^2$
⑥ $0<y<x^2$	⑦ $0<y\leqq x^2$	⑧ $0\leqq y\leqq x^2$

(2) この領域に含まれる格子点の数を S_n として，n と S_n の関係を考える。

(i) 格子点の数 S_n は

$n=0$ のとき，$S_0=\boxed{\text{ウ}}$

$n=1$ のとき，$S_1=\boxed{\text{エ}}$

$n=2$ のとき，$S_2=\boxed{\text{オ}}$

$n=3$ のとき，$S_3=\boxed{\text{カキ}}$

(ii) 直線 $x=k$（k は整数）上にある格子点の数を a_k とすると

$a_k=\boxed{\text{ク}}$

と表せる。

$\boxed{\text{ク}}$ の解答群

⓪ k^2-1	① k^2	② k^2+1	③ $(k-1)^2$	④ $(k+1)^2$

(iii) S_n を a_k を用いて表すと

$$S_n=\sum_{k=\boxed{\text{コ}}}^{\boxed{\text{ケ}}} a_k=\boxed{\text{サ}}$$

$\boxed{\text{ケ}}$，$\boxed{\text{コ}}$ の解答群

⓪ 0	① 1	② n	③ $n-1$

$\boxed{\text{サ}}$ の解答群

⓪ $a_0+\sum_{k=1}^{n-1} a_k$	① $a_0+\sum_{k=1}^{n} a_k$	② $\sum_{k=0}^{n-1} a_k-a_0$	③ $\sum_{k=0}^{n} a_k-a_0$

(iv) 以上より　$S_n=\dfrac{\boxed{\text{シ}}}{\boxed{\text{ス}}}n^3+\dfrac{\boxed{\text{セ}}}{\boxed{\text{ソ}}}n^2+\dfrac{\boxed{\text{タ}}}{\boxed{\text{チ}}}n+\boxed{\text{ツ}}$

3

| 解答編 p.67 | 時間 10分 |

　ある数列について調べるとき，隣り合う2項の差を順にとって新たに数列をつくると，もとの数列の性質がわかることがある。新たに得られた数列を，もとの数列の階差数列という。

(1) 数列 $\{a_n\}$：3, 4, 6, 10, 18, 34, …… を考える。

　　この数列についての関係式として正しいものは ア と イ である。また，数列 $\{a_n\}$ の一般項は $a_n=$ ウ と表せる。

　　ア ， イ の解答群（解答の順序は問わない。）

⓪ $a_n-a_{n-1}=2^{n-2}$ $(n \geqq 2)$	① $a_{n+1}-a_n=2^{n-2}$ $(n \geqq 2)$
② $a_n-a_{n-1}=2^{n-1}$ $(n \geqq 2)$	③ $a_{n+1}-a_n=2^{n-1}$ $(n \geqq 1)$
④ $a_{n+1}-a_n=2^n$ $(n \geqq 1)$	⑤ $a_{n+1}-a_n=2^{n+1}$ $(n \geqq 1)$

　　ウ の解答群

⓪ 2^n	① 2^n+1	② $2^{n+1}-1$	③ $2^{n-1}+2$	④ 2^n+n

(2) $b_1=1$，$b_{n+1}-b_n=2n+1$ $(n=1, 2, 3, ……)$ で定められる数列 $\{b_n\}$ と，

$c_1=1$，$c_{n+1}=\dfrac{c_n}{(2n+1)c_n+1}$ $(n=1, 2, 3, ……)$ で定められる数列 $\{c_n\}$ がある。

　　数列 $\{b_n\}$ の一般項を求めると $b_n=$ エ である。

　　また，$d_n=\dfrac{1}{c_n}$ とおくと，$d_1=1$，$d_{n+1}-d_n=$ オ $n+$ カ となるから $d_n=$ キ

と表せる。したがって，$c_n=\dfrac{1}{\boxed{キ}}$ である。

　　さらに，数列 $\{c_n\}$ について

$$S=\frac{1}{\sqrt{c_1 c_n}}+\frac{1}{\sqrt{c_2 c_{n-1}}}+\frac{1}{\sqrt{c_3 c_{n-2}}}+\cdots+\frac{1}{\sqrt{c_n c_1}} \text{ とする。}$$

S を $\sum$ を用いて表すと

$$S=\sum_{k=1}^{n} \boxed{ク}(\boxed{ケ}+1) \text{ となるから，} S=\frac{\boxed{コ}}{\boxed{サ}}n(\boxed{シ})(\boxed{ス})$$

　　エ ， キ の解答群（同じものを繰り返し用いてもよい。）

⓪ n^2-2n+2	① n^2-n+1	② n^2+n-1	③ n^2

　　ク ， ケ の解答群（同じものを繰り返し用いてもよい。）

⓪ $k-1$	① k	② $k+1$	③ n
④ $n-k$	⑤ $n+k$	⑥ $k-n$	⑦ $n+1$

　　シ ， ス の解答群（同じものを繰り返し用いてもよい。解答の順序は問わない。）

⓪ $n-2$	① $n-1$	② n	③ $n+1$
④ $n+2$	⑤ $2n-1$	⑥ $2n+1$	⑦ $2n+3$

数学B　2　確率分布と統計的な推測

4

解答編 p.69 ｜ 時間 10分

解答にあたっては，152ページの正規分布表を用いてもよい。

⑴　a を正の整数とする。2, 4, 6, …, $2a$ の数字がそれぞれ一つずつ書かれた a 枚のカードが箱に入っている。この箱から1枚のカードを無作為に取り出すとき，そこに書かれた数字を表す確率変数を X とする。このとき，$X=2a$ となる確率は $\dfrac{\boxed{ア}}{\boxed{イ}}$ である。

　　$a=5$ とする。X の期待値（平均値）は $\boxed{ウ}$，X の分散は $\boxed{エ}$ である。また，s, t は定数で $s>0$ のとき，$sX+t$ の平均が20，分散が32となるように s, t を定めると，$s=\boxed{オ}$，$t=\boxed{カ}$ である。このとき，$sX+t$ が20以上である確率は0.$\boxed{キ}$ である。

⑵　ある都市での世論調査において，無作為に400人の有権者を選び，ある政策に対する賛否を調べたところ，320人が賛成であった。この都市の有権者全体のうち，この政策の賛成者の母比率 p に対する信頼度95％の信頼区間を求めたい。

　　この調査での賛成者の比率（以下，これを標本比率という）は0.$\boxed{ク}$ である。標本の大きさが400と大きいので，二項分布の正規分布による近似を用いると，p に対する信頼度95％の信頼区間は

$$0.\boxed{ケコ} \leqq p \leqq 0.\boxed{サシ}$$

である。

　　母比率 p に対する信頼区間 $A \leqq p \leqq B$ において，$B-A$ をこの信頼区間の幅とよぶ。以下，R を標本比率とし，p に対する信頼度95％の信頼区間を考える。

　　上で求めた信頼区間の幅を L_1

　　標本の大きさが400の場合に $R=0.6$ が得られたときの信頼区間の幅を L_2

　　標本の大きさが500の場合に $R=0.8$ が得られたときの信頼区間の幅を L_3

とする。このとき，L_1, L_2, L_3 について $\boxed{ス}$ が成り立つ。$\boxed{ス}$ に当てはまるものを，次の⓪〜⑤のうちから一つ選べ。

⓪　$L_1<L_2<L_3$　　　　　①　$L_1<L_3<L_2$　　　　　②　$L_2<L_1<L_3$

③　$L_2<L_3<L_1$　　　　　④　$L_3<L_1<L_2$　　　　　⑤　$L_3<L_2<L_1$

（2018年　センター試験本試験）

5

解答編　p.70
時間　8分

　Aさんは硬貨を投げたとき，表と裏の出方に偏りがないかどうか調べることにした。1枚の硬貨を300回投げて調べた結果，表が168回，裏が132回出た。Aさんはこの硬貨は表と裏の出方に偏りがあるという仮説を立て，有意水準5%と1%で仮説検定することにした。次の(1)，(2)，(3)に答えよ。

(1)　帰無仮説は「硬貨の表と裏の出方の　ア　。」

　　　ア　の解答群
│　⓪　確率は $\frac{1}{2}$ である　　　　　　①　確率は $\frac{1}{2}$ でない　│

(2)　硬貨の表の出る回数を X とすると X は　イ　に従う。

　　　イ　の解答群

│　⓪　正規分布 $N(300,\ 0.5)$　　　　　　①　正規分布 $N(300,\ 168)$　│
│　②　二項分布 $B(300,\ 0.5)$　　　　　　③　二項分布 $B(300,\ 168)$　│

　X の平均（期待値）は $E(X)=$ ウエオ，標準偏差は $\sigma(X)=$ カ $\sqrt{\ \text{キ}\ }$，標本比率は $p_0 = 0.$ クケ

　母比率は $p = 0.$ コ，標本の大きさは $n =$ サシス であるから，Aさんは次の式で z を求めた。ただし，$\sqrt{3} = 1.73$ とする。

$$z = \frac{p_0 - p}{\sqrt{\dfrac{p(1-p)}{n}}} = \boxed{\text{セ}} . \boxed{\text{ソタチ}}$$

　有意水準5%では棄却域は $|z| > 1.96$ であるから，仮説は　ツ　，硬貨の表と裏の出方は偏っている　テ　。

　有意水準1%では棄却域は $|z| < 2.58$ であるから，仮説は　ト　，硬貨の表と裏の出方は偏っている　ナ　。

│　ツ　，　ト　の解答群　　⓪　棄却され　　　　　①　棄却されず　│

│　テ　，　ナ　の解答群　　⓪　といえる　　　　　①　とはいえない　│

(3)　Aさんは有意水準5%と1%の仮説検定について，次のように考えた。正しいものを選べ。

　⓪　有意水準5%で棄却された仮説は有意水準1%でも棄却される。
　①　有意水準5%で棄却された仮説が有意水準1%では棄却されないことがある。
　②　有意水準1%で棄却された仮説は有意水準5%でも棄却される。
　③　有意水準1%で棄却された仮説が有意水準5%では棄却されないことがある。
　　正しいのは　ニ　，　ヌ　である。（解答の順序は問わない。）

6

解答編	時間
p.71	8分

解答にあたっては，152 ページの正規分布表を用いてもよい。

ある生産地で生産されるピーマン全体を母集団とし，この母集団におけるピーマン 1 個の重さ（単位は g）を表す確率変数を X とする。m と σ を正の実数とし，X は正規分布 $N(m,\ \sigma^2)$ に従うとする。

(1) この母集団から 1 個のピーマンを無作為に抽出したとき，重さが m g 以上である確率 $P(X \geq m)$ は

$$P(X \geq m) = P\left(\frac{X-m}{\sigma} \geq \boxed{\text{ア}}\right) = \boxed{\frac{\boxed{\text{イ}}}{\boxed{\text{ウ}}}}\quad \text{である。}$$

(2) 母集団から無作為に抽出された大きさ n の標本 $X_1,\ X_2,\ \cdots,\ X_n$ の標本平均を $\overline{X}$ とする。$\overline{X}$ の平均（期待値）と標準偏差はそれぞれ

$$E(\overline{X}) = \boxed{\text{エ}},\quad \sigma(\overline{X}) = \boxed{\text{オ}}\quad \text{となる。}$$

$\boxed{\text{エ}}$，$\boxed{\text{オ}}$ の解答群（同じものを繰り返し選んでもよい。）

⓪ $\dfrac{\sqrt{\sigma}}{\sqrt{n}}$	① $\dfrac{\sigma}{\sqrt{n}}$	② $\dfrac{\sigma}{n}$	③ $\dfrac{\sigma^2}{n}$
④ $\sqrt{m}$	⑤ m	⑥ $\dfrac{m}{\sqrt{n}}$	⑦ $\dfrac{m}{n}$

$n = 400$，標本平均が 30.0 g，標本の標準偏差が 3.6 g のとき，m の信頼度 90 ％の信頼区間を次の**方針**で求めよう。

方針

Z を標準正規分布 $N(0,\ 1)$ に従う確率変数として，$P(-z_0 \leq Z \leq z_0) = 0.901$ となる z_0 を正規分布表から求める。この z_0 を用いると m の信頼度 90.1 ％の信頼区間が求められるが，これを信頼度 90 ％の信頼区間とみなして考える。

方針において，$z_0 = \boxed{\text{カ}}.\boxed{\text{キク}}$ である。

一般に，標本の大きさ n が大きいときには，母標準偏差の代わりに，標本の標準偏差を用いてよいことが知られている。$n = 400$ は十分に大きいので，**方針**に基づくと，m の信頼度 90 ％の信頼区間は $\boxed{\text{ケ}}$ となる。

$\boxed{\text{ケ}}$ については，最も適当なものを，次の ⓪〜⑤ のうちから一つ選べ。

⓪ $28.6 \leq m \leq 31.4$	① $28.7 \leq m \leq 31.3$	② $28.9 \leq m \leq 31.1$
③ $29.6 \leq m \leq 30.4$	④ $29.7 \leq m \leq 30.3$	⑤ $29.9 \leq m \leq 30.1$

（2023 年　共通テスト本試験）

数学C 1 ベクトル

7

| 解答編 | 時間 |
| p.72 | 12分 |

OA＝1，OB＝2 である平行四辺形 AOBC がある。辺 OA，OB，BC，CA 上にそれぞれ点 P，Q，R，S を

$$AP=\frac{1}{3},\quad OQ=b,\quad BR=\frac{1}{2},\quad AS=a$$

$$(0<a<2,\ 0<b<2)$$

を満たすようにとる。

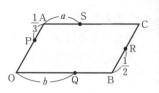

(1) $\overrightarrow{PS}$，$\overrightarrow{QR}$ を $\overrightarrow{OA}$，$\overrightarrow{OB}$ で表すと

$$\overrightarrow{PS}=\frac{\boxed{ア}}{\boxed{イ}}\overrightarrow{OA}+\frac{\boxed{ウ}}{\boxed{エ}}\overrightarrow{OB}$$

$$\overrightarrow{QR}=\frac{\boxed{オ}}{\boxed{カ}}\overrightarrow{OA}+\frac{\boxed{キ}-\boxed{ク}}{\boxed{ケ}}\overrightarrow{OB}$$

となる。

(2) PS と QR が平行になるのは $\boxed{コ}\,a+\boxed{サ}\,b=4$ のときであり，このとき，△APS と △BQR の面積比は $\boxed{シ}$ である。

$\boxed{シ}$ の解答群

⓪ 1：2	① 2：3	② 3：8	③ 4：9

(3) PS と OC，QR と OC がいずれも平行でないと仮定する。

 (i) 直線 PS と直線 OC の交点を M とし，直線 QR と直線 OC の交点を N とすると

$$\overrightarrow{OM}=\frac{\boxed{ス}\,a}{\boxed{セ}\,a-2}\overrightarrow{OC},\quad \overrightarrow{ON}=\frac{b}{\boxed{ソ}\,b-\boxed{タ}}\overrightarrow{OC}$$

が成り立つ。

 (ii) 3直線 PS，OC，QR が 1 点で交わるならば，(i)より

$$ab=\boxed{チ}\,a-\boxed{ツ}\,b$$

が成り立つ。

　　ここで，$a=\frac{1}{2}$ としたとき，直線 OC と直線 PQ の交点を T とすると，点 T は線分 PQ を $\boxed{テ}$ に内分する。

$\boxed{テ}$ の解答群

⓪ 5：3	① 2：1	② 3：2	③ 6：5

（1996年　センター試験追試験）

8

(1) 右の図のように，平面上にベクトル $\overrightarrow{\mathrm{OM}}$ と $\overrightarrow{\mathrm{ON}}$ がある。このとき，平面上の点 P の位置ベクトルは，実数 s，t を用いて

$\overrightarrow{\mathrm{OP}} = s\overrightarrow{\mathrm{OM}} + t\overrightarrow{\mathrm{ON}}$　と表せる。

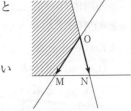

ここで，点 P の存在範囲と，それぞれの場合の s，t の条件について調べてみよう。

(I) 点 P が直線 ON 上にあるのは，　ア　のときである。

(II) 点 P が線分 MN 上（両端は含まない）にあるのは，　イ　，　ウ　，　エ　をすべて満たすときである。

(III) 点 P が斜線部分の領域（境界は含まない）にあるのは，　オ　，　カ　，　キ　をすべて満たすときである。

　ア　～　キ　の解答群（同じものを繰り返し選んでもよい。また，　イ　～　エ　と　オ　～　キ　については，それぞれ解答の順序を問わない。）

⓪ $s<0$	① $s=0$	② $s>0$
③ $t<0$	④ $t=0$	⑤ $t>0$
⑥ $s+t<1$	⑦ $s+t=1$	⑧ $s+t>1$

(2) △ABC に関して，点 Q は k を定数として

$\overrightarrow{\mathrm{QA}} + 2\overrightarrow{\mathrm{QB}} + 3\overrightarrow{\mathrm{QC}} = k\overrightarrow{\mathrm{BC}}$

を満たしているものとする。このとき，

$\overrightarrow{\mathrm{AQ}} = \dfrac{k + \boxed{\text{ク}}}{\boxed{\text{ケ}}}\overrightarrow{\mathrm{AB}} + \dfrac{\boxed{\text{コ}} - k}{\boxed{\text{サ}}}\overrightarrow{\mathrm{AC}}$　である。

(i) $\dfrac{k + \boxed{\text{ク}}}{\boxed{\text{ケ}}} + \dfrac{\boxed{\text{コ}} - k}{\boxed{\text{サ}}} = r$ とすると，　シ　であるから点 Q は　ス　にある。さらに，点 Q が △ABC の内部にあるのは k が $-\boxed{\text{セ}} < k < \boxed{\text{ソ}}$ になるときである。

　シ　の解答群

⓪ $r<0$	① $r=0$	② $0<r<1$	③ $1<r$

　ス　の解答群

⓪ 直線 BC 上	① 直線 BC に関して点 A と同じ側
② 直線 BC に関して点 A と反対側	

(ii) $k=1$ のとき，△QAB，△QBC，△QCA の面積をそれぞれ S_1，S_2，S_3 とすると

$S_1 : S_2 : S_3 = \boxed{\text{タ}}$　である。

　タ　の解答群

⓪ $1:2:3$	① $1:3:2$	② $2:1:3$
③ $2:3:1$	④ $3:1:2$	⑤ $3:2:1$

9

解答編 p.76　時間 12分

四面体 OABC において，$|\overrightarrow{OA}|=4$，$|\overrightarrow{OB}|=|\overrightarrow{OC}|=3$，
$\angle AOB=\angle AOC=60°$，$\angle BOC=90°$ であるとする。また，辺 OA
上に点 P をとり，辺 BC 上に点 Q をとる。

$\overrightarrow{OA}=\vec{a}$，$\overrightarrow{OB}=\vec{b}$，$\overrightarrow{OC}=\vec{c}$ とおき，$0\le s\le 1$，$0\le t\le 1$ であるよう
な実数 s，t を用いて，点 P，Q の位置ベクトルを次のように表す。

$$\overrightarrow{OP}=s\vec{a},\quad \overrightarrow{OQ}=(1-t)\vec{b}+t\vec{c}$$

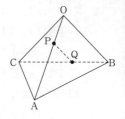

(1) $|\overrightarrow{PQ}|$ の最小値を求めてみよう。

　(i) $\vec{a}\cdot\vec{b}=\vec{a}\cdot\vec{c}=\boxed{\text{ア}}$，$\vec{b}\cdot\vec{c}=\boxed{\text{イ}}$ である。

　　また，$\overrightarrow{PQ}=\boxed{\text{あ}}\,\vec{a}+\boxed{\text{い}}\,\vec{b}+\boxed{\text{う}}\,\vec{c}$ と表せる。$\boxed{\text{あ}}$，$\boxed{\text{い}}$，$\boxed{\text{う}}$ の組み
合わせとして適当なものは $\boxed{\text{ウ}}$ である。

　　$\boxed{\text{ウ}}$ の解答群

⓪	あ：s	い：$(t-1)$	う：$(-t)$	①	あ：s	い：$(t-1)$　う：t
②	あ：s	い：$(1-t)$	う：$(-t)$	③	あ：$-s$	い：$(t-1)$　う：t
④	あ：$-s$	い：$(1-t)$	う：t	⑤	あ：$-s$	い：$(1-t)$　う：$(-t)$

　(ii) $|\overrightarrow{PQ}|^2=16s^2+\boxed{\text{エオ}}\,t^2-\boxed{\text{カキ}}\,s-\boxed{\text{クケ}}\,t+9$

$$=16\left(s-\frac{3}{\boxed{\text{コ}}}\right)^2+\boxed{\text{エオ}}\left(t-\frac{1}{\boxed{\text{サ}}}\right)^2+\frac{\boxed{\text{シ}}}{\boxed{\text{ス}}}$$

　　となるから，$s=\dfrac{3}{\boxed{\text{コ}}}$，$t=\dfrac{1}{\boxed{\text{サ}}}$ のときに $|\overrightarrow{PQ}|$ は最小値 $\dfrac{\boxed{\text{セ}}}{\boxed{\text{ソ}}}$ をとる。

(2) $s=\dfrac{1}{2}$ のとき，線分 PQ の中点を R とし，直線 OR と平面 ABC の交点を S とする。こ
のとき，$\overrightarrow{OR}=\dfrac{1}{\boxed{\text{タ}}}\vec{a}+\dfrac{1-t}{\boxed{\text{チ}}}\vec{b}+\dfrac{t}{\boxed{\text{ツ}}}\vec{c}$ であり，また，点 S は直線 OR 上の点なの
で $\overrightarrow{OS}=k\overrightarrow{OR}$ と表せる。

　S が平面 ABC 上にあることから，$k\left(\dfrac{1}{\boxed{\text{タ}}}+\dfrac{1-t}{\boxed{\text{チ}}}+\dfrac{t}{\boxed{\text{ツ}}}\right)=\boxed{\text{テ}}$ より

$k=\dfrac{\boxed{\text{ト}}}{\boxed{\text{ナ}}}$ である。したがって，$\overrightarrow{OS}=\dfrac{\vec{a}}{\boxed{\text{ニ}}}+\dfrac{2(1-t)}{\boxed{\text{ヌ}}}\vec{b}+\dfrac{2t}{\boxed{\text{ネ}}}\vec{c}$ と表せる。

　ここで，t を 0 から 1 まで変化させたとき，点 S の動く距離は $\boxed{\text{ノ}}$ である。

　　$\boxed{\text{ノ}}$ の解答群

⓪ $\dfrac{2\sqrt{2}}{3}$	① $\dfrac{4\sqrt{2}}{3}$	② $\dfrac{2\sqrt{7}}{3}$	③ $\dfrac{\sqrt{7}}{3}$	④ $2\sqrt{2}$

数学C ２　平面上の曲線と複素数平面

10

解答編
p.77　時間
10分

〔１〕　複素数平面上に３点 $A(\alpha)$，$B(\beta)$，$C(\gamma)$ を頂点とする三角形があり，α，β，γ が

$$(2-i)\alpha-(1-i)\beta=\gamma \quad \cdots\cdots①$$

を満たすとき，次の問いに答えよ。

①の両辺に $-\alpha$ を加えて与式を変形すると $\dfrac{\gamma-\alpha}{\beta-\alpha}=\boxed{\text{ ア }}$ となる。

$\boxed{\text{ ア }}$ の解答群

⓪　$1+i$　　　①　$1-i$　　　②　$-1+i$　　　③　$-1-i$

これより $\dfrac{\gamma-\alpha}{\beta-\alpha}$ の絶対値と偏角について

$\left|\dfrac{\gamma-\alpha}{\beta-\alpha}\right|=\sqrt{\boxed{\text{ イ }}}$，$\arg\dfrac{\gamma-\alpha}{\beta-\alpha}=\dfrac{\boxed{\text{ ウ }}}{\boxed{\text{ エ }}}\pi$ となるから，三角形 ABC の形状は $\boxed{\text{ オ }}$ の

三角形である。

$\boxed{\text{ オ }}$ の解答群

⓪　$AB:AC=1:\sqrt{2}$，$\angle A=\dfrac{\pi}{4}$　　　①　$AB:AC=\sqrt{2}:1$，$\angle A=\dfrac{\pi}{4}$

②　$AB:AC=1:\sqrt{2}$，$\angle A=\dfrac{3}{4}\pi$　　　③　$AB:AC=\sqrt{2}:1$，$\angle A=\dfrac{3}{4}\pi$

〔２〕　O を原点とする複素数平面上の点 A，B を表す複素数を α，β とし，α，β が

$$\alpha^2+2\sqrt{3}\,\alpha\beta+4\beta^2=0 \quad \cdots\cdots①$$

を満たしている。次の問いに答えよ。

①の両辺を β^2 で割って，$\dfrac{\alpha}{\beta}$ を求めると $\dfrac{\alpha}{\beta}=\boxed{\text{ カ }}$ である。

$\boxed{\text{ カ }}$ の解答群

⓪　$-\sqrt{3}\pm i$　　　①　$\sqrt{3}\pm i$　　　②　$\dfrac{\sqrt{3}\pm i}{4}$　　　③　$\dfrac{-\sqrt{3}\pm i}{4}$

$\dfrac{\alpha}{\beta}$ の絶対値と偏角について

$\left|\dfrac{\alpha}{\beta}\right|=\boxed{\text{ キ }}$，$\arg\dfrac{\alpha}{\beta}=\pm\dfrac{\boxed{\text{ ク }}}{\boxed{\text{ ケ }}}\pi$ となるから三角形 OAB の形状は $\boxed{\text{ コ }}$ の三角形で

ある。

$\boxed{\text{ コ }}$ の解答群

⓪　$OA=2OB$，$\angle AOB=\dfrac{\pi}{6}$　　　①　$OA=2OB$，$\angle AOB=\dfrac{5}{6}\pi$

②　$2OA=OB$，$\angle AOB=\dfrac{\pi}{6}$　　　③　$2OA=OB$，$\angle AOB=\dfrac{5}{6}\pi$

11
解答編	時間
p.78	12分

〔1〕 O を原点とする複素数平面上に，2点 $\alpha = 3+6i$, $\beta = 3+i$ がある。次の問いに答えよ。

(1) $\dfrac{\alpha}{\beta} = \dfrac{\boxed{ア}}{\boxed{イ}}(1+i)$ となるから $\arg\dfrac{\alpha}{\beta} = \dfrac{\boxed{ウ}}{\boxed{エ}}\pi$ である。ただし，偏角 θ は $0 \leq \theta < 2\pi$ とする。

(2) α, β で表される点を A(α)，B(β) とする。直線 OA に関して点 B と対称な点を C(γ) とすると $\angle AOB = \angle AOC = \dfrac{\boxed{ウ}}{\boxed{エ}}\pi$ であるから $\gamma = -\boxed{オ} + \boxed{カ}i$ と表せる。

(3) 線分 BC を直径とする円の方程式を求めてみよう。

線分 BC の中点は $\boxed{キ} + \boxed{ク}i$, BC $= \boxed{ケ}\sqrt{\boxed{コ}}$ であるから，円の方程式は $|z - \boxed{キ} - \boxed{ク}i| = \sqrt{\boxed{サ}}$ となる。

また，円と線分 OA の交点を P(p) とすると $p = \boxed{シ} + \boxed{ス}i$ である。

〔2〕 複素数平面上で
$$|z-1| = 1$$
を満たしている点 z について，次の問いに答えよ。

$|z-i|$ の最大値は $\sqrt{\boxed{セ}} + \boxed{ソ}$，最小値は $\sqrt{\boxed{タ}} - \boxed{チ}$ である。

また，$\arg(z-3)$ のとりうる範囲は，偏角を 0 以上 2π 未満とすると
$$\dfrac{\boxed{ツ}}{\boxed{テ}}\pi \leq \arg(z-3) \leq \dfrac{\boxed{ト}}{\boxed{ナ}}\pi$$
である。

〔3〕 複素数平面上で $|z-1-i| = 1$ を満たす点 z 全体が表す図形を C_1 とする。以下の太郎さんと花子さんの会話をヒントにして，次の問いに答えよ。

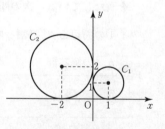

太郎「C_2 の円は，C_1 を原点を中心に2倍に拡大して，実軸方向に -4 だけ平行移動した円だね」

花子「C_1 の円を原点を中心に $\dfrac{\pi}{2}$ だけ回転し，その円を原点を中心に2倍に拡大しても C_2 になるよ」

C_2 を表す複素数を w とすると，w を表す式として正しいものを次の解答群の中から選ぶと $\boxed{ニ}$，$\boxed{ヌ}$ である。

$\boxed{ニ}$，$\boxed{ヌ}$ の解答群（解答の順序は問わない。）

⓪ $w = 2(z+2)$	① $w = 2(z-2)$	② $w = \dfrac{1}{2}z+4$	③ $w = \dfrac{1}{2}z-4$
④ $w = 2iz$	⑤ $w = -2iz$	⑥ $w = (-2+2i)z$	⑦ $w = (1+i)z$

〔1〕　2点 $(7, -2)$，$(1, -2)$ を焦点とし，長軸の長さが8である楕円の方程式を次の(i)〜(ii)の手順で求めてみよう。

(i)　求める楕円の中心は（ ア ，$-$ イ ）であるから，中心が原点にくるように平行移動すると焦点は（ ウ ， エ ），（$-$ ウ ， エ ）に移る。

平行移動した楕円の方程式を $\dfrac{x^2}{a^2}+\dfrac{y^2}{b^2}=1$ とおくと，長軸の長さが8であるから

$a^2=$ オカ となり，これから $b^2=$ キ となる。

(ii)　求める楕円の方程式は，(i)で求めた楕円を(i)と逆の平行移動をしてもとに戻せばよいから，

$$\dfrac{(x-\boxed{ク})^2}{\boxed{オカ}}+\dfrac{(y+\boxed{ケ})^2}{\boxed{キ}}=1$$ である。

(iii)　2点 $(-3, 6)$，$(-3, 2)$ を焦点とし，短軸の長さが6である楕円の方程式は

$$\dfrac{(x+\boxed{コ})^2}{\boxed{サ}}+\dfrac{(y-\boxed{シ})^2}{\boxed{スセ}}=1$$ である。

〔2〕　長さが6の線分 AB がある。端点 A は x 軸上を，端点 B は y 軸上を動くとき，線分 AB を $2:1$ に内分する点 P の軌跡を求めてみよう。

点 A，B の座標をそれぞれ

A$(s, 0)$，B$(0, t)$

とすると，AB$=6$ であるから

$s^2+t^2=$ ソタ ……①

点 P の座標を P(x, y) とすると，点 P は AB を $2:1$ に内分するから

$$x=\dfrac{\boxed{チ}}{\boxed{ツ}}s,\quad y=\dfrac{\boxed{テ}}{\boxed{ト}}t$$

と表せる。

$s=\dfrac{\boxed{ツ}}{\boxed{チ}}x$，$t=\dfrac{\boxed{ト}}{\boxed{テ}}y$ として，①に代入して整理すると

$$\dfrac{x^2}{\boxed{ナ}}+\dfrac{y^2}{\boxed{ニヌ}}=1$$ となる。

これは，焦点の座標が ネ の楕円である。

ネ の解答群

⓪ $(\pm2\sqrt{3}, 0)$	① $(0, \pm2\sqrt{3})$	② $(\pm2, 0)$	③ $(0, \pm4)$

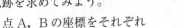

13

解答編 p.80 | 時間 10分

〔1〕 右図の放物線について，次の問いに答えよ。

放物線(A)は，頂点を原点とし，焦点が $(-1,\ 0)$ である。

また，放物線(B)は(A)を x 軸方向に -1，y 軸方向に 2 だけ平行移動したものである。

このとき，放物線(A)の方程式は $y^2 = -\boxed{\ ア\ }x$，(B)の方程式は $y^2 - \boxed{\ イ\ }y + \boxed{\ ウ\ }x + \boxed{\ エ\ } = 0$ である。

放物線(B)と x 軸との共有点の x 座標は $x = -\boxed{\ オ\ }$ である。

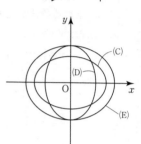

〔2〕 右図の楕円について，

楕円(C)の焦点は $(\pm\sqrt{2},\ 0)$ であり，楕円(D)は(C)を原点のまわりに $90°$ 回転したものである。(C)の方程式が $\dfrac{x^2}{4} + \dfrac{y^2}{2} = 1$ であるとき，(D)は $\dfrac{x^2}{\boxed{\ カ\ }} + \dfrac{y^2}{\boxed{\ キ\ }} = 1$ である。

また，楕円(E)は(C)と同じ焦点をもち，短軸の長さが(D)の長軸の長さと同じであるとき，(E)の方程式は $\dfrac{x^2}{\boxed{\ ク\ }} + \dfrac{y^2}{\boxed{\ ケ\ }} = 1$ である。

〔3〕 次の⓪～④の図は $a,\ b,\ c$ を実数として，$x,\ y$ の方程式 $ax^2 + by^2 = c$ の $a,\ b,\ c$ にいろいろな値を代入して，コンピュータに表示させたものである。ただし，図形が現れないときは「ERROR」が表示される。

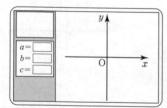
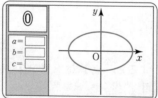
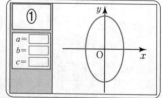

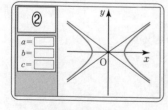
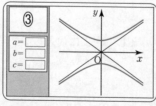
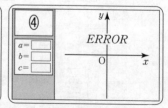

次のような符号の $a,\ b,\ c$ の値を代入したとき，⓪～④のうちどの図が現れるか適するものを選べ。

(1) $a > b > 0,\ c > 0$ のとき $\boxed{\ コ\ }$

(2) $a > b > 0,\ c < 0$ のとき $\boxed{\ サ\ }$

(3) $b > a > 0,\ c > 0$ のとき $\boxed{\ シ\ }$

(4) $b > a > 0,\ c < 0$ のとき $\boxed{\ ス\ }$

(5) $a > 0,\ b < 0,\ c > 0$ のとき $\boxed{\ セ\ }$

(6) $a > 0,\ b < 0,\ c < 0$ のとき $\boxed{\ ソ\ }$

14

〔1〕 θ を媒介変数として $\begin{cases} x=5\cos\theta \\ y=3\sin\theta \end{cases}$ について，$\dfrac{\pi}{3}\leqq\theta\leqq\dfrac{4}{3}\pi$ のときの曲線を表すのは

　ア の図である。

　ア の解答群

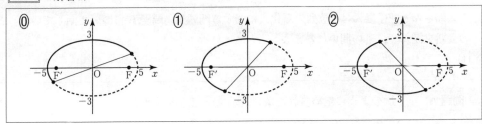

〔2〕 t を媒介変数として $\begin{cases} x=\sqrt{t}+1 \\ y=t-2\sqrt{t} \end{cases}$ で表される曲線について，t を消去して得られる x，

y の関係式は イ である。

　x のとりうる値の範囲は ウ で，y のとりうる値の範囲は エ である。

　イ の解答群

⓪ $y=x^2-4x+3$	① $y=x^2+2x+1$	② $y=x^2-2x-3$

　ウ ， エ の解答群

⓪ $x\geqq0$	① $x\geqq1$	② $x\geqq2$	③ x はすべての実数
④ $y\geqq-2$	⑤ $y\geqq-1$	⑥ $y\geqq0$	⑦ y はすべての実数

〔3〕 右の(1), (2)の図について，次の
問いに答えよ。

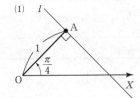
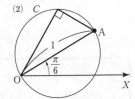

(1) 直線 l を表す極方程式は オ
である。

　オ の解答群

⓪ $r\cos\left(\theta+\dfrac{\pi}{4}\right)=1$	① $r\cos\left(\theta-\dfrac{\pi}{4}\right)=1$
② $r=\cos\left(\theta+\dfrac{\pi}{4}\right)$	③ $r=\cos\left(\theta-\dfrac{\pi}{4}\right)$

(2) 円 C を表す極方程式は カ ， キ である。

　カ ， キ の解答群

⓪ $r\cos\left(\theta+\dfrac{\pi}{6}\right)=1$	① $r\cos\left(\theta-\dfrac{\pi}{6}\right)=1$	② $r=\cos\left(\theta+\dfrac{\pi}{6}\right)$
③ $r=\cos\left(\theta-\dfrac{\pi}{6}\right)$	④ $r=\sin\left(\dfrac{\pi}{3}-\theta\right)$	⑤ $r=\sin\left(\dfrac{2}{3}\pi-\theta\right)$

F^{inal} $Step$ ファイナルステップ

数学B 1 数列

1

解答編 p.82 時間 14分

太郎さんと花子さんは，数列の漸化式に関する問題 A，問題 B について話している。二人の会話を読んで，下の問いに答えよ。

(1)

問題 A　次のように定められた数列 $\{a_n\}$ の一般項を求めよ。
$$a_1=6, \quad a_{n+1}=3a_n-8 \quad (n=1, 2, 3, \cdots)$$

花子：これは前に授業で学習した漸化式の問題だね。まず，k を定数として，
　　　$a_{n+1}=3a_n-8$ を $a_{n+1}-k=3(a_n-k)$ の形に変形するといいんだよね。
太郎：そうだね。そうすると公比が 3 の等比数列に結びつけられるね。

(i) k の値を求めよ。　$k=\boxed{\text{ア}}$

(ii) 数列 $\{a_n\}$ の一般項を求めよ。　$a_n=\boxed{\text{イ}}\cdot\boxed{\text{ウ}}^{n-1}+\boxed{\text{エ}}$

(2)

問題 B　次のように定められた数列 $\{b_n\}$ の一般項を求めよ。
$$b_1=4, \quad b_{n+1}=3b_n-8n+6 \quad (n=1, 2, 3, \cdots)$$

花子：求め方の方針が立たないよ。
太郎：そういうときは $n=1, 2, 3$ を代入して具体的な数列の様子をみてみよう。
花子：$b_2=10$，$b_3=20$，$b_4=42$ となったけど…。
太郎：階差数列を考えてみたらどうかな。

数列 $\{b_n\}$ の階差数列 $\{p_n\}$ を，$p_n=b_{n+1}-b_n$ $(n=1, 2, 3, \cdots)$ と定める。

(i) p_1 の値を求めよ。　$p_1=\boxed{\text{オ}}$

(ii) p_{n+1} を p_n を用いて表せ。　$p_{n+1}=\boxed{\text{カ}}\,p_n-\boxed{\text{キ}}$

(iii) 数列 $\{p_n\}$ の一般項を求めよ。　$p_n=\boxed{\text{ク}}\cdot\boxed{\text{ケ}}^{n-1}+\boxed{\text{コ}}$

(3)　二人は**問題 B** について引き続き会話をしている。

太郎：解ける道筋はついたけれど，漸化式で定められた数列の一般項の求め方は一通りで
　　　はないと先生もおっしゃっていたし，他のやり方も考えてみようよ。
花子：でも，授業で学習した問題は，**問題 A** のタイプだけだよ。
太郎：では，**問題 A** の式変形の考え方を**問題 B** に応用してみようよ。**問題 B** の漸化式
　　　$b_{n+1}=3b_n-8n+6$ を，定数 s，t を用いて
　　　　　　$\boxed{サ}=3(\boxed{シ})$
　　　の式に変形してはどうかな。

(i)　$q_n=\boxed{シ}$ とおくと，太郎さんの変形により数列 $\{q_n\}$ が公比 3 の等比数列とわかる。
　　　$\boxed{サ}$，$\boxed{シ}$ の解答群（同じものを繰り返し選んでもよい。）

⓪　b_n+sn+t		①　$b_{n+1}+sn+t$
②　$b_n+s(n+1)+t$		③　$b_{n+1}+s(n+1)+t$

(ii)　s，t の値を求めよ。
　　　$s=\boxed{スセ}$，$t=\boxed{ソ}$

(4)　**問題 B** の数列は，(2)の方法でも(3)の方法でも一般項を求めることができる。数列 $\{b_n\}$
　　　の一般項を求めよ。
　　　$b_n=\boxed{タ}^{n-1}+\boxed{チ}n-\boxed{ツ}$

(5)　次のように定められた数列 $\{c_n\}$ がある。
　　　　　$c_1=16,\ c_{n+1}=3c_n-4n^2-4n-10\quad(n=1,\ 2,\ 3,\ \cdots)$
　　　数列 $\{c_n\}$ の一般項を求めよ。
　　　$c_n=\boxed{テ}\cdot\boxed{ト}^{n-1}+\boxed{ナ}n^2+\boxed{ニ}n+\boxed{ヌ}$

（2018年　試行調査）

2

解答編 p.84　時間 14分

初項 3，公差 p の等差数列を $\{a_n\}$ とし，初項 3，公比 r の等比数列を $\{b_n\}$ とする。ただし，$p \neq 0$ かつ $r \neq 0$ とする。さらに，これらの数列が次を満たすとする。

$$a_n b_{n+1} - 2a_{n+1}b_n + 3b_{n+1} = 0 \quad (n=1,\ 2,\ 3,\ \cdots) \ \cdots\cdots ①$$

(1) p と r の値を求めよう。

自然数 n について，$a_n,\ a_{n+1},\ b_n$ はそれぞれ

$$a_n = \boxed{ア} + (n-1)p \qquad\qquad \cdots\cdots ②$$
$$a_{n+1} = \boxed{ア} + np \qquad\qquad \cdots\cdots ③$$
$$b_n = \boxed{イ}\, r^{n-1}$$

と表される。$r \neq 0$ により，すべての自然数 n について，$b_n \neq 0$ となる。$\dfrac{b_{n+1}}{b_n} = r$ であることから，①の両辺を b_n で割ることにより

$$\boxed{ウ}\, a_{n+1} = r(a_n + \boxed{エ}) \qquad\qquad \cdots\cdots ④$$

が成り立つことがわかる。④に②と③を代入すると

$$(r - \boxed{オ})pn = r(p - \boxed{カ}) + \boxed{キ} \qquad\qquad \cdots\cdots ⑤$$

となる。⑤がすべての n で成り立つことおよび $p \neq 0$ により，$r = \boxed{オ}$ を得る。さらに，このことから，$p = \boxed{ク}$ を得る。

以上から，すべての自然数 n について，a_n と b_n が正であることもわかる。

(2) $p = \boxed{ク}$，$r = \boxed{オ}$ であることから，$\{a_n\}$，$\{b_n\}$ の初項から第 n 項までの和は，それぞれ次の式で与えられる。

$$\sum_{k=1}^{n} a_k = \frac{\boxed{ケ}}{\boxed{コ}} n(n + \boxed{サ})$$
$$\sum_{k=1}^{n} b_k = \boxed{シ}\,(\boxed{オ}^{\,n} - \boxed{ス})$$

B

1

数列

(3) 数列 $\{a_n\}$ に対して，初項 3 の数列 $\{c_n\}$ が次を満たすとする。

$$a_n c_{n+1} - 4a_{n+1}c_n + 3c_{n+1} = 0 \quad (n=1,\ 2,\ 3,\ \cdots) \cdots\cdots⑥$$

a_n が正であることから，⑥を変形して，$c_{n+1} = \dfrac{\boxed{セ}\, a_{n+1}}{a_n + \boxed{ソ}}\, c_n$ を得る。さらに，

$p = \boxed{ク}$ であることから，数列 $\{c_n\}$ は $\boxed{タ}$ ことがわかる。

$\boxed{タ}$ の解答群

⓪	すべての項が同じ値をとる数列である
①	公差が 0 でない等差数列である
②	公比が 1 より大きい等比数列である
③	公比が 1 より小さい等比数列である
④	等差数列でも等比数列でもない

(4) $q,\ u$ は定数で，$q \neq 0$ とする。数列 $\{b_n\}$ に対して，初項 3 の数列 $\{d_n\}$ が次を満たすとする。

$$d_n b_{n+1} - qd_{n+1}b_n + ub_{n+1} = 0 \quad (n=1,\ 2,\ 3,\ \cdots) \cdots\cdots⑦$$

$r = \boxed{オ}$ であることから，⑦を変形して，$d_{n+1} = \dfrac{\boxed{チ}}{q}(d_n + u)$ を得る。したがって，

数列 $\{d_n\}$ が，公比が 0 より大きく 1 より小さい等比数列となるための必要十分条件は，

$q > \boxed{ツ}$ かつ $u = \boxed{テ}$ である。

(2021 年　共通テスト本試験)

数学B　2　確率分布と統計的な推測

3

解答編　p.85　時間　12分

解答にあたっては，152ページの正規分布表を用いてもよい。

ある市の市立図書館の利用状況について調査を行った。

(1)　ある高校の生徒720人全員を対象に，ある1週間に市立図書館で借りた本の冊数について調査を行った。

その結果，1冊も借りなかった生徒が612人，1冊借りた生徒が54人，2冊借りた生徒が36人であり，3冊借りた生徒が18人であった。4冊以上借りた生徒はいなかった。

この高校の生徒から1人を無作為に選んだとき，その生徒が借りた本の冊数を表す確率変数を X とする。

このとき，X の平均（期待値）は $E(X) = \dfrac{\boxed{\text{ア}}}{\boxed{\text{イ}}}$ であり，X^2 の平均は

$E(X^2) = \dfrac{\boxed{\text{ウ}}}{\boxed{\text{エ}}}$ である。よって，X の標準偏差は $\sigma(X) = \dfrac{\sqrt{\boxed{\text{オ}}}}{\boxed{\text{カ}}}$ である。

(2)　市内の高校生全員を母集団とし，ある1週間に市立図書館を利用した生徒の割合（母比率）を p とする。この母集団から600人を無作為に選んだとき，その1週間に市立図書館を利用した生徒の数を確率変数 Y で表す。

$p = 0.4$ のとき，Y の平均は $E(Y) = \boxed{\text{キクケ}}$，標準偏差は $\sigma(Y) = \boxed{\text{コサ}}$ になる。ここで，$Z = \dfrac{Y - \boxed{\text{キクケ}}}{\boxed{\text{コサ}}}$ とおくと，標本数600は十分に大きいので，Z は近似的に標準正規分布に従う。このことを利用して，Y が215以下となる確率を求めると，その確率は 0.$\boxed{\text{シス}}$ になる。

また，$p = 0.2$ のとき，Y の平均は $\boxed{\text{キクケ}}$ の $\dfrac{1}{\boxed{\text{セ}}}$ 倍，標準偏差は $\boxed{\text{コサ}}$ の $\dfrac{\sqrt{\boxed{\text{ソ}}}}{3}$ 倍である。

(3) 市立図書館に利用者登録のある高校生全員を母集団とする。1 回あたりの利用時間（分）を表す確率変数を W とし，W は母平均 m，母標準偏差 30 の分布に従うとする。この母集団から大きさ n の標本 W_1，W_2，…，W_n を無作為に抽出した。

利用時間が 60 分をどの程度超えるかについて調査するために

$$U_1 = W_1 - 60, \quad U_2 = W_2 - 60, \quad \cdots, \quad U_n = W_n - 60$$

とおくと，確率変数 U_1，U_2，…，U_n の平均と標準偏差はそれぞれ

$$E(U_1) = E(U_2) = \cdots = E(U_n) = m - \boxed{タチ}$$

$$\sigma(U_1) = \sigma(U_2) = \cdots = \sigma(U_n) = \boxed{ツテ}$$

である。

ここで，$t = m - 60$ として，t に対する信頼度 95 % の信頼区間を求めよう。この母集団から無作為抽出された 100 人の生徒に対して U_1，U_2，…，U_{100} の値を調べたところ，その標本平均の値が 50 分であった。標本数は十分大きいことを利用して，この信頼区間を求めると

$$\boxed{トナ} . \boxed{ニ} \leqq t \leqq \boxed{ヌネ} . \boxed{ノ}$$

になる。

（2020 年　共通テスト本試験）

4

解答編
p.86

時間
12分

解答にあたっては，152ページの正規分布表を用いてもよい。

花子さんは，マイクロプラスチックと呼ばれる小さなプラスチック片（以下，MP）による海洋中や大気中の汚染が，環境問題となっていることを知った。花子さんたち49人は，面積が50a（アール）の砂浜の表面にあるMPの個数を調べるため，それぞれが無作為に選んだ20cm四方の区画の表面から深さ3cmまでをすくい，MPの個数を研究所で数えてもらうことにした。そして，この砂浜の1区画あたりのMPの個数を確率変数Xとして考えることにした。

このとき，Xの母平均をm，母標準偏差をσとし，標本49区画の1区画あたりのMPの個数の平均値を表す確率変数を$\overline{X}$とする。

花子さんたちが調べた49区画では，平均値が16，標準偏差が2であった。

(1) 砂浜全体に含まれるMPの全個数Mを推定することにする。

花子さんは，次の**方針**でMを推定することとした。

方針

砂浜全体には20cm四方の区画が125000個分あり，$M=125000\times m$ なので，Mを $W=125000\times\overline{X}$ で推定する。

確率変数$\overline{X}$は，標本の大きさ49が十分に大きいので，平均 $\boxed{\text{ア}}$，標準偏差 $\boxed{\text{イ}}$ の正規分布に近似的に従う。

そこで，**方針**に基づいて考えると，確率変数Wは平均 $\boxed{\text{ウ}}$，標準偏差 $\boxed{\text{エ}}$ の正規分布に近似的に従うことがわかる。

このとき，Xの母標準偏差σは標本の標準偏差と同じ $\sigma=2$ と仮定すると，Mに対する信頼度95%の信頼区間は

$$\boxed{\text{オカキ}}\times10^4\leqq M\leqq\boxed{\text{クケコ}}\times10^4$$

となる。

| ア | の解答群 |

⓪ m　　　① $4m$　　　② $7m$　　　③ $16m$　　　④ $49m$

⑤ X　　　⑥ $4X$　　　⑦ $7X$　　　⑧ $16X$　　　⑨ $49X$

| イ | の解答群 |

⓪ σ　　① 2σ　　② 4σ　　③ 7σ　　④ 49σ

⑤ $\dfrac{\sigma}{2}$　　⑥ $\dfrac{\sigma}{4}$　　⑦ $\dfrac{\sigma}{7}$　　⑧ $\dfrac{\sigma}{49}$

| ウ | の解答群 |

⓪ $\dfrac{16}{49}m$　　① $\dfrac{4}{7}m$　　② $49m$　　③ $\dfrac{125000}{49}m$

④ $125000m$　　⑤ $\dfrac{16}{49}\overline{X}$　　⑥ $\dfrac{4}{7}\overline{X}$　　⑦ $49\overline{X}$

⑧ $\dfrac{125000}{49}\overline{X}$　　⑨ $125000\overline{X}$

| エ | の解答群 |

⓪ $\dfrac{\sigma}{49}$　　① $\dfrac{\sigma}{7}$　　② 49σ　　③ $\dfrac{125000}{49}\sigma$

④ $\dfrac{31250}{7}\sigma$　　⑤ $\dfrac{125000}{7}\sigma$　　⑥ 31250σ　　⑦ 62500σ

⑧ 125000σ　　⑨ 250000σ

（次のページに続く）

(2) 研究所が昨年調査したときには，1区画あたりの MP の個数の母平均が 15，母標準偏差が 2 であった。今年の母平均 m が昨年とは異なるといえるかを，有意水準 5 % で仮説検定をする。ただし，母標準偏差は今年も $\sigma = 2$ とする。

　まず，帰無仮説は「今年の母平均は $\boxed{サ}$」であり，対立仮説は「今年の母平均は $\boxed{シ}$」である。

　次に，帰無仮説が正しいとすると，$\overline{X}$ は平均 $\boxed{ス}$，標準偏差 $\boxed{セ}$ の正規分布に近似的に従うため，確率変数 $Z = \dfrac{\overline{X} - \boxed{ス}}{\boxed{セ}}$ は標準正規分布に近似的に従う。

　花子さんたちの調査結果から求めた Z の値を z とすると，標準正規分布において確率 $P(Z \leqq -|z|)$ と確率 $P(Z \geqq |z|)$ の和は 0.05 よりも $\boxed{ソ}$ ので，有意水準 5 % で今年の母平均 m は昨年と $\boxed{タ}$。

$\boxed{サ}$，$\boxed{シ}$ の解答群（同じものを繰り返し選んでもよい。）

⓪ $\overline{X}$ である		① m である	
② 15 である		③ 16 である	
④ $\overline{X}$ ではない		⑤ m ではない	
⑥ 15 ではない		⑦ 16 ではない	

$\boxed{ス}$，$\boxed{セ}$ の解答群（同じものを繰り返し選んでもよい。）

⓪ $\dfrac{4}{49}$	① $\dfrac{2}{7}$	② $\dfrac{16}{49}$	③ $\dfrac{4}{7}$	④ 2
⑤ $\dfrac{15}{7}$	⑥ 4	⑦ 15	⑧ 16	

$\boxed{ソ}$ の解答群

⓪ 大きい	① 小さい

$\boxed{タ}$ の解答群

⓪ 異なるといえる	① 異なるとはいえない

（令和7年度　試作問題）

数学C 1 ベクトル

5

解答編	時間
p.88	14分

1辺の長さが1の正五角形の対角線の長さを a とする。

(1) 1辺の長さが1の正五角形 $OA_1B_1C_1A_2$ を考える。

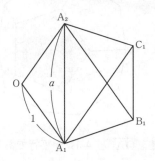

$\angle A_1C_1B_1 = \boxed{アイ}°$，$\angle C_1A_1A_2 = \boxed{アイ}°$ となることから，$\overrightarrow{A_1A_2}$ と $\overrightarrow{B_1C_1}$ は平行である。
ゆえに

$$\overrightarrow{A_1A_2} = \boxed{ウ}\ \overrightarrow{B_1C_1}$$

であるから

$$\overrightarrow{B_1C_1} = \frac{1}{\boxed{ウ}}\overrightarrow{A_1A_2} = \frac{1}{\boxed{ウ}}(\overrightarrow{OA_2} - \overrightarrow{OA_1})$$

また，$\overrightarrow{OA_1}$ と $\overrightarrow{A_2B_1}$ は平行で，さらに，$\overrightarrow{OA_2}$ と $\overrightarrow{A_1C_1}$ も平行であることから

$$\begin{aligned}
\overrightarrow{B_1C_1} &= \overrightarrow{B_1A_2} + \overrightarrow{A_2O} + \overrightarrow{OA_1} + \overrightarrow{A_1C_1} \\
&= -\boxed{ウ}\ \overrightarrow{OA_1} - \overrightarrow{OA_2} + \overrightarrow{OA_1} + \boxed{ウ}\ \overrightarrow{OA_2} \\
&= (\boxed{エ} - \boxed{オ})(\overrightarrow{OA_2} - \overrightarrow{OA_1})
\end{aligned}$$

となる。したがって

$$\frac{1}{\boxed{ウ}} = \boxed{エ} - \boxed{オ}$$

が成り立つ。$a > 0$ に注意してこれを解くと，$a = \dfrac{1+\sqrt{5}}{2}$ を得る。

（次のページに続く）

(2)　下の図のような，1辺の長さが1の正十二面体を考える。正十二面体とは，どの面もすべて合同な正五角形であり，どの頂点にも三つの面が集まっているへこみのない多面体のことである。

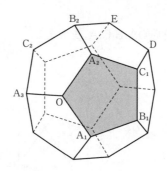

　　面 $OA_1B_1C_1A_2$ に着目する。$\overrightarrow{OA_1}$ と $\overrightarrow{A_2B_1}$ が平行であることから

$$\overrightarrow{OB_1}=\overrightarrow{OA_2}+\overrightarrow{A_2B_1}=\overrightarrow{OA_2}+\boxed{ウ}\,\overrightarrow{OA_1}$$

である。また

$$|\overrightarrow{OA_2}-\overrightarrow{OA_1}|^2=|\overrightarrow{A_1A_2}|^2=\dfrac{\boxed{カ}+\sqrt{\boxed{キ}}}{\boxed{ク}}$$

に注意すると

$$\overrightarrow{OA_1}\cdot\overrightarrow{OA_2}=\dfrac{\boxed{ケ}-\sqrt{\boxed{コ}}}{\boxed{サ}}$$

を得る。

　　ただし，$\boxed{カ}$ ～ $\boxed{サ}$ は，文字 a を用いない形で答えること。

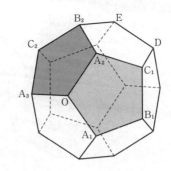

次に，面 $OA_2B_2C_2A_3$ に着目すると
$$\overrightarrow{OB_2}=\overrightarrow{OA_3}+\boxed{ウ}\,\overrightarrow{OA_2}$$
である。さらに

$$\overrightarrow{OA_2}\cdot\overrightarrow{OA_3}=\overrightarrow{OA_3}\cdot\overrightarrow{OA_1}=\dfrac{\boxed{ケ}-\sqrt{\boxed{コ}}}{\boxed{サ}}$$

が成り立つことがわかる。ゆえに
$$\overrightarrow{OA_1}\cdot\overrightarrow{OB_2}=\boxed{シ}\,,\quad \overrightarrow{OB_1}\cdot\overrightarrow{OB_2}=\boxed{ス}$$

である。

$\boxed{シ}$，$\boxed{ス}$ の解答群（同じものを繰り返し選んでもよい。）

⓪ 0	① 1	② -1	③ $\dfrac{1+\sqrt5}{2}$
④ $\dfrac{1-\sqrt5}{2}$	⑤ $\dfrac{-1+\sqrt5}{2}$	⑥ $\dfrac{-1-\sqrt5}{2}$	⑦ $-\dfrac{1}{2}$
⑧ $\dfrac{-1+\sqrt5}{4}$	⑨ $\dfrac{-1-\sqrt5}{4}$		

（次のページに続く）

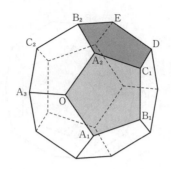

　最後に，面 $A_2C_1DEB_2$ に着目する。

$$\overrightarrow{B_2D} = \boxed{\text{ウ}}\,\overrightarrow{A_2C_1} = \overrightarrow{OB_1}$$

であることに注意すると，4 点 O，B_1，D，B_2 は同一平面上にあり，四角形 OB_1DB_2 は
$\boxed{\text{セ}}$ ことがわかる。

$\boxed{\text{セ}}$ の解答群

⓪　正方形である

①　正方形ではないが，長方形である

②　正方形ではないが，ひし形である

③　長方形でもひし形でもないが，平行四辺形である

④　平行四辺形ではないが，台形である

⑤　台形でない

ただし，少なくとも一組の対辺が平行な四角形を台形という。

$\begin{pmatrix} 2021 \text{ 年　共通テスト本試験} \\ \text{令和 7 年度　試作問題} \end{pmatrix}$

6

解答編 p.89　時間 14分

(1) 右の図のような立体を考える。ただし，六つの面 OAC，OBC，OAD，OBD，ABC，ABD は 1 辺の長さが 1 の正三角形である。この立体の ∠COD の大きさを調べたい。

線分 AB の中点を M，線分 CD の中点を N とおく。

$\overrightarrow{OA}=\vec{a}$，$\overrightarrow{OB}=\vec{b}$，$\overrightarrow{OC}=\vec{c}$，$\overrightarrow{OD}=\vec{d}$ とおくとき，次の問いに答えよ。

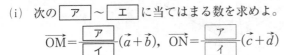

(i) 次の ア ～ エ に当てはまる数を求めよ。

$$\overrightarrow{OM}=\frac{\boxed{ア}}{\boxed{イ}}(\vec{a}+\vec{b}),\quad \overrightarrow{ON}=\frac{\boxed{ア}}{\boxed{イ}}(\vec{c}+\vec{d})$$

$$\vec{a}\cdot\vec{b}=\vec{a}\cdot\vec{c}=\vec{a}\cdot\vec{d}=\vec{b}\cdot\vec{c}=\vec{b}\cdot\vec{d}=\frac{\boxed{ウ}}{\boxed{エ}}$$

(ii) 3 点 O, N, M は同一直線上にある。内積 $\overrightarrow{OA}\cdot\overrightarrow{CN}$ の値を用いて，$\overrightarrow{ON}=k\overrightarrow{OM}$ を満たす k の値を求めよ。

$$k=\frac{\boxed{オ}}{\boxed{カ}}$$

(iii) ∠COD$=\theta$ とおき，$\cos\theta$ の値を求めたい。次の方針 1 または方針 2 について，キ ～ シ に当てはまる数を求めよ。

┌ **方針 1** ─────────────────

$\vec{d}$ を $\vec{a}$, $\vec{b}$, $\vec{c}$ を用いて表すと，

$$\vec{d}=\frac{\boxed{キ}}{\boxed{ク}}\vec{a}+\frac{\boxed{ケ}}{\boxed{コ}}\vec{b}-\vec{c}$$

であり，$\vec{c}\cdot\vec{d}=\cos\theta$ から $\cos\theta$ が求められる。

└──────────────────────

┌ **方針 2** ─────────────────

$\overrightarrow{OM}$ と $\overrightarrow{ON}$ のなす角を考えると，$\overrightarrow{OM}\cdot\overrightarrow{ON}=|\overrightarrow{OM}||\overrightarrow{ON}|$ が成り立つ。

$|\overrightarrow{ON}|^2=\dfrac{\boxed{サ}}{\boxed{シ}}+\dfrac{1}{2}\cos\theta$ であるから，$\overrightarrow{OM}\cdot\overrightarrow{ON}$, $|\overrightarrow{OM}|$ の値を用いると，$\cos\theta$ が求められる。

└──────────────────────

(iv) **方針 1** または**方針 2** を用いて $\cos\theta$ の値を求めよ。

$$\cos\theta=\frac{\boxed{スセ}}{\boxed{ソ}}$$

（次のページに続く）

(2) (1)の図形から，四つの面 OAC，OBC，OAD，OBD だけを使って，下のような図形を作成したところ，この図形は ∠AOB を変化させると，それにともなって ∠COD も変化することがわかった。

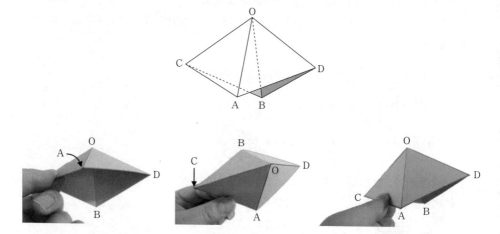

∠AOB＝α，∠COD＝β とおき，α＞0，β＞0 とする。このときも，線分 AB の中点と線分 CD の中点および点 O は一直線上にある。

(i) α と β が満たす関係式は(1)の方針2を用いると求めることができる。その関係式として正しいものは □タ□ である。

□タ□ の解答群

⓪ $\cos\alpha+\cos\beta=1$

① $(1+\cos\alpha)(1+\cos\beta)=1$

② $(1+\cos\alpha)(1+\cos\beta)=-1$

③ $(1+2\cos\alpha)(1+2\cos\beta)=\dfrac{2}{3}$

④ $(1-\cos\alpha)(1-\cos\beta)=\dfrac{2}{3}$

(ii) α＝β のとき，α＝ □チツ□ °であり，このとき，点 D は □テ□ にある。

□テ□ の解答群

⓪ 平面 ABC に関して O と同じ側

① 平面 ABC 上

② 平面 ABC に関して O と異なる側

（2018年 試行調査）

数学C 2 平面上の曲線と複素数平面

7

解答編 p.92 ／ 時間 12分

〔1〕 複素数平面上に3点 O，A(α)，B(β) を頂点とする三角形 OAB がある。

(1) 三角形 OAB が正三角形のとき，α，β の間にある関係式は ア である。

ア の解答群

⓪ $\alpha^2+\alpha\beta+\beta^2=0$ 　　　　① $\alpha^2-\alpha\beta+\beta^2=0$

② $\alpha^2+2\alpha\beta+3\beta^2=0$ 　　③ $\alpha^2-\sqrt{3}\,\alpha\beta+\beta^2=0$

(2) 三角形 OAB が $\angle$AOB$=\dfrac{\pi}{2}$ の直角三角形のとき，α，β の間にある関係式は イ

と ウ である。

イ ， ウ の解答群（解答の順序は問わない。）

⓪ $\alpha\beta=\dfrac{\pi}{2}$ 　　　　① $\dfrac{\beta}{\alpha}=\dfrac{\pi}{2}$ 　　② $\dfrac{\alpha}{\beta}=k$ （k は0でない実数）

③ $\dfrac{\beta}{\alpha}=ki$ （k は0でない実数）　④ $\alpha\overline{\beta}+\overline{\alpha}\beta=0$ 　⑤ $\alpha\beta+\overline{\alpha}\,\overline{\beta}=0$

〔2〕 右の図は，$z^5=1$ の解 z_0, z_1, z_2, z_3, z_4 を複素数平面上
に表したものである。次の問いに答えよ。

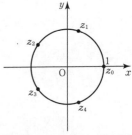

(1) 複素数 z_1 は，$|z_1|=1$ であり，偏角 θ を $0\leqq\theta<2\pi$ とす

ると，$\arg z_1=\dfrac{\text{エ}}{\text{オ}}\pi$ であるから，z_1 を極形式で表すと

$z_1=\cos\dfrac{\text{エ}}{\text{オ}}\pi+i\sin\dfrac{\text{エ}}{\text{オ}}\pi$ となる。

(2) $z_0\sim z_4$ について，次の⓪～⑦の関係式のうち成り立つものは カ ， キ ， ク
である。

カ ， キ ， ク の解答群（解答の順序は問わない。）

⓪ $\overline{z_1}=z_4$ 　　　　　　① $z_2 z_3=z_1$ 　　　　　② $z_1{}^4=z_0$

③ $z_1+z_2=-2z_4$ 　　　④ $z_2{}^5=z_2$ 　　　　　⑤ $\dfrac{z_4}{z_3}=z_1$

⑥ $z_0+z_1+z_2+z_3+z_4=1$ 　　　⑦ $z_0+z_1+z_2+z_3+z_4=0$

（次のページに続く）

〔3〕 右の図1，図2の曲線の方程式として，適するものを選ぶと

図1に適する方程式は $\boxed{\text{ケ}}$ であり，

図2に適する方程式は $\boxed{\text{コ}}$ である。

$\boxed{\text{ケ}}$ の解答群

⓪ $4x^2+y^2=8$ ① $3x^2+2y^2=12$
② $x^2+2y^2=18$ ③ $4x^2+9y^2=36$

$\boxed{\text{コ}}$ の解答群

⓪ $9x^2-4y^2=36$ ① $9x^2-4y^2=-36$
② $9x^2-6y^2=54$ ③ $6x^2-9y^2=-54$

図1
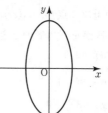

図2
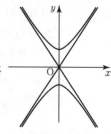

8

解答編　p.93　時間　12分

〔1〕　a, b, c, d, f を実数とし，x, y の方程式

$$ax^2 + by^2 + cx + dy + f = 0$$

について，この方程式が表す座標平面上の図形をコンピュータソフトを用いて表示させる。ただし，このコンピュータソフトでは a, b, c, d, f の値は十分に広い範囲で変化させられるものとする。

　a, b, c, d, f の値を $a=2$, $b=1$, $c=-8$, $d=-4$, $f=0$ とすると図1のように楕円が表示された。

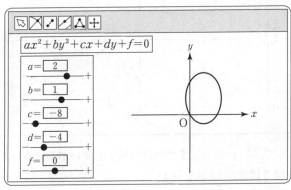

図1

　方程式 $ax^2 + by^2 + cx + dy + f = 0$ の a, c, d, f の値は変えずに，b の値だけを $b \geqq 0$ の範囲で変化させたとき，座標平面上には $\boxed{\text{ア}}$。

$\boxed{\text{ア}}$ の解答群

⓪　つねに楕円のみが現れ，円は現れない

①　楕円，円が現れ，他の図形は現れない

②　楕円，円，放物線が現れ，他の図形は現れない

③　楕円，円，双曲線が現れ，他の図形は現れない

④　楕円，円，双曲線，放物線が現れ，他の図形は現れない

⑤　楕円，円，双曲線，放物線が現れ，また他の図形が現れることもある

（次のページに続く）

〔2〕 太郎さんと花子さんは，複素数 w を一つ決めて，w, w^2, w^3, …によって複素数平面上に表されるそれぞれの点 A_1, A_2, A_3, …を表示させたときの様子をコンピュータソフトを用いて観察している。ただし，点 w は実軸より上にあるとする。つまり，w の偏角を $\arg w$ とするとき，$w \neq 0$ かつ $0 < \arg w < \pi$ を満たすとする。

図1，図2，図3は，w の値を変えて点 A_1, A_2, A_3, …，A_{20} を表示させたものである。ただし，観察しやすくするために，図1，図2，図3の間では，表示範囲を変えている。

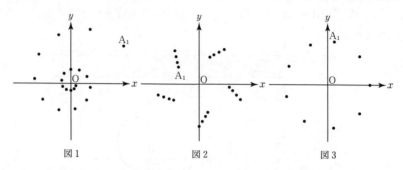

図1   図2   図3

太郎：w の値によって，A_1 から A_{20} までの点の様子もずいぶんいろいろなパターンがあるね。あれ，図3は点が20個ないよ。

花子：ためしに A_{30} まで表示させても図3は変化しないね。同じところを何度も通っていくんだと思う。

太郎：図3に対して，A_1, A_2, A_3, …と線分で結んで点をたどってみると図4のようになったよ。なるほど，A_1 に戻ってきているね。

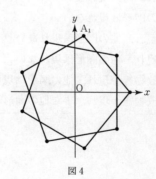

図4

　図4をもとに，太郎さんは，A_1，A_2，A_3，…と点をとっていって再び A_1 に戻る場合に，点を順に線分で結んでできる図形について一般に考えることにした。すなわち，A_1 と A_n が重なるような n があるとき，線分 A_1A_2，A_2A_3，…，$A_{n-1}A_n$ をかいてできる図形について考える。このとき，$w=w^n$ に着目すると $|w|=\boxed{\text{イ}}$ であることがわかる。また，次のことが成り立つ。

・$1\leq k\leq n-1$ に対して $A_kA_{k+1}=\boxed{\text{ウ}}$ であり，つねに一定である。

・$2\leq k\leq n-1$ に対して $\angle A_{k+1}A_kA_{k-1}=\boxed{\text{エ}}$ であり，つねに一定である。ただし，$\angle A_{k+1}A_kA_{k-1}$ は，線分 A_kA_{k+1} を線分 A_kA_{k-1} に重なるまで回転させた角とする。

　花子さんは，$n=25$ のとき，すなわち，A_1 と A_{25} が重なるとき，A_1 から A_{25} までを順に線分で結んでできる図形が，正多角形になる場合を考えた。このような w の値は全部で $\boxed{\text{オ}}$ 個である。また，このような正多角形についてどの場合であっても，それぞれの正多角形に内接する円上の点を z とすると，z はつねに $\boxed{\text{カ}}$ を満たす。

$\boxed{\text{ウ}}$ の解答群

⓪ $\|w+1\|$	① $\|w-1\|$	② $\|w\|+1$	③ $\|w\|-1$

$\boxed{\text{エ}}$ の解答群

⓪ $\arg w$	① $\arg(-w)$	② $\arg\dfrac{1}{w}$	③ $\arg\left(-\dfrac{1}{w}\right)$

$\boxed{\text{カ}}$ の解答群

⓪ $\|z\|=1$	① $\|z-w\|=1$	② $\|z\|=\|w+1\|$
③ $\|z\|=\|w-1\|$	④ $\|z-w\|=\|w+1\|$	⑤ $\|z-w\|=\|w-1\|$
⑥ $\|z\|=\dfrac{\|w+1\|}{2}$	⑦ $\|z\|=\dfrac{\|w-1\|}{2}$	

（令和7年度　試作問題）

こ　た　え

数学Ⅱ

$1^{st}Step$

1 (1) $x^{\boxed{6}}-\boxed{12}\,x^{\boxed{4}}y^2+48x^{\boxed{2}}y^{\boxed{4}}-\boxed{64}\,y^{\boxed{6}}$

(2) $(\boxed{2}\,x+y)(\boxed{4}\,x^2-\boxed{2}\,xy+y^2-\boxed{1})$

2 $\boxed{189}$

3 $A=x^4-\boxed{2}\,x^3+\boxed{7}\,x^2+x+\boxed{6}$

4 $A=\boxed{0}$, 商 $x^2+\boxed{2}\,x+\boxed{3}$,
余り $\boxed{2}\,x-\boxed{1}$, $B=\boxed{2}\,\sqrt{3}+\boxed{1}$

5 $\boxed{-2}<k<\boxed{4}$, $k=\boxed{3}$, $x=\boxed{3}\pm\sqrt{5}\,i$

6 $a=\boxed{2}$, $\alpha^3+\beta^3=\boxed{-\dfrac{1}{2}}$, $x^2-\boxed{2}\,x+\boxed{2}=0$

7 $a=\boxed{2}$, $b=\boxed{-9}$

8 $P(\boxed{1})=0$, $P(x)=(x-\boxed{1})(x^2-\boxed{k}\,x+\boxed{1})$,
$\boxed{4}$ 個

9 $\alpha+\beta=\boxed{3}$, $\alpha\beta=\boxed{1}$, $\alpha^2+\beta^2=\boxed{7}$,
$\alpha^3+\beta^3=\boxed{18}$, $\boxed{7}\,a+3b=\boxed{-19}$,
$\boxed{3}\,a+b=\boxed{-5}$, $a=\boxed{2}$, $b=\boxed{-11}$

10 $a=\boxed{-1}$, $b=\boxed{-3}$, $c=\boxed{-2}$

11 $a=\boxed{5}$, $b=\boxed{3}$, $c=\boxed{-1}$

12 C($\boxed{5}$, $\boxed{5}$), D($\boxed{17}$, $\boxed{-4}$), CD=$\boxed{15}$

13 $k=\boxed{3}$, $k=\boxed{-\dfrac{1}{3}}$, $\left(\boxed{\dfrac{1}{2}}, \boxed{\dfrac{11}{6}}\right)$

14 ($\boxed{3}$, $\boxed{2}$), ($\boxed{5}$, $\boxed{3}$)

15 $\boxed{3}\,x-y-\boxed{4}=0$, $2\sqrt{10}$

16 $y=\boxed{7}\,x+\boxed{42}$, $x^2+y^2+\boxed{12}\,x+11=0$

17 $x-\boxed{2}\,y+\boxed{10}=0$, $\boxed{3}\,x-y=\boxed{4}$

18 ($\boxed{2}$, $\boxed{1}$), ($\boxed{-1}$, $\boxed{2}$), $y=\boxed{-2}\,x+\boxed{5}$,
$y=\boxed{\dfrac{1}{2}}\,x+\boxed{\dfrac{5}{2}}$, $m<\boxed{-2}$, $\boxed{\dfrac{1}{2}}<m$

19 中心 ($\boxed{-3}$, $\boxed{0}$), 半径 $\boxed{2}$

20 $\left(\boxed{\dfrac{1}{2}}\,a, \boxed{\dfrac{1}{2}}\,a^2+a+\boxed{3}\right)$,
$y=\boxed{2}\,x^2+\boxed{2}\,x+\boxed{3}$

21 $x=\dfrac{u+\boxed{3}}{\boxed{3}}$, $y=\dfrac{v+\boxed{15}}{\boxed{3}}$,
$u=\boxed{3}\,x-\boxed{3}$, $v=\boxed{3}\,y-\boxed{15}$,
$y=\boxed{3}\,x^2-\boxed{6}\,x+\boxed{8}$,
($\boxed{2}$, $\boxed{8}$), $\left(\boxed{\dfrac{1}{3}}, \boxed{\dfrac{19}{3}}\right)$

22 $k=\boxed{4}$

23 最大値 $\boxed{10}$, 最小値 $-\sqrt{\boxed{10}}$

24 ③, ④, ②

25 $\theta=\boxed{\dfrac{2}{3}}\,\pi$, $\boxed{12}\,\pi-\boxed{9\sqrt{3}}$

26 x 軸方向に $\boxed{\dfrac{\pi}{6}}$, 周期 $\boxed{\pi}$,

周期 $\boxed{\dfrac{2}{3}}\,\pi$, x 軸方向に $\boxed{-\dfrac{\pi}{3}}$

27 ア$=\boxed{\dfrac{1}{2}}$, イ$=\boxed{\dfrac{1}{4}}$, ウ$=\boxed{\dfrac{2}{3}}\,\pi$, エ$=\boxed{\dfrac{5}{3}}\,\pi$,
オ$=\boxed{\dfrac{8}{3}}\,\pi$

28 $\theta=\boxed{0}$, $\boxed{\dfrac{\pi}{6}}$, $\boxed{\pi}$, $\boxed{\dfrac{11}{6}}\,\pi$,
$\boxed{0}<\theta<\boxed{\dfrac{\pi}{6}}$, $\boxed{\pi}<\theta<\boxed{\dfrac{11}{6}}\,\pi$

29 第 $\boxed{4}$ 象限, $\cos\alpha=\boxed{\dfrac{2\sqrt{6}}{5}}$,
$\sin\beta=\boxed{-\dfrac{\sqrt{15}}{4}}$, $\cos(\alpha+\beta)=\dfrac{2\sqrt{6}-\sqrt{15}}{20}$

30 $\cos2\theta=\boxed{\dfrac{7}{25}}$, $\sin2\theta=\boxed{-\dfrac{24}{25}}$,
$\cos\dfrac{\theta}{2}=\boxed{\dfrac{\sqrt{10}}{10}}$, $\sin\dfrac{\theta}{2}=\boxed{\dfrac{3\sqrt{10}}{10}}$,
$\sin4\theta=\boxed{-\dfrac{336}{625}}$

31 (1) $r=\boxed{2}$, $\alpha=\boxed{\dfrac{\pi}{3}}$, $\beta=\boxed{\dfrac{5}{6}}\,\pi$

(2) $x=\boxed{\dfrac{\pi}{3}}$, $\boxed{0}\leqq x<\boxed{\dfrac{\pi}{2}}$,
$x=\boxed{\dfrac{5}{6}}\,\pi$ のとき最大値 $\boxed{2}$,
$x=\boxed{0}$ のとき最小値 $\boxed{-\sqrt{3}}$

32 $y=x^{\boxed{2}}-\boxed{2}\,x-\boxed{4}$,
$x=\boxed{\sqrt{2}}\,\sin\left(\theta+\boxed{\dfrac{\pi}{4}}\right)$, $\boxed{-\sqrt{2}}\leqq x\leqq\boxed{\sqrt{2}}$,
$\theta=\boxed{\dfrac{5}{4}}\,\pi$ のとき最大値 $\boxed{2}\,\sqrt{2}-\boxed{2}$,
$\theta=\boxed{0}$, $\boxed{\dfrac{\pi}{2}}$ のとき最小値 $\boxed{-5}$

33 (1) PQ$=\boxed{\sqrt{5}}$

(2) P($\boxed{2}$, $\boxed{1}$), Q($\boxed{5}$, $\boxed{4}$)

(3) PQ$^2=\boxed{5}+\boxed{4}\,\sin\theta$, $\theta=\boxed{\dfrac{\pi}{2}}$ のとき
最大値 PQ$=\boxed{3}$

34 (1) $\boxed{24}$　(2) $\boxed{0}$

35 (1) $\boxed{3}$　(2) $\boxed{\dfrac{1}{2}}$　(3) $\boxed{ab-a+b}=2$

36 (1) $\boxed{2^{-\frac{1}{4}}}$　(2) $\boxed{4}$　(3) $\boxed{z}<\boxed{y}<\boxed{x}$

37 (1) $x=\boxed{2}$, $x=\boxed{2}+\log_2\boxed{3}$

(2) $\boxed{-2}<x<\boxed{1}$

38 $x^2-\boxed{6}\,x+\boxed{5}=0$, $x=\boxed{5}$,
$\boxed{3}<x<\boxed{5}$

39 (1) $x=\boxed{0}$ のとき最大値 $\boxed{3}$,
$x=\boxed{-1}$ のとき最小値 $\boxed{\dfrac{5}{3}}$

(2) $y=-t^2+\boxed{2}\,t+\boxed{3}$,
$x=\boxed{2}$ のとき最大値 $\boxed{4}$,
$x=\boxed{1}$ または $\boxed{4}$ のとき最小値 $\boxed{3}$

40 $k=\boxed{\dfrac{1}{2}}$, $c=\boxed{-4}$, $\boxed{3}$

41 $a=\boxed{\dfrac{1}{2}}$, $b=\boxed{1}$,
x 軸方向に $\boxed{-2}$, y 軸方向に $\boxed{-1}$

42 $x=\boxed{3}\dfrac{3}{4}$ のとき最小値 $\boxed{4\sqrt{2}}$

43 $\boxed{31}$ 桁, 小数第 $\boxed{7}$ 位

44 $m=\boxed{16}$, $a=\pm\sqrt{\boxed{7}}$

45 $y=\boxed{5}\,x-\boxed{4}$,
$y=4x-\boxed{\dfrac{86}{27}}$, $y=4x-\boxed{2}$

46 (1) $y=(\boxed{6}\,a^{\boxed{2}}-\boxed{3})x-\boxed{4}\,a^{\boxed{3}}$
(2) $b=\boxed{-4}\,a^{\boxed{3}}+\boxed{6}\,a^{\boxed{2}}-\boxed{3}$
(3) $\boxed{-3}<b<\boxed{-1}$

47 $x=\boxed{2}$ のとき極大値 $\boxed{13}$
$x=\boxed{-1}$ のとき極小値 $\boxed{-14}$

48 $k<\boxed{0}$, $\boxed{\dfrac{9}{4}}<k$, $k=\boxed{\dfrac{12}{5}}$, $\boxed{\dfrac{6}{5}}$

49 (1) $b=\boxed{\dfrac{3}{2}}a$, $c=\boxed{-6}a$, $a=\boxed{-2}$
(2) $\boxed{-20}<k<\boxed{7}$, $\boxed{-\dfrac{7}{2}}<r<\boxed{-2}$

50 $a=\boxed{1}$, $b=\boxed{-4}$

51 $y=\boxed{\dfrac{1}{3}}t^3-t^2-\boxed{3}\,t+1$, $t>\boxed{0}$,
$t=\boxed{3}$ すなわち $x=\log_2\boxed{3}$ のとき最小値 $\boxed{-8}$

52 $\sin x\cos x=\boxed{\dfrac{1}{2}}t^2-\boxed{\dfrac{1}{2}}$,
$y=\boxed{-\dfrac{1}{2}}t^3+\boxed{\dfrac{3}{2}}t$, $\boxed{-1}\leqq t\leqq\boxed{\sqrt{2}}$,
$t=\boxed{1}$, $x=\boxed{0}$, $\boxed{\dfrac{\pi}{2}}$ のとき最大値 $\boxed{1}$
$t=\boxed{-1}$, $x=\boxed{\pi}$ のとき最小値 $\boxed{-1}$

53 $S=\boxed{\dfrac{32}{3}}$, $S=\boxed{\dfrac{125}{24}}$

54 $S=\boxed{\dfrac{1}{6}}(\boxed{a}+\boxed{1})^3$,
$a=\boxed{3}\sqrt[3]{\boxed{2}}-\boxed{1}$

55 (1) $(\boxed{1}, \boxed{1})$
(2) $y=(\boxed{2}a-8)x-a^{\boxed{2}}+\boxed{8}$,
$a=\boxed{3}$, $x=\boxed{-1}$
(3) $\boxed{\dfrac{16}{3}}$

2nd Step

1

ア	イ	ウ	エ	オ	カ	キ	ク	ケ	コ	サ	シ	ス
3	0	0	2	7	3	2	1	8	3	8	5	2

2

ア	イ	ウ	エ	オ	カ	キ	ク	ケ	コ	サ
2	1	4	1	1	-	1	1	2	4	3

（ケ・コは順不同）

3

ア	イ	ウ	エ	オ	カ	キ
4	0	3	4	2	1	-1

4

ア	イ	ウ	エ	オ	カ	キ	ク	ケ	コ	サ
3	4	5	3	4	6	1	2	4	5	

5

ア	イ	ウ	エ	オ	カ	キ	ク	ケ	コ	サ	シ	ス	セ
2	8	2	3	1	8	0	4	2	2	0	-	6	4

ソ	タ	チ	ツ	テ	ト	ナ	ニ
1	2	2	8	0	1	2	5

（ト〜ニは順不同）

6

ア	イ	ウ	エ	オ	カ	キ	ク	ケ	コ	サ	シ	ス
2	3	5	4	1	7	4	5	1	6	4	4	4

（オ・カは順不同）

7

ア	イ	ウ	エ	オ	カ	キ	ク	ケ	コ	サ	シ	ス	セ	ソ
1	3	1	2	5	1	2	1	3	1	2	1	2	1	5

タ
8

（シ・スは順不同）

8

ア	イ	ウ	エ	オ	カ	キ	ク	ケ	コ	サ	シ	ス	セ	ソ
3	2	5	3	3	2	1	2	6	1	8	2	3	2	3

タ	チ	ツ	テ	ト
2	9	5	9	1

9

ア	イ	ウ	エ	オ	カ	キ	ク	ケ	コ	サ	シ	ス
2	2	3	1	2	2	2	3	6	5	6	3	1

セ	ソ	タ	チ	ツ	テ
6	2	-	3	2	0

10

ア	イ	ウ	エ	オ	カ	キ	ク	ケ
3	2	3	2	3	0	2	1	1

11

ア	イ	ウ	エ	オ	カ	キ	ク	ケ	コ	サ	シ	ス	セ	ソ
8	1	1	2	6	7	2	3	1	2	8	1	2	6	

タ	チ	ツ	テ	ト	ナ
4	6	4	6	4	4

（ウ〜カは順不同）

12

ア	イ	ウ	エ	オ	カ	キ	ク	ケ
6	4	3	9	0	0	3	3	4

（ク・ケは順不同）

13

ア	イ	ウ	エ	オ	カ	キ	ク	ケ	コ	サ	シ	ス	セ	ソ
1	4	8	2	3	2	4	2	4	4	8	4	3	2	4

（ア・イは順不同）

14

ア	イ	ウ	エ	オ	カ	キ	ク	ケ	コ	サ	シ	ス	セ
1	3	4	4	0	1	7	1	9	3	8	1	0	2

ソ	タ	チ	ツ	テ	ト	ナ	ニ	ヌ	ネ	ノ	ハ	ヒ	フ	ヘ
2	4	6	8	2	2	4	2	5	6	0	2	6	9	9

ホ	マ
2	4

15

ア	イ	ウ	エ	オ	カ	キ	ク	ケ	コ	サ	シ	ス	セ	ソ
1	0	a	3	2	2	3	3	2	2	3	3	2	3	3

タ	チ	ツ	テ	ト	ナ	ニ
3	4	4	1	6	1	6

（カ・キは順不同）

16

ア	イ	ウ	エ	オ	カ	キ	ク	ケ	コ	サ	シ	ス
3	0	2	1	0	3	1	0	2	0	0	0	3

17

ア	イ	ウ	エ	オ	カ	キ	ク	ケ	コ	サ	シ	ス	セ
2	9	4	8	2	6	2	2	6	2	6	1	2	3

ソ	タ	チ	ツ	テ	ト	ナ	ニ	ヌ	ネ	ノ	ハ	ヒ
0	3	7	5	2	2	8	a	b	2	6	6	6

18

ア	イ	ウ	エ	オ	カ	キ	ク	ケ
2	5	3	3	3	2	2	4	2

（ア・イは順不同）

Final Step

1

ア	イ
2	9

2

ア	イ	ウ	エ	オ	カ	キ	ク	ケ	コ	サ	シ	ス	セ	ソ
0	2	1	3	5	7	5	9	4	7	2	5	0	0	4

タ	チ	ツ	テ
3	3	1	8

（ウ・エは順不同）

3

ア	イ	ウ	エ	オ	カ	キ	ク	ケ	コ	サ	シ	ス	セ
5	4	5	2	5	2	3	6	4	3	4	4	3	3

ソ	タ	チ	ツ	テ	ト	ナ	ニ	ヌ	ネ	ノ
3	4	0	2	4	4	4	8	1	6	4

（イとウ，エとオ，カ～クはそれぞれ順不同）

4

ア	イ	ウ	エ	オ	カ	キ	ク	ケ	コ	サ	シ	ス
3	2	6	2	2	1	9	1	3	1	9	2	1

5

ア	イ	ウ	エ	オ
1	0	0	4	2

6

ア	イ	ウ	エ	オ	カ
2	2	3	2	5	5

7

ア	イ	ウ	エ	オ	カ	キ	ク	ケ	コ	サ	シ	ス	セ
9	6	1	6	3	2	5	1	0	1	0	2	2	2

ソ	タ	チ	ツ	テ	ト	ナ	ニ	ヌ
2	6	7	3	-	2	3	2	8

（ニ・ヌは順不同）

8

ア	イ	ウ	エ	オ	カ	キ	ク	ケ	コ	サ	シ	ス	セ
2	1	3	-	1	1	3	3	5	1	3	3	1	1

ソ	タ	チ	ツ	テ	ト	ナ	ニ	ヌ	ネ	ノ	ハ	ヒ	フ
2	0	3	4	5	-	1	5	3	-	3	2	0	1

9

ア	イ	ウ	エ	オ	カ	キ	ク	ケ	コ	サ	シ	ス	セ
1	2	2	0	-	1	0	2	0	0	2	1	1	4

（ス・セは順不同）

数学B・C

1st Step

1 初項 $\boxed{5}$ ，公差 $\boxed{4}$ ，第 $\boxed{10}$ 項

2 (1) 初項 $\boxed{-5}$ ，公比 $\boxed{-2}$ ，和 $\boxed{1680}$
(2) 初項 $\boxed{6}$ ，公比 $\boxed{-2}$ ，和 $\boxed{2}\{1-(\boxed{-2})^n\}$

3 $a_1=\boxed{98}$ ，$a_n=-\boxed{4}n+\boxed{2}$ ，$S=-\boxed{782}$

4 $a_n=\boxed{2}n-\boxed{1}$ ，$b_n=2^{n-\boxed{2}}$ ，
$S_n=(\boxed{2}n-\boxed{3})\cdot 2^{n-\boxed{1}}+\dfrac{\boxed{3}}{\boxed{2}}$

5 $a_n=\boxed{8}\cdot\boxed{3}^{n-1}$ ，
$\displaystyle\sum_{k=1}^{n}(a_k+4k-2)=\boxed{4}\cdot\boxed{3}^n+\boxed{2}n^2-\boxed{4}$

6 $\dfrac{1}{\boxed{2}}\left(\dfrac{1}{\boxed{2}k-\boxed{1}}-\dfrac{1}{\boxed{2}k+\boxed{1}}\right)$ ，
$\dfrac{n}{\boxed{2}n+\boxed{1}}$ ，$\dfrac{\boxed{16}}{\boxed{33}}$

7 (1) $b_5=\boxed{61}$ ，$b_n=2^{n+\boxed{1}}-\boxed{3}$
(2) $2^{m+\boxed{1}}+\boxed{2}k-\boxed{5}$ (3) $\boxed{2944}$

8 (1) $b_n=\boxed{3}\cdot\boxed{2}^{n-1}$ ，
$a_n=\boxed{3}\cdot\boxed{2}^{n-1}-\boxed{1}$
(2) $S_n=\boxed{3}\cdot\boxed{2}^n-n-\boxed{3}$ ，$n=\boxed{9}$

9 $a_2=\boxed{9}$ ，$a_3=\boxed{23}$ ，$a_n=\boxed{3}n^2-n-\boxed{1}$

10 $b_1=\boxed{1}$ ，$b_{n+1}=\boxed{2}b_n+\boxed{3}$ ，
$b_{n+1}+\boxed{3}=\boxed{2}(b_n+\boxed{3})$ ，
$b_n=\boxed{2}^{n+\boxed{1}}-\boxed{3}$ ，
$a_n=\dfrac{1}{\boxed{2}^{n+\boxed{1}}-\boxed{3}}$

11 $\alpha=\boxed{-2}$ ，$\beta=\boxed{1}$ ，$b_1=\boxed{3}$ ，
$b_n=\boxed{3}\cdot\boxed{4}^{n-1}$ ，
$a_n=\boxed{3}\cdot\boxed{4}^{n-1}+\boxed{2}n-\boxed{1}$ ，
$\displaystyle\sum_{k=1}^{n}a_k=\boxed{4}^{\boxed{n}}+n^{\boxed{2}}-\boxed{1}$

12 (1) (ア) $E(X)=\boxed{6}$ (イ) $V(X)=\boxed{4}$
(ウ) $\sigma(X)=\boxed{2}$

(2) (ア)

X	2	3	4	5	計
P	$\dfrac{3}{15}$	$\dfrac{6}{15}$	$\dfrac{4}{15}$	$\dfrac{2}{15}$	$\boxed{1}$

(イ) $E(X)=\dfrac{\boxed{10}}{\boxed{3}}$ (ウ) $V(X)=\dfrac{\boxed{8}}{\boxed{9}}$

13 $E(Y)=\boxed{8}$ ，$V(Y)=\boxed{4}$ ，$\sigma(Y)=\boxed{2}$

14 $E(X)=\boxed{40}$ ，$V(X)=\boxed{30}$ ，$\sigma(X)=\boxed{\sqrt{30}}$

15 (1) $\boxed{2.28}$ % ，$\boxed{37.85}$ % (2) $N(\boxed{120}$ ，$\boxed{5}^2)$
$Z=\dfrac{X-\boxed{120}}{\boxed{5}}$ ，$N(\boxed{0}$ ，1) ，$\boxed{95.44}$ %

16 (1) $B\left(\boxed{450}\,,\ \dfrac{\boxed{1}}{\boxed{3}}\right)$ ，$E(X)=\boxed{150}$
$\sigma(X)=\boxed{10}$

(2) $Z=\dfrac{X-\boxed{150}}{\boxed{10}}$ ，$N(\boxed{0}$ ，$\boxed{1}$)

(3) $P(Z\geqq\boxed{1.5})$ ，$P(X\geqq 165)=\boxed{0.0668}$
$P(140\leqq X\leqq 170)=\boxed{0.8185}$

17 (1) $E(\overline{X})=\boxed{176}$ ，$\sigma(\overline{X})=\boxed{6}$ ，$N(\boxed{176}$ ，$\boxed{36}$)
$Z=\dfrac{\overline{X}-\boxed{176}}{\boxed{6}}$ ，$N(\boxed{0}$ ，$\boxed{1}$)

(2) $P(170\leqq \overline{X}\leqq 179)=\boxed{0.5328}$
$P(\overline{X}<161)=\boxed{0.0062}$

18 (1) $\boxed{200.0}-\dfrac{1.96\times\boxed{10.0}}{\sqrt{\boxed{256}}}\leqq\mu$
$\leqq\boxed{200.0}+\dfrac{1.96\times\boxed{10.0}}{\sqrt{\boxed{256}}}$
$\boxed{198.775}\leqq\mu\leqq\boxed{201.225}$

(2) $\boxed{0.2}-1.96\sqrt{\dfrac{\boxed{0.2}(1-\boxed{0.2})}{1600}}$
$\leqq p\leqq\boxed{0.2}+1.96\sqrt{\dfrac{\boxed{0.2}(1-\boxed{0.2})}{1600}}$
$\boxed{0.1804}\leqq p\leqq\boxed{0.2196}$

19 (1) 15.2 である $^{ア}\boxed{0}$ ，$|z|>\boxed{1.96}$
(2) $\overline{X}=\boxed{15.6}$ ，$\sigma=\boxed{1.2}$ ，$n=\boxed{64}$
$N\left(\boxed{15.2}\,,\ \dfrac{\boxed{1.2}^2}{64}\right)$ ，$^{ア}\boxed{0}$
棄却される $^{ア}\boxed{0}$ 　異なるといえる $^{エ}\boxed{0}$

20 (1) 設計通りであり $^{ア}\boxed{0}$
$p=\boxed{0.2}$ ，$|z|>\boxed{1.96}$
(2) $p_0=\boxed{0.16}$ ，$n=\boxed{100}$
仮説は棄却されず，ゲーム機は設計通りであるといえる $^{イ}\boxed{0}$

21 $\overrightarrow{AD}=\dfrac{\boxed{2}}{\boxed{5}}\overrightarrow{AB}+\dfrac{\boxed{3}}{\boxed{5}}\overrightarrow{AC}$ ，$\overrightarrow{AF}=\dfrac{\boxed{1}}{\boxed{2}}\overrightarrow{AC}$

22 $x=\boxed{-3}$ ，$y=\boxed{1}$ ，$s=\boxed{1}$ ，$t=\boxed{2}$

23 $\vec{x}=(\boxed{6}$ ，$\boxed{-2})$ ，$\vec{y}=(\boxed{-2}$ ，$\boxed{4})$ ，$\boxed{135}°$

24 $|\overrightarrow{OC}|^2=|\overrightarrow{OA}|^2+\boxed{2}\overrightarrow{OA}\cdot\overrightarrow{OB}+|\overrightarrow{OB}|^2$ ，
$\overrightarrow{OA}\cdot\overrightarrow{OB}=\dfrac{\boxed{3}}{\boxed{2}}$ ，$|\overrightarrow{AB}|=\boxed{\sqrt{10}}$

25 $\overrightarrow{OP}=\dfrac{\boxed{3}}{\boxed{4}}\overrightarrow{OA}+\dfrac{\boxed{1}}{\boxed{4}}\overrightarrow{OB}$ ，$|\overrightarrow{OP}|=\dfrac{\boxed{3\sqrt{3}}}{\boxed{4}}$ ，
$\overrightarrow{OP}\cdot\overrightarrow{OB}=\boxed{0}$

26 $\overrightarrow{AP}=\dfrac{\boxed{4}\overrightarrow{AB}+\boxed{3}\overrightarrow{AC}}{\boxed{12}}$ ，$\boxed{3}:\boxed{4}$
$\overrightarrow{AD}=\dfrac{\boxed{4}\overrightarrow{AB}+\boxed{3}\overrightarrow{AC}}{\boxed{7}}$ ，$\overrightarrow{AP}=\dfrac{\boxed{7}}{\boxed{12}}\overrightarrow{AD}$ ，
$\boxed{7}:\boxed{5}$

27 $\overrightarrow{AP}=(\boxed{1}-\boxed{t})\vec{b}+\dfrac{\boxed{1}}{\boxed{3}}t\vec{c}$ ，
$\overrightarrow{AP}=\dfrac{\boxed{2}}{\boxed{5}}s\vec{b}+(\boxed{1}-\boxed{s})\vec{c}$ ，
$\overrightarrow{AP}=\dfrac{\boxed{4}}{\boxed{13}}\vec{b}+\dfrac{\boxed{3}}{\boxed{13}}\vec{c}$

28 $\overrightarrow{AH}=\dfrac{\boxed{4}}{\boxed{9}}\vec{b}+\dfrac{\boxed{5}}{\boxed{9}}\vec{c}$

29 $\dfrac{\boxed{25}}{\boxed{6}}$倍

30 $\overrightarrow{AB}=(\boxed{3},\ \boxed{4},\ \boxed{0})$,
$\overrightarrow{AC}=(\boxed{-1},\ \boxed{2},\ \boxed{2})$,
$|\overrightarrow{AB}|=\boxed{5}$, $|\overrightarrow{AC}|=\boxed{3}$, $\overrightarrow{AB}\cdot\overrightarrow{AC}=\boxed{5}$,
$\boxed{5\sqrt{2}}$

31 $\overrightarrow{OP}=\dfrac{\boxed{1}}{\boxed{4}}\vec{b}+\dfrac{\boxed{3}}{\boxed{4}}\vec{c}$, $\overrightarrow{OA}\cdot\overrightarrow{OP}=\dfrac{\boxed{1}}{\boxed{2}}$,
$t=\dfrac{\boxed{1}}{\boxed{2}}$

32 $\vec{a}\cdot\vec{c}=\vec{d}\cdot\vec{a}=\boxed{0}$, $\vec{c}\cdot\vec{d}=\dfrac{\boxed{1}}{\boxed{2}}$,
$\overrightarrow{PG}=-\vec{a}+\dfrac{\boxed{1}}{\boxed{3}}\vec{c}+\dfrac{\boxed{2}}{\boxed{3}}\vec{d}$,
$\overrightarrow{PQ}=(t-1)\vec{a}+\left(\dfrac{\boxed{1}}{\boxed{3}}-t\right)\vec{c}+\dfrac{\boxed{2}}{\boxed{3}}\vec{d}$,
$t=\dfrac{\boxed{5}}{\boxed{6}}$ のとき最小値 $\dfrac{\sqrt{14}}{\boxed{6}}$

33 $\overrightarrow{AI}=\vec{b}+\vec{d}+\boxed{2}\vec{e}$,
$\overrightarrow{AP}=\dfrac{\boxed{1}}{\boxed{4}}\vec{b}+\dfrac{\boxed{1}}{\boxed{4}}\vec{d}+\dfrac{\boxed{1}}{\boxed{2}}\vec{e}$

34 (1) (ア) (2) (ウ) (3) (オ)

35 $c=\boxed{2}+\boxed{3}i$, $d=-\boxed{8}+\boxed{8}i$,
$CD=\boxed{5}\sqrt{\boxed{5}}$

36 $4+4i=\boxed{4}\sqrt{\boxed{2}}\left(\cos\dfrac{\pi}{\boxed{4}}+i\sin\dfrac{\pi}{\boxed{4}}\right)$
$-2=\boxed{2}(\cos\boxed{\pi}+i\sin\boxed{\pi})$

37 $z_1z_2=-\boxed{4}+\boxed{4}\sqrt{\boxed{3}}\,i$,
$\dfrac{z_1}{z_2}=\dfrac{\sqrt{\boxed{3}}}{\boxed{4}}+\dfrac{1}{\boxed{4}}i$

38 $z^4=\boxed{2}(\boxed{1}-\sqrt{\boxed{3}}\,i)$, $n=\boxed{6}$,
$z^6=\boxed{8}i$

39 $\beta=\boxed{3}+\boxed{5}i$, $\gamma=-\boxed{1}+\boxed{4}i$

40 (1) 点 $\boxed{-4}+\dfrac{\boxed{3}}{\boxed{2}}i$ を中心とする半径 $\boxed{2}$ の円
　　(2) 2点 $\boxed{3}$ と $\boxed{-4}+\boxed{2}i$ を結ぶ線分の垂直二等分線

41 $(z-\boxed{6i})(\bar{z}+\boxed{6i})=\boxed{16}$
$|z-\boxed{6i}|=\boxed{4}$, 点 $\boxed{6i}$ を中心とする半径 $\boxed{4}$ の円

42 点 $\boxed{2}$ を中心とする半径 $\boxed{2}$ の円
2点 $\boxed{1}$ と $\boxed{1}+\boxed{i}$ を結ぶ線分の垂直二等分線

43 $\dfrac{\gamma-\alpha}{\beta-\alpha}=\boxed{2}+\boxed{2i}$, $\angle BAC=\dfrac{\boxed{1}}{\boxed{4}}\pi$

44 (1) $y^2=\boxed{-16}x$ (2) 焦点 $\left(\dfrac{\boxed{3}}{\boxed{2}},\ \boxed{0}\right)$,
　　準線 $x=-\dfrac{\boxed{3}}{\boxed{2}}$ (3) $y^2=\boxed{12}x$, $x^2=-\dfrac{\boxed{3}}{\boxed{2}}y$
　　(4) ①

45 (1) $\dfrac{x^2}{\boxed{9}}+\dfrac{y^2}{\boxed{3}}=1$ (2) $\dfrac{x^2}{\boxed{18}}+\dfrac{y^2}{\boxed{9}}=1$
(3) $\dfrac{x^2}{\boxed{16}}+\dfrac{y^2}{\boxed{64}}=1$

46 (1) (ア), $a^2=\boxed{16}$, $b^2=\boxed{9}$
(2) (イ), $a^2=\boxed{1}$, $b^2=\boxed{4}$
(3) (ア), $a^2=\boxed{6}$, $b^2=\boxed{3}$

47 $\dfrac{(x+\boxed{2})^2}{\boxed{4}}-\dfrac{(y-\boxed{3})^2}{\boxed{9}}=1$
焦点 $(\boxed{-2}\pm\sqrt{\boxed{13}},\ \boxed{3})$
漸近線 $y=\dfrac{\boxed{3}}{\boxed{2}}x+\boxed{6}$, $y=-\dfrac{3}{2}x$

48 $\dfrac{x^2}{\boxed{16}}+\dfrac{y^2}{\boxed{9}}=1$, 短軸の長さ $\boxed{6}$

49 $y^2=\boxed{16}x$, $x\geqq\boxed{0}$, $y\geqq\boxed{-4}$

50 $\dfrac{(x-\boxed{2})^2}{\boxed{16}}+\dfrac{y^2}{\boxed{9}}=1$
$\dfrac{x^2}{\boxed{25}}-\dfrac{y^2}{\boxed{9}}=1$

51 $B\left(\boxed{\sqrt{3}},\ \dfrac{\pi}{\boxed{6}}\right)$, $C\left(\boxed{2},\ \dfrac{\pi}{\boxed{3}}\right)$,
$E\left(\boxed{1},\ \dfrac{\boxed{2}}{\boxed{3}}\pi\right)$

52 (1) $(\boxed{-5\sqrt{3}},\ \boxed{-5})$ (2) $\left(\boxed{2},\ \dfrac{\boxed{7}}{\boxed{4}}\pi\right)$

53 (1) $\boxed{r}\cos\left(\theta-\dfrac{\pi}{\boxed{4}}\right)=\boxed{4}$
(2) $r=\boxed{5}\cos\left(\theta-\dfrac{\pi}{\boxed{3}}\right)$
$r=\boxed{5}\sin\left(\dfrac{\boxed{5}}{\boxed{6}}\pi-\theta\right)$

54 (1) $x^2+y^2=4$ ア④, $\theta=\dfrac{\pi}{3}$ イ⓪
(2) $x-\boxed{\sqrt{3}}\,y=\boxed{4}$
$(x-\boxed{3})^2+(y-\boxed{3})^2=\boxed{18}$
(3) $r\sin\left(\theta+\dfrac{\pi}{\boxed{4}}\right)=\boxed{1}$
$r=\boxed{2\sqrt{2}}\sin\left(\theta+\dfrac{\pi}{\boxed{4}}\right)$

2nd Step

1

ア	イ	ウ	エ	オ	カ	キ	ク	ケ	コ	サ	シ	ス	セ
0	3	6	6	4	1	5	5	2	2	b	1	3	0

ソ	タ	チ
2	4	2

2

ア	イ	ウ	エ	オ	カ	キ	ク	ケ	コ	サ
2	8	1	3	8	1	8	2	2	0	1

シ	ス	セ	ソ	タ	チ	ツ
1	3	1	2	7	6	1

（ア・イは順不同）

3

ア	イ	ウ	エ	オ	カ	キ	ク	ケ	コ	サ	シ	ス
0	3	3	3	2	1	3	1	4	1	6	3	4

（ア・イ, シ・スはそれぞれ順不同）

4

ア	イ	ウ	エ	オ	カ	キ	ク	ケ	コ	サ	シ	ス
1	a	6	8	2	8	6	8	7	6	8	4	4

5

ア	イ	ウ	エ	オ	カ	キ	ク	ケ	コ	サ	シ	ス	セ	ソ
0	2	1	5	0	5	3	5	6	5	3	0	0	2	0

タ	チ	ツ	テ	ト	ナ	ニ	ヌ
7	6	0	0	1	1	1	2

（ニ・ヌは順不同）

6

ア	イ	ウ	エ	オ	カ	キ	ク	ケ
0	1	2	5	1	1	6	5	4

7

ア	イ	ウ	エ	オ	カ	キ	ク	ケ	コ	サ	シ	ス	セ
1	3	a	2	1	2	2	b	2	3	2	3	2	3

ソ	タ	チ	ツ	テ
2	2	4	2	0

8

ア	イ	ウ	エ	オ	カ	キ	ク	ケ	コ	サ	シ	ス	セ	ソ
1	2	5	7	2	3	6	2	6	3	6	2	1	2	3

タ
2

（イ~エ, オ~キはそれぞれ順不同）

9

ア	イ	ウ	エ	オ	カ	キ	ク	ケ	コ	サ	シ	ス	セ	ソ
6	0	4	1	8	1	2	1	8	8	2	9	4	3	2

タ	チ	ツ	テ	ト	ナ	ニ	ヌ	ネ	ノ
4	2	2	1	4	3	3	3	3	4

10

ア	イ	ウ	エ	オ	カ	キ	ク	ケ	コ
2	2	3	4	2	0	2	5	6	1

11

ア	イ	ウ	エ	オ	カ	キ	ク	ケ	コ	サ	シ	ス	セ	ソ
3	2	1	4	1	3	1	2	2	5	5	2	4	2	1

タ	チ	ツ	テ	ト	ナ	ニ	ヌ
2	1	5	6	7	6	1	4

（ニ・ヌは順不同）

12

ア	イ	ウ	エ	オ	カ	キ	ク	ケ	コ	サ	シ	ス	セ	ソ
4	2	3	0	1	6	7	4	2	3	9	4	1	3	3

タ	チ	ツ	テ	ト	ナ	ニ	ヌ	ネ
6	1	3	2	3	4	1	6	1

13

ア	イ	ウ	エ	オ	カ	キ	ク	ケ	コ	サ	シ	ス	セ	ソ
4	4	4	8	2	2	4	6	4	1	4	0	4	2	3

14

ア	イ	ウ	エ	オ	カ	キ
1	0	1	5	1	3	5

（カ・キは順不同）

Final Step

1

ア	イ	ウ	エ	オ	カ	キ	ク	ケ	コ	サ	シ	ス	セ	ソ
4	2	3	4	6	3	8	2	3	4	3	0	−	4	1

タ	チ	ツ	テ	ト	ナ	ニ	ヌ
3	4	1	2	3	2	4	8

2

ア	イ	ウ	エ	オ	カ	キ	ク	ケ	コ	サ	シ	ス	セ	ソ
3	3	2	3	2	6	6	3	3	2	1	3	1	4	3

タ	チ	ツ	テ
2	2	2	0

3

ア	イ	ウ	エ	オ	カ	キ	ク	ケ	コ	サ	シ	ス	セ	ソ
1	4	1	2	7	4	2	4	0	1	2	0	2	2	6

タ	チ	ツ	テ	ト	ナ	ニ	ヌ	ネ	ノ
6	0	3	0	4	4	1	5	5	9

4

ア	イ	ウ	エ	オ	カ	キ	ク	ケ	コ	サ	シ	ス	セ	ソ
0	7	4	5	1	9	3	2	0	7	2	6	7	1	1

タ
0

5

ア	イ	ウ	エ	オ	カ	キ	ク	ケ	コ	サ	シ	ス	セ
3	6	a	a	1	3	5	2	1	5	4	9	0	0

6

ア	イ	ウ	エ	オ	カ	キ	ク	ケ	コ	サ	シ	ス	セ	ソ
1	2	1	2	2	3	2	3	2	3	1	2	−	1	3

タ	チ	ツ	テ
1	9	0	1

7

ア	イ	ウ	エ	オ	カ	キ	ク	ケ	コ
1	3	4	2	5	0	5	7	0	1

（イ・ウ, カ~クは順不同）

8

ア	イ	ウ	エ	オ	カ
2	1	1	3	6	6

正 規 分 布 表

次の表は，標準正規分布の分布曲線における右図の
灰色部分の面積の値をまとめたものである。

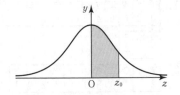

z_0	0.00	0.01	0.02	0.03	0.04	0.05	0.06	0.07	0.08	0.09
0.0	0.0000	0.0040	0.0080	0.0120	0.0160	0.0199	0.0239	0.0279	0.0319	0.0359
0.1	0.0398	0.0438	0.0478	0.0517	0.0557	0.0596	0.0636	0.0675	0.0714	0.0753
0.2	0.0793	0.0832	0.0871	0.0910	0.0948	0.0987	0.1026	0.1064	0.1103	0.1141
0.3	0.1179	0.1217	0.1255	0.1293	0.1331	0.1368	0.1406	0.1443	0.1480	0.1517
0.4	0.1554	0.1591	0.1628	0.1664	0.1700	0.1736	0.1772	0.1808	0.1844	0.1879
0.5	0.1915	0.1950	0.1985	0.2019	0.2054	0.2088	0.2123	0.2157	0.2190	0.2224
0.6	0.2257	0.2291	0.2324	0.2357	0.2389	0.2422	0.2454	0.2486	0.2517	0.2549
0.7	0.2580	0.2611	0.2642	0.2673	0.2704	0.2734	0.2764	0.2794	0.2823	0.2852
0.8	0.2881	0.2910	0.2939	0.2967	0.2995	0.3023	0.3051	0.3078	0.3106	0.3133
0.9	0.3159	0.3186	0.3212	0.3238	0.3264	0.3289	0.3315	0.3340	0.3365	0.3389
1.0	0.3413	0.3438	0.3461	0.3485	0.3508	0.3531	0.3554	0.3577	0.3599	0.3621
1.1	0.3643	0.3665	0.3686	0.3708	0.3729	0.3749	0.3770	0.3790	0.3810	0.3830
1.2	0.3849	0.3869	0.3888	0.3907	0.3925	0.3944	0.3962	0.3980	0.3997	0.4015
1.3	0.4032	0.4049	0.4066	0.4082	0.4099	0.4115	0.4131	0.4147	0.4162	0.4177
1.4	0.4192	0.4207	0.4222	0.4236	0.4251	0.4265	0.4279	0.4292	0.4306	0.4319
1.5	0.4332	0.4345	0.4357	0.4370	0.4382	0.4394	0.4406	0.4418	0.4429	0.4441
1.6	0.4452	0.4463	0.4474	0.4484	0.4495	0.4505	0.4515	0.4525	0.4535	0.4545
1.7	0.4554	0.4564	0.4573	0.4582	0.4591	0.4599	0.4608	0.4616	0.4625	0.4633
1.8	0.4641	0.4649	0.4656	0.4664	0.4671	0.4678	0.4686	0.4693	0.4699	0.4706
1.9	0.4713	0.4719	0.4726	0.4732	0.4738	0.4744	0.4750	0.4756	0.4761	0.4767
2.0	0.4772	0.4778	0.4783	0.4788	0.4793	0.4798	0.4803	0.4808	0.4812	0.4817
2.1	0.4821	0.4826	0.4830	0.4834	0.4838	0.4842	0.4846	0.4850	0.4854	0.4857
2.2	0.4861	0.4864	0.4868	0.4871	0.4875	0.4878	0.4881	0.4884	0.4887	0.4890
2.3	0.4893	0.4896	0.4898	0.4901	0.4904	0.4906	0.4909	0.4911	0.4913	0.4916
2.4	0.4918	0.4920	0.4922	0.4925	0.4927	0.4929	0.4931	0.4932	0.4934	0.4936
2.5	0.4938	0.4940	0.4941	0.4943	0.4945	0.4946	0.4948	0.4949	0.4951	0.4952
2.6	0.4953	0.4955	0.4956	0.4957	0.4959	0.4960	0.4961	0.4962	0.4963	0.4964
2.7	0.4965	0.4966	0.4967	0.4968	0.4969	0.4970	0.4971	0.4972	0.4973	0.4974
2.8	0.4974	0.4975	0.4976	0.4977	0.4977	0.4978	0.4979	0.4979	0.4980	0.4981
2.9	0.4981	0.4982	0.4982	0.4983	0.4984	0.4984	0.4985	0.4985	0.4986	0.4986
3.0	0.4987	0.4987	0.4987	0.4988	0.4988	0.4989	0.4989	0.4989	0.4990	0.4990
3.1	0.4990	0.4991	0.4991	0.4991	0.4992	0.4992	0.4992	0.4992	0.4993	0.4993
3.2	0.4993	0.4993	0.4994	0.4994	0.4994	0.4994	0.4994	0.4995	0.4995	0.4995
3.3	0.4995	0.4995	0.4995	0.4996	0.4996	0.4996	0.4996	0.4996	0.4996	0.4997
3.4	0.4997	0.4997	0.4997	0.4997	0.4997	0.4997	0.4997	0.4997	0.4997	0.4998
3.5	0.4998	0.4998	0.4998	0.4998	0.4998	0.4998	0.4998	0.4998	0.4998	0.4998

1st *Step* ファーストステップ

数学 II 1 方程式・式と証明

1 (1) $(x+2y)^3(x-2y)^3$

$=\{(x+2y)(x-2y)\}^3=(x^2-4y^2)^3$

$=x^{\boxed{6}}-\boxed{12}x^{\boxed{4}}y^2+48x^{\boxed{2}}y^{\boxed{4}}-\boxed{64}y^{\boxed{6}}$

(2) $2x(4x^2-1)+y(y^2-1)$

$=8x^3-2x+y^3-y=(2x)^3+y^3-(2x+y)$

$=(2x+y)\{(2x)^2-2xy+y^2\}-(2x+y)$

$=(\boxed{2}x+y)(\boxed{4}x^2-\boxed{2}xy+y^2-\boxed{1})$

2 $\left(x-\dfrac{3}{x^2}\right)^7$ の展開式における一般項は

${}_7C_r x^{7-r}\left(-\dfrac{3}{x^2}\right)^r = {}_7C_r(-3)^r x^{7-r}\cdot\dfrac{1}{x^{2r}}$

$={}_7C_r(-3)^r x^{7-3r}$

x の項は $7-3r=1$, すなわち $r=2$ のとき

よって, x の項の係数は

${}_7C_2(-3)^2 = \dfrac{7\cdot 6}{2\cdot 1}\cdot 9 = \boxed{189}$

3 除法の関係式より

$$\begin{array}{r}x^2-2x+4 \\ x^2+3\overline{)A} \\ \hline 7x-6\end{array}$$

$A=(x^2+3)(x^2-2x+4)+7x-6$

$=(x^4-2x^3+7x^2-6x+12)+7x-6$

$=x^4-\boxed{2}x^3+\boxed{7}x^2+x+\boxed{6}$

4 $x=1+\sqrt{3}$ より $x-1=\sqrt{3}$

$(x-1)^2=(\sqrt{3})^2$

$x^2-2x+1=3$

$x^2-2x-2=0$ だから $A=\boxed{0}$

$$\begin{array}{r}x^2+2x\ +3 \\ x^2-2x-2\overline{)x^4\qquad -3x^2-8x-7} \\ \underline{x^4-2x^3-2x^2}\qquad \\ 2x^3-\ x^2-8x \\ \underline{2x^3-4x^2-4x} \\ 3x^2-4x-7 \\ \underline{3x^2-6x-6} \\ 2x-1\end{array}$$

前の割り算より, B を A で割ったときの

商は $x^2+\boxed{2}x+\boxed{3}$

余りは $\boxed{2}x-\boxed{1}$

よって,

$B=(x^2-2x-2)(x^2+2x+3)+2x-1$

と表せるから $x=1+\sqrt{3}$ を代入すると

$B=0\cdot(x^2+2x+3)+2(1+\sqrt{3})-1$

$=\boxed{2}\sqrt{3}+\boxed{1}$

5 $x^2-2kx+2k+8=0$ の判別式を D とすると

$\dfrac{D}{4}=(-k)^2-(2k+8)<0$

$k^2-2k-8<0$

$(k+2)(k-4)<0$

よって, $\boxed{-2}<k<\boxed{4}$

ゆえに, 最大の自然数は $k=\boxed{3}$ で, このとき

$x^2-6x+14=0$

より, 解は

$x=\boxed{3}\pm\sqrt{\boxed{5}}\,i$

6 解と係数の関係より

$\alpha+\beta=\dfrac{a}{2}$, $\alpha\beta=\dfrac{a-1}{2}$

$\alpha^2+\beta^2=(\alpha+\beta)^2-2\alpha\beta$

$=\left(\dfrac{a}{2}\right)^2-2\cdot\dfrac{a-1}{2}=0$

だから $a^2-4a+4=0$

$(a-2)^2=0$ より $a=\boxed{2}$

よって, $\alpha+\beta=1$, $\alpha\beta=\dfrac{1}{2}$ だから

$\alpha^3+\beta^3=(\alpha+\beta)^3-3\alpha\beta(\alpha+\beta)$

$=1^3-3\cdot\dfrac{1}{2}\cdot 1=\boxed{-\dfrac{1}{2}}$

解の和は

$\dfrac{1}{\alpha}+\dfrac{1}{\beta}=\dfrac{\alpha+\beta}{\alpha\beta}=1\cdot 2=2$

解の積は

$\dfrac{1}{\alpha}\cdot\dfrac{1}{\beta}=\dfrac{1}{\alpha\beta}=2$

よって, $x^2-\boxed{2}x+\boxed{2}=0$

7 $P(x)=x^3+ax^2+bx-7$ を
$x+2$ で割った余りが 11 だから
$$P(-2)=-8+4a-2b-7=11$$
$$2a-b=13 \quad\cdots\cdots①$$
$x-3$ で割った余りが $a-b$ だから
$$P(3)=27+9a+3b-7=a-b$$
$$2a+b=-5 \quad\cdots\cdots②$$
①，②を解いて $a=\boxed{2}$，$b=\boxed{-9}$

8 $P(x)=x^3-(k+1)x^2+(k+1)x-1$
$$P(\boxed{1})=1-(k+1)+(k+1)-1=0$$

$$
\begin{array}{r}
x^2 \quad\quad -kx \quad\quad +1 \\
x-1\overline{)x^3-(k+1)x^2+(k+1)x-1} \\
\underline{x^3-\quad\quad x^2} \\
-kx^2+(k+1)x \\
\underline{-kx^2+\quad kx} \\
x-1 \\
\underline{x-1} \\
0
\end{array}
$$

上の割り算より
$$P(x)=(x-\boxed{1})(x^2-\boxed{k}x+\boxed{1})$$
$P(x)=0$ の解は
$$x-1=0 \quad と$$
$$x^2-kx+1=0 \quad\cdots\cdots①$$
の解だから，
(i) ①の判別式が $D<0$ のとき
$$D=k^2-4=(k+2)(k-2)<0$$
よって，$-2<k<2$
(ii) ①が $x=1$ を重解にもつとき
$D=0$ より $k=\pm2$
$k=2$ のとき，①は
$$x^2-2x+1=(x-1)^2=0$$
となり，$x=1$ だけを解にもつ。
$k=-2$ のとき，①は $(x+1)^2=0$ となり，
$x=-1$ を解にもつから不適。
以上より，求める整数 k の個数は
-1，0，1，2 の $\boxed{4}$ 個

9 $x^2-3x+1=0$ の 2 つの解が α，β だから
解と係数の関係より
$$\alpha+\beta=\boxed{3}，\alpha\beta=\boxed{1}$$
$$\alpha^2+\beta^2=(\alpha+\beta)^2-2\alpha\beta$$
$$=3^2-2\cdot1=\boxed{7}$$
$$\alpha^3+\beta^3=(\alpha+\beta)^3-3\alpha\beta(\alpha+\beta)$$
$$=3^3-3\cdot1\cdot3=\boxed{18}$$
$$P(\alpha)=\alpha^3+a\alpha^2+b\alpha+4=\alpha^2$$
$$P(\beta)=\beta^3+a\beta^2+b\beta+4=\beta^2$$

$P(\alpha)+P(\beta)$ より
$$\alpha^3+\beta^3+a(\alpha^2+\beta^2)+b(\alpha+\beta)+8=\alpha^2+\beta^2$$
$$18+7a+3b+8=7$$
よって，$\boxed{7}a+3b=\boxed{-19} \quad\cdots\cdots①$
$P(\alpha)-P(\beta)$ より
$$\alpha^3-\beta^3+a(\alpha^2-\beta^2)+b(\alpha-\beta)=\alpha^2-\beta^2$$
$$(\alpha-\beta)(\alpha^2+\alpha\beta+\beta^2)$$
$$+a(\alpha+\beta)(\alpha-\beta)+b(\alpha-\beta)$$
$$=(\alpha+\beta)(\alpha-\beta)$$
$\alpha\neq\beta$ だから
$$\alpha^2+\alpha\beta+\beta^2+a(\alpha+\beta)+b=\alpha+\beta$$
$$7+1+3a+b=3$$
よって，$\boxed{3}a+b=\boxed{-5} \quad\cdots\cdots②$
①，②を解いて $a=\boxed{2}$，$b=\boxed{-11}$

10 x^3+ax^2+bx+4
$$=(x-1)^3+2(x-1)^2+c(x-1)+1$$
$$=x^3-3x^2+3x-1+2x^2-4x+2+cx-c+1$$
$$=x^3-x^2+(c-1)x-c+2$$
これが x についての恒等式になるためには
$$a=-1，b=c-1，4=-c+2$$
これを解いて
$$a=\boxed{-1}，b=\boxed{-3}，c=\boxed{-2}$$

別解

与式の両辺に $x=1$，0，-1 を代入して
$x=1$ のとき $1+a+b+4=1$
$$a+b=-4 \quad\cdots\cdots①$$
$x=0$ のとき $4=-1+2-c+1$
$$c=-2 \quad\cdots\cdots②$$
$x=-1$ のとき $-1+a-b+4$
$$=-8+8-2c+1$$
$$a-b+2c=-2 \quad\cdots\cdots③$$
①，②，③を解いて
$$a=\boxed{-1}，b=\boxed{-3}，c=\boxed{-2}$$

11
$$
\begin{array}{r}
x+2 \\
x^2+bx+c\overline{)x^3+ax^2+8x-3} \\
\overline{\quad\quad\quad\quad bx-1}
\end{array}
$$

除法の関係式より
$$x^3+ax^2+8x-3$$
$$=(x+2)(x^2+bx+c)+bx-1$$
$$=x^3+(b+2)x^2+(3b+c)x+2c-1$$
これが x についての恒等式になるためには
$$a=b+2，8=3b+c，-3=2c-1$$
これを解いて $a=\boxed{5}$，$b=\boxed{3}$，$c=\boxed{-1}$

数学Ⅱ 2 図形と方程式

12 C(x, y) とすると
$$x=\frac{1\cdot(-3)+2\cdot9}{2+1}=\frac{15}{3}=5$$
$$y=\frac{1\cdot11+2\cdot2}{2+1}=\frac{15}{3}=5$$
よって，C($\boxed{5}$, $\boxed{5}$)
D(x, y) とすると
$$x=\frac{-2\cdot(-3)+5\cdot9}{5-2}=\frac{51}{3}=17$$
$$y=\frac{-2\cdot11+5\cdot2}{5-2}=\frac{-12}{3}=-4$$
よって，D($\boxed{17}$, $\boxed{-4}$)
$$CD=\sqrt{(17-5)^2+(-4-5)^2}=\sqrt{225}=\boxed{15}$$

13 $y=3x-k$ ……①, $y=kx+2$ ……②
①, ②が平行なとき $k=\boxed{3}$
①, ②が垂直なとき
$$3\cdot k=-1 \quad より \quad k=\boxed{-\frac{1}{3}}$$
このとき①, ②の交点は
$$y=3x+\frac{1}{3}, \quad y=-\frac{1}{3}x+2 \quad を解いて$$
$$x=\frac{1}{2}, \quad y=\frac{11}{6} \quad よって，\left(\boxed{\frac{1}{2}}, \boxed{\frac{11}{6}}\right)$$

14
$$y=mx-3m+2$$
$$=(x-3)m+2$$
よって，定点($\boxed{3}$, $\boxed{2}$) を通る。
$$(k+2)x-(3k+1)y+4k-7=0$$
$$(x-3y+4)k+(2x-y-7)=0$$
k の値に関係なく成り立つためには
$$x-3y+4=0 \quad ……①$$
$$2x-y-7=0 \quad ……②$$
①, ②を解いて $x=5, y=3$
よって，定点($\boxed{5}$, $\boxed{3}$) を通る。

15 A$(-1, -7)$, B$(4, 8)$, C$(-5, 1)$
A, B を通る直線の方程式は
$$y-(-7)=\frac{8-(-7)}{4-(-1)}(x+1)$$
$$y=3(x+1)-7$$
よって，$\boxed{3}x-y-\boxed{4}=0$
点 C と直線 AB との距離は
$$\frac{|3\cdot(-5)-1\cdot1-4|}{\sqrt{3^2+(-1)^2}}=\frac{|-20|}{\sqrt{10}}=\boxed{2\sqrt{10}}$$

16 円の中心は，2 点 A$(-2, 3)$, B$(-9, 4)$ の垂直二等分線上にある。

直線 AB の傾きは $\dfrac{4-3}{-9-(-2)}=-\dfrac{1}{7}$

弦 AB の中点は $\left(-\dfrac{11}{2}, \dfrac{7}{2}\right)$ だから

AB の垂直二等分線は
$$y=7\left(x+\frac{11}{2}\right)+\frac{7}{2}$$
よって，$y=\boxed{7}x+\boxed{42}$
中心は x 軸上より $y=0$ だから
$$7x+42=0 \quad より \quad x=-6$$
ゆえに，中心は $(-6, 0)$
半径は $\sqrt{(-6+2)^2+(0-3)^2}=\sqrt{25}$
したがって，$(x+6)^2+y^2=25$
$$x^2+y^2+\boxed{12}x+\boxed{11}=0$$

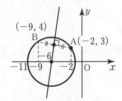

17 接線の公式より $-2\cdot x+4\cdot y=20$ だから
$$x-\boxed{2}y+\boxed{10}=0$$

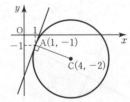

円の中心は $(4, -2)$ で，これを C とすると，直線 CA の傾きは

$$\frac{-1-(-2)}{1-4}=-\frac{1}{3} \quad だから$$

接線の傾きは 3
よって，$y=3(x-1)-1$ より
$$\boxed{3}x-y=\boxed{4}$$

18 接点の座標を $(x_1,\ y_1)$ とすると，接線は

$$x_1 x + y_1 y = 5$$

これが $(1,\ 3)$ を通るから

$$x_1 + 3y_1 = 5 \quad \cdots\cdots①$$

$(x_1,\ y_1)$ は円 $x^2 + y^2 = 5$ 上の点だから

$$x_1{}^2 + y_1{}^2 = 5 \quad \cdots\cdots②$$

①，②を解いて

$$(5 - 3y_1)^2 + y_1{}^2 = 5$$
$$10y_1{}^2 - 30y_1 + 20 = 0$$
$$y_1{}^2 - 3y_1 + 2 = 0$$
$$(y_1 - 1)(y_1 - 2) = 0$$

よって，$x_1 = 2,\ y_1 = 1$ または $x_1 = -1,\ y_1 = 2$

ゆえに，接点は $(\boxed{2},\ \boxed{1})$，$(\boxed{-1},\ \boxed{2})$

接線の方程式は

$$2x + y = 5 \quad より \quad y = \boxed{-2}\,x + \boxed{5}$$

$$-x + 2y = 5 \quad より \quad y = \boxed{\tfrac{1}{2}}\,x + \boxed{\tfrac{5}{2}}$$

また，点 $A(1,\ 3)$ を通る傾き m の直線は

$$y = m(x - 1) + 3$$
$$mx - y - m + 3 = 0$$

円の中心と直線の距離から，2点で交わる条件は

$$\frac{|-m+3|}{\sqrt{m^2 + (-1)^2}} < \sqrt{5}$$
$$|-m + 3| < \sqrt{5(m^2 + 1)}$$
$$m^2 - 6m + 9 < 5(m^2 + 1)$$
$$2m^2 + 3m - 2 > 0$$
$$(2m - 1)(m + 2) > 0$$

よって，$m < \boxed{-2}$，$\boxed{\tfrac{1}{2}} < m$

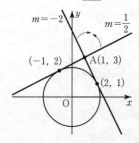

19 $P(x,\ y)$ とすると

$AP : BP = 1 : 2$ より $2AP = BP$

$$2\sqrt{(x+2)^2 + y^2} = \sqrt{(x-1)^2 + y^2}$$

両辺を2乗して

$$4(x^2 + 4x + 4 + y^2) = x^2 - 2x + 1 + y^2$$
$$x^2 + y^2 + 6x + 5 = 0$$
$$(x + 3)^2 + y^2 = 4$$

よって，中心 $(\boxed{-3},\ \boxed{0})$，半径 $\boxed{2}$

20
$$y = -2x^2 + 2ax + a + 3$$
$$= -2(x^2 - ax) + a + 3$$
$$= -2\left(x - \frac{a}{2}\right)^2 + \frac{a^2}{2} + a + 3$$

よって，頂点の座標は

$$\left(\boxed{\tfrac{1}{2}}\,a,\ \boxed{\tfrac{1}{2}}\,a^2 + a + \boxed{3}\right)$$

$$x = \frac{1}{2}a,\quad y = \frac{1}{2}a^2 + a + 3$$

とおいて a を消去する。

$a = 2x$ として y に代入すると

$$y = \frac{1}{2}(2x)^2 + 2x + 3$$

よって，$y = \boxed{2}\,x^2 + \boxed{2}\,x + \boxed{3}$

21

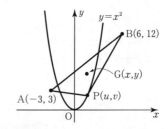

△PAB の重心の座標は

$$x = \frac{-3 + 6 + u}{3} = \frac{u + \boxed{3}}{\boxed{3}}$$
$$y = \frac{3 + 12 + v}{3} = \frac{v + \boxed{15}}{\boxed{3}} \Biggr\} \quad \cdots\cdots①$$

$$u = \boxed{3}\,x - \boxed{3},\quad v = \boxed{3}\,y - \boxed{15}$$

$v = u^2$ に代入して

$$3y - 15 = (3x - 3)^2$$
$$3y = 9(x - 1)^2 + 15$$
$$y = 3(x^2 - 2x + 1) + 5$$

よって，$y = \boxed{3}\,x^2 - \boxed{6}\,x + \boxed{8}$

直線 AB の方程式は

$$y - 3 = \frac{12 - 3}{6 - (-3)}(x + 3)$$

より $y = x + 6 \quad \cdots\cdots②$

点 $P(u,\ v)$ が②上にあるとき

$v = u + 6$，$v = u^2$ から

$$u^2 = u + 6,\quad u^2 - u - 6 = 0$$
$$(u + 2)(u - 3) = 0$$

よって，$u = 3,\ -2$

$u = 3$ のとき $v = 9$

このとき①に代入して

$$x = \frac{3 + 3}{3} = 2,\quad y = \frac{9 + 15}{3} = 8$$

$u=-2$ のとき $v=4$

このとき①に代入して

$$x=\frac{-2+3}{3}=\frac{1}{3}, \quad y=\frac{4+15}{3}=\frac{19}{3}$$

よって，$(\boxed{2}, \boxed{8})$，$\left(\boxed{\frac{1}{3}}, \boxed{\frac{19}{3}}\right)$ は除く。

22 連立不等式の表す領域は，下図の斜線部分。

ただし，境界を含む。

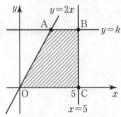

点 A，B の座標は $A\left(\frac{k}{2}, k\right)$，$B(5, k)$

だから，斜線部分の面積

(台形)＝(上底＋下底)×(高さ)÷2 より

$$(AB+OC)\cdot BC\cdot\frac{1}{2}$$

$$=\left(5-\frac{k}{2}+5\right)\cdot k\cdot\frac{1}{2}$$

$$=-\frac{k^2}{4}+5k=16$$

$$k^2-20k+64=0$$

$$(k-16)(k-4)=0$$

$0<k<10$ だから $k=\boxed{4}$

23 連立不等式の表す領域は，下図の斜線部分。

ただし，境界を含む。

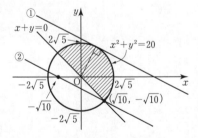

$x+2y=k$ とおいて，直線 $y=-\frac{1}{2}x+\frac{k}{2}$ を

平行移動して考える。

最大値は直線①のときで，中心 O と直線

$x+2y-k=0$ までの距離が半径と等しいとき。

$$\frac{|-k|}{\sqrt{1^2+2^2}}=2\sqrt{5}$$

$$|-k|=10$$

$$k=\pm 10$$

図より $k=10$

よって，最大値は $\boxed{10}$

最小値は直線②のときで，円と直線 $x+y=0$

の交点を求めると，$y=-x$ より

$$x^2+(-x)^2=20$$

$$x^2=10$$

$$x=\pm\sqrt{10}$$

図より $x=\sqrt{10}$，$y=-\sqrt{10}$

これより，k の最小値は点 $(\sqrt{10}, -\sqrt{10})$ を通

るときで

$$k=\sqrt{10}+2\cdot(-\sqrt{10})=-\sqrt{10}$$

よって，最小値は $-\sqrt{\boxed{10}}$

24 ⓪〜④の条件を点 (a, b) として，ab 座標平面

上に図示する。(すべて境界は含まない。)

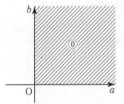

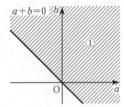

(原点は除く)

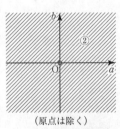

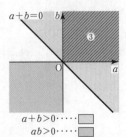

$f(x)=x^2-ax+b$ とおくと

④は $y=f(x)$ のグラフで

$$\begin{cases} D=a^2-4b>0 \ \text{より} \ b<\dfrac{1}{4}a^2 \\ \text{軸} \quad x=\dfrac{a}{2}>0 \\ f(0)=b>0 \end{cases}$$

を同時に満たす領域である。

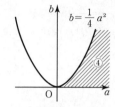

これより，⓪と同値な条件は（ ③ ）

（ ④ ）が他のすべての十分条件

（ ② ）が他のすべての必要条件

数学Ⅱ 3 三角関数

25 弧 AB の長さが 4π だから

$6\theta = 4\pi$ よって, $\theta = \boxed{\dfrac{2}{3}}\pi$

扇形の面積は $\dfrac{1}{2}\cdot 6^2 \cdot \dfrac{2}{3}\pi = 12\pi$

$\triangle$OAB の面積は $\dfrac{1}{2}\cdot 6^2 \cdot \sin\dfrac{2}{3}\pi = 9\sqrt{3}$

よって, 斜線部分の面積は

$\boxed{12}\,\pi - \boxed{9\sqrt{3}}$

26 $y = 2\sin\left(2x - \dfrac{\pi}{3}\right) = 2\sin 2\left(x - \dfrac{\pi}{6}\right)$

だから, $y = 2\sin\left(2x - \dfrac{\pi}{3}\right)$ のグラフは

$y = 2\sin 2x$ のグラフを x 軸方向に $\boxed{\dfrac{\pi}{6}}$

だけ平行移動したもの。

$y = 2\sin\left(2x - \dfrac{\pi}{3}\right)$ の周期を ω_1 とすると

$2\omega_1 = 2\pi$ より $\omega_1 = \boxed{\pi}$

$y = \cos(3x + \pi)$ の周期を ω_2 とすると

$3\omega_2 = 2\pi$ より $\omega_2 = \boxed{\dfrac{2}{3}\pi}$

$y = \cos(3x + \pi) = \cos 3\left(x + \dfrac{\pi}{3}\right)$

だから, $y = \cos(3x + \pi)$ のグラフは

$y = \cos 3x$ のグラフを x 軸方向に $\boxed{-\dfrac{\pi}{3}}$

だけ平行移動したもの。

27 関数 $y = \dfrac{1}{2}\sin\left(\dfrac{x}{2} + \dfrac{\pi}{6}\right)$ の最大値は $\dfrac{1}{2}$ だから

$\boxed{ア} = \boxed{\dfrac{1}{2}}$

$x = 0$ のとき

$y = \dfrac{1}{2}\sin\dfrac{\pi}{6} = \dfrac{1}{4}$ だから $\boxed{イ} = \boxed{\dfrac{1}{4}}$

$\dfrac{x}{2} + \dfrac{\pi}{6} = \dfrac{\pi}{2},\ \pi,\ \dfrac{3}{2}\pi$ とおいて

$\dfrac{x}{2} = \dfrac{\pi}{3},\ \dfrac{5}{6}\pi,\ \dfrac{4}{3}\pi$ より

$x = \dfrac{2}{3}\pi,\ \dfrac{5}{3}\pi,\ \dfrac{8}{3}\pi$ だから

$\boxed{ウ} = \boxed{\dfrac{2}{3}\pi}$, $\boxed{エ} = \boxed{\dfrac{5}{3}\pi}$, $\boxed{オ} = \boxed{\dfrac{8}{3}\pi}$

28 $2\sin\theta\cos\theta - \sqrt{3}\sin\theta = 0$

$\sin\theta(2\cos\theta - \sqrt{3}) = 0$ より

$\sin\theta = 0$, $\cos\theta = \dfrac{\sqrt{3}}{2}$ であるから

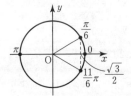

上図より, $\theta = \boxed{0}$, $\boxed{\dfrac{\pi}{6}}$, $\boxed{\pi}$, $\boxed{\dfrac{11}{6}\pi}$

$2\sin\theta\cos\theta - \sqrt{3}\sin\theta > 0$

$\sin\theta(2\cos\theta - \sqrt{3}) > 0$ より

$\begin{cases} \sin\theta > 0 \\ \cos\theta > \dfrac{\sqrt{3}}{2} \end{cases}$ または $\begin{cases} \sin\theta < 0 \\ \cos\theta < \dfrac{\sqrt{3}}{2} \end{cases}$

上図より, $\boxed{0} < \theta < \boxed{\dfrac{\pi}{6}}$, $\boxed{\pi} < \theta < \boxed{\dfrac{11}{6}\pi}$

29 $\sin\alpha < 0$, $\cos\beta > 0$ だから

α, β は第 $\boxed{4}$ 象限の角。

$\cos\alpha > 0$ だから

$\cos\alpha = \sqrt{1 - \sin^2\alpha}$

$\qquad = \sqrt{1 - \left(-\dfrac{1}{5}\right)^2} = \boxed{\dfrac{2\sqrt{6}}{5}}$

$\sin\beta < 0$ だから

$\sin\beta = -\sqrt{1 - \cos^2\beta}$

$\qquad = -\sqrt{1 - \left(\dfrac{1}{4}\right)^2} = \boxed{-\dfrac{\sqrt{15}}{4}}$

$\cos(\alpha + \beta) = \cos\alpha\cos\beta - \sin\alpha\sin\beta$

$\qquad = \dfrac{2\sqrt{6}}{5}\cdot\dfrac{1}{4} - \left(-\dfrac{1}{5}\right)\cdot\left(-\dfrac{\sqrt{15}}{4}\right)$

$\qquad = \dfrac{\boxed{2\sqrt{6}} - \boxed{\sqrt{15}}}{20}$

30 $\cos 2\theta = 1 - 2\sin^2\theta$

$\qquad = 1 - 2\cdot\left(\dfrac{3}{5}\right)^2 = \boxed{\dfrac{7}{25}}$

$\sin 2\theta = 2\sin\theta\cos\theta$

ここで，$\dfrac{\pi}{2} \leqq \theta \leqq \pi$ より $\cos\theta \leqq 0$ だから

$\cos\theta = -\sqrt{1-\sin^2\theta}$

$\qquad = -\sqrt{1-\left(\dfrac{3}{5}\right)^2} = -\dfrac{4}{5}$

よって，$\sin 2\theta = 2\cdot\dfrac{3}{5}\cdot\left(-\dfrac{4}{5}\right) = \boxed{-\dfrac{24}{25}}$

$\cos\theta = 2\cos^2\dfrac{\theta}{2} - 1 = 1 - 2\sin^2\dfrac{\theta}{2}$ より

$\cos^2\dfrac{\theta}{2} = \dfrac{1+\cos\theta}{2} = \dfrac{1}{2}\left(1-\dfrac{4}{5}\right) = \dfrac{1}{10}$

$\sin^2\dfrac{\theta}{2} = \dfrac{1-\cos\theta}{2} = \dfrac{1}{2}\left(1+\dfrac{4}{5}\right) = \dfrac{9}{10}$

$\dfrac{\pi}{4} \leqq \dfrac{\theta}{2} \leqq \dfrac{\pi}{2}$ だから

$\cos\dfrac{\theta}{2} \geqq 0,\ \sin\dfrac{\theta}{2} > 0$

よって，$\cos\dfrac{\theta}{2} = \sqrt{\dfrac{1}{10}} = \boxed{\dfrac{\sqrt{10}}{10}}$

$\qquad\quad \sin\dfrac{\theta}{2} = \sqrt{\dfrac{9}{10}} = \boxed{\dfrac{3\sqrt{10}}{10}}$

$\sin 4\theta = 2\sin 2\theta\cos 2\theta$

$\qquad = 2\cdot\left(-\dfrac{24}{25}\right)\cdot\dfrac{7}{25} = \boxed{-\dfrac{336}{625}}$

31 (1) $f(x) = \sin x - \sqrt{3}\cos x$

$\qquad = \sqrt{1^2 + (-\sqrt{3})^2}\sin\left(x - \dfrac{\pi}{3}\right)$

$\qquad = 2\sin\left(x - \dfrac{\pi}{3}\right)$

$\cos\left(\theta - \dfrac{\pi}{2}\right) = \sin\theta$ だから

$\theta = x - \dfrac{\pi}{3}$ とすると

$f(x) = 2\cos\left\{\left(x - \dfrac{\pi}{3}\right) - \dfrac{\pi}{2}\right\}$

$\qquad = 2\cos\left(x - \dfrac{5}{6}\pi\right)$

$r = \boxed{2},\ \alpha = \boxed{\dfrac{\pi}{3}},\ \beta = \boxed{\dfrac{5}{6}\pi}$

(2) $f(x) = 0$ より

$2\sin\left(x - \dfrac{\pi}{3}\right) = 0$

$0 \leqq x \leqq \pi$ より $-\dfrac{\pi}{3} \leqq x - \dfrac{\pi}{3} \leqq \dfrac{2}{3}\pi$ だから

$x - \dfrac{\pi}{3} = 0$　よって，$x = \boxed{\dfrac{\pi}{3}}$

$f(x) < 1$ より

$2\sin\left(x - \dfrac{\pi}{3}\right) < 1$

$\sin\left(x - \dfrac{\pi}{3}\right) < \dfrac{1}{2}$

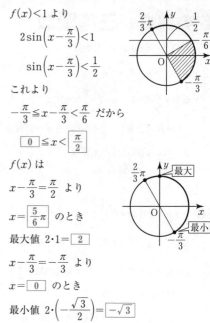

これより

$-\dfrac{\pi}{3} \leqq x - \dfrac{\pi}{3} < \dfrac{\pi}{6}$ だから

$\boxed{0} \leqq x < \boxed{\dfrac{\pi}{2}}$

$f(x)$ は

$x - \dfrac{\pi}{3} = \dfrac{\pi}{2}$ より

$x = \boxed{\dfrac{5}{6}\pi}$ のとき

最大値 $2\cdot 1 = \boxed{2}$

$x - \dfrac{\pi}{3} = -\dfrac{\pi}{3}$ より

$x = \boxed{0}$ のとき

最小値 $2\cdot\left(-\dfrac{\sqrt{3}}{2}\right) = \boxed{-\sqrt{3}}$

32 $x = \sin\theta + \cos\theta$ の両辺を 2 乗して

$x^2 = \sin^2\theta + 2\sin\theta\cos\theta + \cos^2\theta$

$\qquad = 1 + 2\sin\theta\cos\theta$

よって，$2\sin\theta\cos\theta = x^2 - 1$

$y = 2\sin\theta\cos\theta - 2(\sin\theta + \cos\theta) - 3$

$\quad = x^2 - 1 - 2x - 3$

$\quad = x^{\boxed{2}} - \boxed{2}x - \boxed{4}$

$x = \sin\theta + \cos\theta$

$\quad = \boxed{\sqrt{2}}\sin\left(\theta + \boxed{\dfrac{\pi}{4}}\right)$

$0 \leqq \theta < 2\pi$ だから $\boxed{-\sqrt{2}} \leqq x \leqq \boxed{\sqrt{2}}$

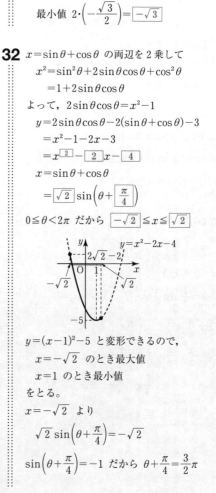

$y = (x-1)^2 - 5$ と変形できるので，

$x = -\sqrt{2}$ のとき最大値

$x = 1$ のとき最小値

をとる。

$x = -\sqrt{2}$ より

$\sqrt{2}\sin\left(\theta + \dfrac{\pi}{4}\right) = -\sqrt{2}$

$\sin\left(\theta + \dfrac{\pi}{4}\right) = -1$ だから $\theta + \dfrac{\pi}{4} = \dfrac{3}{2}\pi$

よって，$\theta=\boxed{\dfrac{5}{4}}\pi$ のとき

　最大値 $\boxed{2}\sqrt{2}-\boxed{2}$

$x=1$ より

$$\sqrt{2}\sin\left(\theta+\dfrac{\pi}{4}\right)=1$$

$$\sin\left(\theta+\dfrac{\pi}{4}\right)=\dfrac{1}{\sqrt{2}}$$

これより $\theta+\dfrac{\pi}{4}=\dfrac{\pi}{4},\ \dfrac{3}{4}\pi$ だから

$$\theta=0,\ \dfrac{\pi}{2}$$

よって，

$\theta=\boxed{0},\ \boxed{\dfrac{\pi}{2}}$ のとき

　最小値 $\boxed{-5}$

33 (1) $\theta=0$ のとき，P と Q の座標は

P$(0,\ 1)$, Q$(2,\ 0)$ だから

PQ$=\sqrt{(2-0)^2+(0-1)^2}=\boxed{\sqrt{5}}$

(2) P の座標は

P$\left(\cos\left(\dfrac{\pi}{2}+2\theta\right),\ \sin\left(\dfrac{\pi}{2}+2\theta\right)\right)$

$=$P$(-\sin2\theta,\ \cos2\theta)$　より　P$(\boxed{②},\ \boxed{①})$

Q の座標は

Q$(2\cos\theta,\ 2\sin\theta)$　より　Q$(\boxed{⑤},\ \boxed{④})$

(3) PQ^2

$=(2\cos\theta+\sin2\theta)^2+(2\sin\theta-\cos2\theta)^2$

$=4\cos^2\theta+4\sin2\theta\cos\theta+\sin^2 2\theta$
$\qquad\qquad+4\sin^2\theta-4\sin\theta\cos2\theta+\cos^2 2\theta$

$=5+4(\sin2\theta\cos\theta-\sin\theta\cos2\theta)$

$=5+4\sin(2\theta-\theta)$ ←……加法定理の逆

$=\boxed{5}+\boxed{4}\sin\theta$

$0\leqq\theta\leqq\pi$ だから $0\leqq\sin\theta\leqq1$

よって，PQ は $\sin\theta=1$ すなわち

$\theta=\boxed{\dfrac{\pi}{2}}$ のとき最大となる。

このとき，PQ$^2=5+4=9$ より PQ$=\boxed{3}$

数学Ⅱ 4 指数関数・対数関数

34 (1) $4^{-\frac{3}{2}} \times 27^{\frac{1}{3}} \div \sqrt{16^{-3}}$

$= (2^2)^{-\frac{3}{2}} \times (3^3)^{\frac{1}{3}} \div (2^4)^{-\frac{3}{2}}$

$= 2^{-3} \times 3 \times 2^6$

$= 2^3 \times 3 = \boxed{24}$

(2) $\dfrac{5}{3}\sqrt[6]{9} + \sqrt[3]{-24} + \sqrt[3]{\dfrac{1}{9}}$

$= \dfrac{5}{3} \cdot (3^2)^{\frac{1}{6}} - \sqrt[3]{24} + (3^{-2})^{\frac{1}{3}}$

$= \dfrac{5}{3} \cdot 3^{\frac{1}{3}} - (2^3 \times 3)^{\frac{1}{3}} + 3^{-\frac{2}{3}}$

$= \dfrac{5}{3} \cdot 3^{\frac{1}{3}} - 2 \cdot 3^{\frac{1}{3}} + \dfrac{1}{3} \cdot 3^{\frac{1}{3}}$

$= \left(\dfrac{5}{3} - 2 + \dfrac{1}{3}\right) \cdot 3^{\frac{1}{3}} = \boxed{0}$

35 (1) $(3 + \log_2 27)(\log_6 4 - \log_6 2)$

$= (3 + \log_2 3^3)\left(\log_6 \dfrac{4}{2}\right)$

$= (3 + 3\log_2 3)(\log_6 2)$

$= 3(1 + \log_2 3) \cdot \dfrac{1}{\log_2 6}$

$= 3(1 + \log_2 3) \cdot \dfrac{1}{\log_2 2 + \log_2 3}$

$= 3(1 + \log_2 3) \cdot \dfrac{1}{1 + \log_2 3} = \boxed{3}$

(2) $\log_a x = \dfrac{1}{\log_x a} = 3$

よって，$\log_x a = \dfrac{1}{3}$

同様に $\log_x b = \dfrac{1}{8}$, $\log_x c = \dfrac{1}{24}$

よって，$\log_x abc = \log_x a + \log_x b + \log_x c$

$= \dfrac{1}{3} + \dfrac{1}{8} + \dfrac{1}{24} = \boxed{\dfrac{1}{2}}$

(3) $b = \log_{10} 20 = \dfrac{\log_2 20}{\log_2 10}$

$= \dfrac{\log_2 4 + \log_2 5}{\log_2 2 + \log_2 5} = \dfrac{2 + \log_2 5}{1 + \log_2 5} = \dfrac{2 + a}{1 + a}$

だから

$b = \dfrac{2 + a}{1 + a}$, $(a+1)b = a + 2$

よって，$\boxed{ab - a + b} = 2$

36 (1) $0.5^{\frac{1}{3}} = \left(\dfrac{1}{2}\right)^{\frac{1}{3}} = (2^{-1})^{\frac{1}{3}} = 2^{-\frac{1}{3}}$

$\dfrac{1}{\sqrt[3]{4}} = \dfrac{1}{\sqrt[3]{2^2}} = \dfrac{1}{2^{\frac{2}{3}}} = 2^{-\frac{2}{3}}$

（底）$= 2 > 1$ で $-\dfrac{2}{3} < -\dfrac{1}{3} < -\dfrac{1}{4}$ だから

$2^{-\frac{2}{3}} < 2^{-\frac{1}{3}} < 2^{-\frac{1}{4}}$

よって，一番大きな数は $\boxed{2^{-\frac{1}{4}}}$

(2) $\log_4 18 = \dfrac{\log_2 18}{\log_2 4} = \dfrac{\log_2 18}{2}$

$= \log_2 \sqrt{18} = \log_2 3\sqrt{2}$

$\log_{\frac{1}{2}} \dfrac{3}{4} = \dfrac{\log_2 \dfrac{3}{4}}{\log_2 \dfrac{1}{2}} = -\log_2 \dfrac{3}{4} = \log_2 \dfrac{4}{3}$

（底）$= 2 > 1$ で $\dfrac{4}{3} < 3\sqrt{2} < 12$ だから

$\log_2 \dfrac{4}{3} < \log_2 3\sqrt{2} < \log_2 12$

よって，$\log_2 \dfrac{4}{3} + \log_2 12 = \log_2 16 = \boxed{4}$

(3) $2^{\frac{x}{3}} = 3^{\frac{y}{4}} = 5^{\frac{z}{5}}$ の各辺の常用対数をとり，k とおくと

$\log_{10} 2^{\frac{x}{3}} = \log_{10} 3^{\frac{y}{4}} = \log_{10} 5^{\frac{z}{5}} = k$

$\dfrac{x}{3} \log_{10} 2 = \dfrac{y}{4} \log_{10} 3 = \dfrac{z}{5} \log_{10} 5 = k$

$x = \dfrac{3k}{\log_{10} 2}$, $y = \dfrac{4k}{\log_{10} 3}$, $z = \dfrac{5k}{\log_{10} 5}$

$x - y = \dfrac{3k}{\log_{10} 2} - \dfrac{4k}{\log_{10} 3}$

$= \dfrac{k(3\log_{10} 3 - 4\log_{10} 2)}{\log_{10} 2 \cdot \log_{10} 3}$

$= \dfrac{k(\log_{10} 27 - \log_{10} 16)}{\log_{10} 2 \cdot \log_{10} 3} > 0$

よって，$x > y$

$y - z = \dfrac{4k}{\log_{10} 3} - \dfrac{5k}{\log_{10} 5}$

$= \dfrac{k(4\log_{10} 5 - 5\log_{10} 3)}{\log_{10} 3 \cdot \log_{10} 5}$

$= \dfrac{k(\log_{10} 5^4 - \log_{10} 3^5)}{\log_{10} 3 \cdot \log_{10} 5}$

$= \dfrac{k(\log_{10} 625 - \log_{10} 243)}{\log_{10} 3 \cdot \log_{10} 5} > 0$

よって，$y > z$

以上より $\boxed{z} < \boxed{y} < \boxed{x}$

37 (1) $k = 1$ のとき

$2^x - 3 \cdot 2^{-x+2} = 1$

$2^x - 3 \cdot 2^2 \cdot 2^{-x} = 1$

$2^x - \dfrac{12}{2^x} = 1$

$(2^x)^2-2^x-12=0$

$(2^x-4)(2^x+3)=0$

$2^x>0$ だから $2^x=4$ より $x=\boxed{2}$

$k=11$ のとき

$2^x-3 \cdot 2^{-x+2}=11$

$2^x-\dfrac{12}{2^x}=11$

$(2^x)^2-11 \cdot 2^x-12=0$

$(2^x-12)(2^x+1)=0$

$2^x>0$ だから $2^x=12$

2 を底とする両辺の対数をとると

$x=\log_2 12=\log_2 4+\log_2 3$

$x=\boxed{2}+\log_2 \boxed{3}$

(2) $3 \cdot 9^{-x}-28 \cdot 3^{-x}+9<0$

$3 \cdot (3^{-x})^2-28 \cdot 3^{-x}+9<0$

$3^{-x}=X$ $(X>0)$ とおくと

$3X^2-28X+9<0$

$(3X-1)(X-9)<0$

$\dfrac{1}{3}<X<9$ より

$3^{-1}<3^{-x}<3^2$

(底)$=3>1$ だから

$-1<-x<2$

よって, $\boxed{-2}<x<\boxed{1}$

38 $f(x)=\log_3(x-2)+\log_3(x-3)-\log_3(x+1)$

(真数)>0 だから

$x-2>0,\ x-3>0,\ x+1>0$

よって, $x>3$ ……①

$f(x)=0$ とおくと

$\log_3(x-2)+\log_3(x-3)=\log_3(x+1)$

$\log_3(x-2)(x-3)=\log_3(x+1)$

$(x-2)(x-3)=x+1$

よって, $x^2-\boxed{6}x+\boxed{5}=0$

$(x-1)(x-5)=0$

①より $x=\boxed{5}$

$f(x)<0$ のとき

$\log_3(x-2)(x-3)<\log_3(x+1)$

(底)$=3>1$ だから

$x^2-5x+6<x+1$

$(x-1)(x-5)<0$

$1<x<5$

①より $\boxed{3}<x<\boxed{5}$

39 (1) $f(x)=3^{2x+1}-6 \cdot 3^{x-1}+2$

$=3 \cdot (3^x)^2-6 \cdot \dfrac{1}{3} \cdot 3^x+2$

$3^x=t$ とおくと $x \leqq 0$ より $0<t \leqq 1$

$f(x)=3t^2-2t+2$

$=3\left(t^2-\dfrac{2}{3}t\right)+2$

$=3\left\{\left(t-\dfrac{1}{3}\right)^2-\dfrac{1}{9}\right\}+2$

$=3\left(t-\dfrac{1}{3}\right)^2+\dfrac{5}{3}$ $(0<t \leqq 1)$

右のグラフより

$t=1$ すなわち $3^x=1$ より

$x=\boxed{0}$ のとき最大値 $\boxed{3}$

$t=\dfrac{1}{3}$ すなわち $3^x=\dfrac{1}{3}$ より

$x=\boxed{-1}$ のとき最小値 $\boxed{\dfrac{5}{3}}$

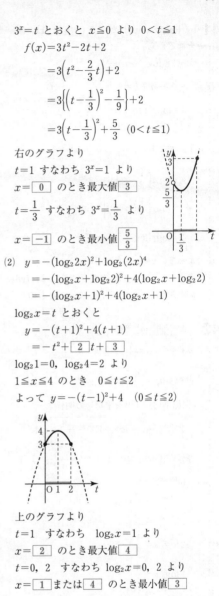

(2) $y=-(\log_2 2x)^2+\log_2(2x)^4$

$=-(\log_2 x+\log_2 2)^2+4(\log_2 x+\log_2 2)$

$=-(\log_2 x+1)^2+4(\log_2 x+1)$

$\log_2 x=t$ とおくと

$y=-(t+1)^2+4(t+1)$

$=-t^2+\boxed{2}t+\boxed{3}$

$\log_2 1=0,\ \log_2 4=2$ より

$1 \leqq x \leqq 4$ のとき $0 \leqq t \leqq 2$

よって $y=-(t-1)^2+4$ $(0 \leqq t \leqq 2)$

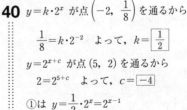

上のグラフより

$t=1$ すなわち $\log_2 x=1$ より

$x=\boxed{2}$ のとき最大値 $\boxed{4}$

$t=0,\ 2$ すなわち $\log_2 x=0,\ 2$ より

$x=\boxed{1}$ または $\boxed{4}$ のとき最小値 $\boxed{3}$

40 $y=k \cdot 2^x$ が点 $\left(-2,\ \dfrac{1}{8}\right)$ を通るから

$\dfrac{1}{8}=k \cdot 2^{-2}$ よって, $k=\boxed{\dfrac{1}{2}}$

$y=2^{x+c}$ が点 $(5,\ 2)$ を通るから

$2=2^{5+c}$ よって, $c=\boxed{-4}$

①は $y=\dfrac{1}{2} \cdot 2^x=2^{x-1}$

②は $y=2^{x-4}$

①のグラフを x 軸方向に $\boxed{3}$ だけ平行移動すると②のグラフと重なる。

41 $y=\log_2(ax+b)$ が 2 点 $(-1,\ -1)$, $(14,\ 3)$
を通るから
$$-1=\log_2(-a+b)$$
$$-a+b=2^{-1}=\frac{1}{2}\quad\cdots\cdots\text{①}$$
$$3=\log_2(14a+b)$$
$$14a+b=2^3=8\quad\cdots\cdots\text{②}$$
①, ②より $a=\boxed{\dfrac{1}{2}}$, $b=\boxed{1}$
$$y=\log_2\left(\frac{1}{2}x+1\right)$$
$$=\log_2\left\{\frac{1}{2}(x+2)\right\}$$
$$=\log_2(x+2)+\log_2\frac{1}{2}$$
よって, $y=\log_2(x+2)-1$
ゆえに, $y=\log_2 x$ のグラフを x 軸方向に $\boxed{-2}$,
y 軸方向に $\boxed{-1}$ だけ平行移動したもの。

42 $4^{\log_3 x}+2\cdot4^{1-\log_3 x}$
$$=4^{\log_3 x}+2\cdot\frac{4}{4^{\log_3 x}}=4^{\log_3 x}+\frac{8}{4^{\log_3 x}}$$
$4^{\log_3 x}>0$, $\dfrac{8}{4^{\log_3 x}}>0$ だから

(相加平均)≧(相乗平均) の関係より
$$4^{\log_3 x}+\frac{8}{4^{\log_3 x}}\geqq 2\sqrt{4^{\log_3 x}\cdot\frac{8}{4^{\log_3 x}}}=4\sqrt{2}$$

等号が成り立つのは $4^{\log_3 x}=\dfrac{8}{4^{\log_3 x}}$ より
$$(4^{\log_3 x})^2=8$$
$$4^{\log_3 x}=\sqrt{8}$$
$$2^{2\log_3 x}=2^{\frac{3}{2}}$$
$$2\log_3 x=\frac{3}{2}$$
$$\log_3 x=\frac{3}{4}$$
よって, $x=3^{\frac{3}{4}}$ のとき最小値 $\boxed{4\sqrt{2}}$

43 $\log_{10}2^{100}=100\log_{10}2$
$$=100\times0.3010=30.10\quad\text{より}$$
$$30\leqq\log_{10}2^{100}<31$$
$$10^{30}\leqq 2^{100}<10^{31}$$
よって, 2^{100} は $\boxed{31}$ 桁
$$\log_{10}\left(\frac{1}{5}\right)^{10}=10\log_{10}\frac{1}{5}$$
$$=-10\log_{10}5$$
$$=-10\log_{10}\frac{10}{2}$$

$$=-10(1-\log_{10}2)$$
$$=-10(1-0.3010)=-6.990\quad\text{より}$$
$$10^{-7}\leqq\left(\frac{1}{5}\right)^{10}<10^{-6}$$

よって, $\left(\dfrac{1}{5}\right)^{10}$ は小数第 $\boxed{7}$ 位に初めて 0 でな
い数字が現れる。

数学Ⅱ 5 微分法と積分法

44 $f(x)=x^3-5x$ より

$$m=\frac{f(4)-f(1)}{4-1}=\frac{44-(-4)}{3}=\boxed{16}$$

$f'(x)=3x^2-5$ だから

$f'(a)=3a^2-5=16$ より $a=\pm\sqrt{\boxed{7}}$

45 $f(x)=-x^3+4x^2-2$ とおくと

$$f'(x)=-3x^2+8x$$

点 $(1,1)$ における接線の傾きは

$$f'(1)=-3+8=5$$

よって, $y-1=5(x-1)$ より

$y=\boxed{5}x-\boxed{4}$

傾きが 4 のときの接点を求める。

$f'(x)=-3x^2+8x=4$ として

$$3x^2-8x+4=0$$

$(3x-2)(x-2)=0$ より $x=\dfrac{2}{3},\ 2$

よって, 接点は $\left(\dfrac{2}{3},\ -\dfrac{14}{27}\right),\ (2,6)$ だから

$$y-\left(-\frac{14}{27}\right)=4\left(x-\frac{2}{3}\right)$$

$y=4x-\dfrac{\boxed{86}}{27}$

$y-6=4(x-2)$ より

$y=4x-\boxed{2}$

46 (1) $f(x)=2x^3-3x$ とおくと $f'(x)=6x^2-3$

接線の傾きは $f'(a)=6a^2-3$ だから

$$y-(2a^3-3a)=(6a^2-3)(x-a)$$

$y=(\boxed{6}a^{\boxed{2}}-\boxed{3})x-\boxed{4}a^{\boxed{3}}$ ……①

(2) ①が $(1,b)$ を通るから

$$b=6a^2-3-4a^3$$

$$=\boxed{-4}a^{\boxed{3}}+\boxed{6}a^{\boxed{2}}-\boxed{3}$$

(3) $b=-4a^3+6a^2-3$ が異なる 3 つの実数解
をもてばよいから, $y=-4a^3+6a^2-3$ と
$y=b$ のグラフで考える。

$y=-4a^3+6a^2-3$ の増減表は

$$y'=-12a^2+12a=-12a(a-1)$$

より, 下の表のようになる。

a	$\cdots$	0	$\cdots$	1	$\cdots$
y'	$-$	0	$+$	0	$-$
y	$\searrow$	-3	$\nearrow$	-1	$\searrow$

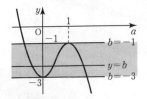

上の図より

$\boxed{-3}<b<\boxed{-1}$ のときである。

47 $f(x)=-2x^3+3x^2+12x-7$ より

$$f'(x)=-6x^2+6x+12$$

$$=-6(x+1)(x-2)$$

$$f(-1)=2+3-12-7=-14$$

$$f(2)=-16+12+24-7=13$$

x	$\cdots$	-1	$\cdots$	2	$\cdots$
$f'(x)$	$-$	0	$+$	0	$-$
$f(x)$	$\searrow$	極小	$\nearrow$	極大	$\searrow$

増減表より

$x=\boxed{2}$ のとき極大値 $\boxed{13}$

$x=\boxed{-1}$ のとき極小値 $\boxed{-14}$

48 $f(x)=x^3-2kx^2+3kx+2$ より

$$f'(x)=3x^2-4kx+3k$$

$f'(x)=0$ が異なる 2 つの実数解をもてばよい
から

$$\frac{D}{4}=(-2k)^2-3\cdot3k$$

$$=k(4k-9)>0$$

よって, $k<\boxed{0},\ \dfrac{\boxed{9}}{4}<k$

$x=2$ で極値をとるから

$$f'(2)=12-8k+3k=0$$

よって, $k=\dfrac{\boxed{12}}{5}$

このとき

$$f'(x)=3x^2-\frac{48}{5}x+\frac{36}{5}=0$$

$$5x^2-16x+12=0$$

$$(x-2)(5x-6)=0$$

よって, $x=2,\ \dfrac{\boxed{6}}{5}$ で極値をとる。

49 (1) $f(x)=ax^3+bx^2+cx$ より

$$f'(x)=3ax^2+2bx+c$$

$x=1,\ -2$ で極値をとるから

$f'(1)=3a+2b+c=0$ ……①

$f'(-2)=12a-4b+c=0$ ……②

②－①より

$9a-6b=0$ よって，$b=\boxed{\dfrac{3}{2}}a$

①に代入して

$3a+2\cdot\dfrac{3}{2}a+c=0$ よって，$c=\boxed{-6}a$

$f(x)=ax^3+\dfrac{3}{2}ax^2-6ax$ は $a<0$ だから

x	$\cdots$	-2	$\cdots$	1	$\cdots$
$f'(x)$	$-$	0	$+$	0	$-$
$f(x)$	$\searrow$	極小	$\nearrow$	極大	$\searrow$

増減表より

$x=-2$ で極小値をとり

$f(-2)=-8a+6a+12a=10a$

$x=1$ のとき極大値をとり

$f(1)=a+\dfrac{3}{2}a-6a=-\dfrac{7}{2}a$

よって，

$f(1)-f(-2)=-\dfrac{7}{2}a-10a=27$

$-27a=54$

ゆえに，$a=\boxed{-2}$ （$a<0$ を満たす）

(2) $f(x)=-2x^3-3x^2+12x$ だから

$-2x^3-3x^2+12x=k$ として

$y=f(x)$ と $y=k$ のグラフで考える。

$f(x)$ の極小値は $f(-2)=10\cdot(-2)=-20$

極大値は $f(1)=-\dfrac{7}{2}\cdot(-2)=7$

グラフは次のようになる。

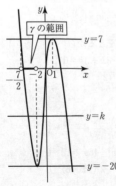

上の図より，$f(x)-k=0$ が異なる 3 つの実数解をもつのは $\boxed{-20}<k<\boxed{7}$ のとき。

また，$k=7$ のときの解は

$-2x^3-3x^2+12x=7$

$2x^3+3x^2-12x+7=0$

$(x-1)^2(2x+7)=0$ ←（$x=1$ で接しているから $(x-1)^2$ で割り切れる。）

より $x=-\dfrac{7}{2}$，1

よって，最も小さい解の値の範囲は

$\boxed{-\dfrac{7}{2}}<\gamma<\boxed{-2}$

50 $f(x)=ax^3-3ax^2+b$ より

$f'(x)=3ax^2-6ax=3ax(x-2)$

$a>0$ のとき，増減表は次のようになる。

x	-1	$\cdots$	0	$\cdots$	2	$\cdots$	4
$f'(x)$		$+$	0	$-$	0	$+$	
$f(x)$	$-4a+b$	$\nearrow$	b	$\searrow$	$-4a+b$	$\nearrow$	$16a+b$

$f(0)=b$，$f(2)=-4a+b$

$f(-1)=-4a+b$，$f(4)=16a+b$

$a>0$ より $b<16a+b$ だから

最大値は $f(4)=16a+b=12$ ……①

最小値は $f(2)=f(-1)$

$=-4a+b=-8$ ……②

①，②を解いて $a=\boxed{1}$，$b=\boxed{-4}$

51 $y=\dfrac{1}{3}\cdot8^x-4^x-3\cdot2^x+1$

$=\dfrac{1}{3}\cdot(2^x)^3-(2^x)^2-3\cdot2^x+1$

$=\boxed{\dfrac{1}{3}}t^3-t^2-\boxed{3}t+1$

$2^x>0$ だから $t>\boxed{0}$

$y'=t^2-2t-3=(t+1)(t-3)$

増減表より

$t=\boxed{3}$ すなわち

$2^x=3$

$x=\log_2\boxed{3}$

t	0	$\cdots$	3	$\cdots$
y'		$-$	0	$+$
y		$\searrow$	極小	$\nearrow$

のとき，最小値$\boxed{-8}$

52 $\sin x+\cos x=t$ の両辺を 2 乗して

$\sin^2x+2\sin x\cos x+\cos^2x=t^2$

$\sin x\cos x=\boxed{\dfrac{1}{2}}t^2-\boxed{\dfrac{1}{2}}$

$y=\sin^3x+\cos^3x$

$=(\sin x+\cos x)^3-3\sin x\cos x(\sin x+\cos x)$

$=t^3-3\cdot\left(\dfrac{1}{2}t^2-\dfrac{1}{2}\right)t$

$=\boxed{-\dfrac{1}{2}}t^3+\boxed{\dfrac{3}{2}}t$

$t=\sin x+\cos x=\sqrt{2}\sin\left(x+\dfrac{\pi}{4}\right)$

$0 \leqq x \leqq \pi$ だから $\dfrac{\pi}{4} \leqq x + \dfrac{\pi}{4} \leqq \dfrac{5}{4}\pi$ より

$$-\dfrac{\sqrt{2}}{2} \leqq \sin\left(x + \dfrac{\pi}{4}\right) \leqq 1$$

よって，$\boxed{-1} \leqq t \leqq \boxed{\sqrt{2}}$

$$y' = -\dfrac{3}{2}t^2 + \dfrac{3}{2} = -\dfrac{3}{2}(t+1)(t-1)$$

t	-1	$\cdots$	1	$\cdots$	$\sqrt{2}$
y'	0	$+$	0	$-$	
y	-1	$\nearrow$	1	$\searrow$	$\dfrac{\sqrt{2}}{2}$

増減表より

最大値をとるのは $t = \boxed{1}$ のとき

このとき $\sqrt{2}\sin\left(x + \dfrac{\pi}{4}\right) = 1$ より

$x + \dfrac{\pi}{4} = \dfrac{\pi}{4}, \dfrac{3}{4}\pi$，すなわち $x = 0, \dfrac{\pi}{2}$

よって，$x = \boxed{0}, \boxed{\dfrac{\pi}{2}}$ のとき最大値 $\boxed{1}$

最小値をとるのは $t = \boxed{-1}$ のとき

このとき $\sqrt{2}\sin\left(x + \dfrac{\pi}{4}\right) = -1$ より

$x + \dfrac{\pi}{4} = \dfrac{5}{4}\pi$，すなわち $x = \pi$

よって，$x = \boxed{\pi}$ のとき最小値 $\boxed{-1}$

53 放物線 $y = x^2 - 6x + 5$ と x 軸で囲まれた部分の面積は

$y = x^2 - 6x + 5$

$$S = -\int_1^5 (x^2 - 6x + 5)\,dx$$

$$= -\int_1^5 (x-1)(x-5)\,dx$$

$$= \dfrac{(5-1)^3}{6} = \dfrac{64}{6} = \boxed{\dfrac{32}{3}}$$

放物線 $y = -2x^2 + 7x - 3$ と x 軸で囲まれた部分の面積は

$y = -2x^2 + 7x - 3$

$$S = \int_{\frac{1}{2}}^3 (-2x^2 + 7x - 3)\,dx$$

$$= -2\int_{\frac{1}{2}}^3 \left(x - \dfrac{1}{2}\right)(x-3)\,dx$$

$$= 2 \cdot \dfrac{\left(3 - \dfrac{1}{2}\right)^3}{6} = \dfrac{1}{3} \cdot \left(\dfrac{5}{2}\right)^3 = \boxed{\dfrac{125}{24}}$$

54

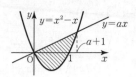
$y = x^2 - x$, $y = ax$, $a+1$

$x^2 - x = ax$

$x(x - 1 - a) = 0$

よって，$x = 0, a+1$

$$S = \int_0^{a+1} (ax - x^2 + x)\,dx$$

$$= -\int_0^{a+1} x(x - a - 1)\,dx$$

$$= \dfrac{1}{6}(\boxed{a} + \boxed{1})^3$$

$\dfrac{1}{6}(a+1)^3 = 9$ より $(a+1)^3 = 54$

$$a + 1 = \sqrt[3]{54}$$

よって，$a = \boxed{3}\sqrt[3]{\boxed{2}} - \boxed{1}$

55 (1) C_1 と C_2 の交点は

$x^2 = x^2 - 8x + 8$ より $x = 1$

このとき，$y = 1$

よって，$(\boxed{1}, \boxed{1})$

(2) $y = x^2 - 8x + 8$ より $y' = 2x - 8$

接点は $(a, a^2 - 8a + 8)$

$x = a$ のとき，接線の傾きは $2a - 8$ だから

$y - (a^2 - 8a + 8) = (2a - 8)(x - a)$

よって，$y = (\boxed{2}a - \boxed{8})x - a^{\boxed{2}} + \boxed{8}$

これが C_1 と接するためには

$x^2 = (2a-8)x - a^2 + 8$ より

$x^2 - (2a-8)x + a^2 - 8 = 0$ として

この 2 次方程式の判別式を D とすると

$$\dfrac{D}{4} = (a-4)^2 - a^2 + 8 = 0$$

$-8a + 24 = 0$ よって，$a = \boxed{3}$

l は $y = -2x - 1$，C_1 との接点の x 座標は

$x^2 = -2x - 1$ より

$(x+1)^2 = 0$ よって，$x = \boxed{-1}$

(3)

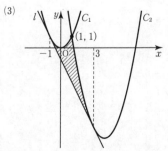
l, C_1, C_2, $(1, 1)$

$$\int_{-1}^{1}\{x^2-(-2x-1)\}\,dx$$

$$+\int_{1}^{3}\{(x^2-8x+8)-(-2x-1)\}\,dx$$

$$=\int_{-1}^{1}(x^2+2x+1)\,dx+\int_{1}^{3}(x^2-6x+9)\,dx$$

$$=\left[\frac{1}{3}x^3+x^2+x\right]_{-1}^{1}+\left[\frac{1}{3}x^3-3x^2+9x\right]_{1}^{3}$$

$$=\left(\frac{1}{3}+1+1\right)-\left(-\frac{1}{3}+1-1\right)$$

$$+(9-27+27)-\left(\frac{1}{3}-3+9\right)$$

$$=\frac{2}{3}+2-\frac{1}{3}+3=\boxed{\frac{16}{3}}$$

別解

$$\int_{-1}^{1}(x+1)^2\,dx+\int_{1}^{3}(x-3)^2\,dx$$

$$=\left[\frac{1}{3}(x+1)^3\right]_{-1}^{1}+\left[\frac{1}{3}(x-3)^3\right]_{1}^{3}$$

$$=\frac{8}{3}-\left(-\frac{8}{3}\right)=\boxed{\frac{16}{3}}$$

としてもよい。

2nd Step セカンドステップ

数学II 1 方程式・式と証明

1

(1) 多項式の割り算では，余りの次数は割る式の次数より低くなる。

ここでは，多項式 $P(x)$ を $(x^2-3x+1)(x-1)$ の 3 次式で割っているから，余りの次数は 2 次以下となる。

したがって，

<u>3 次式で割っていて，余りの次数は割る式の次数より低くなる。</u>

ア ③

$P(x)=(x^2-3x+1)(x-1)Q(x)+ax^2+bx+c$ について

条件(I)から

$P(1)=\underline{a+b+c=4}$ イ ⓪ ……①

条件(II)から

$P(\alpha)=\underline{a\alpha^2+b\alpha+c=\alpha^3}$ ウ ⓪ ……②

$P(\beta)=\underline{a\beta^2+b\beta+c=\beta^3}$ エ ② ……③

◀ 剰余の定理（例題7）
$P(x)$ を $x-\alpha$ で割ったときの余り：$P(\alpha)$

(2) ②+③より

$a(\alpha^2+\beta^2)+b(\alpha+\beta)+2c=\alpha^3+\beta^3$

ここで，α, β は $x^2-3x+1=0$ の解であるから

解と係数の関係より

$\alpha+\beta=3$ $\alpha\beta=1$

$\alpha^2+\beta^2=(\alpha+\beta)^2-2\alpha\beta=3^2-2\cdot1=7$

$\alpha^3+\beta^3=(\alpha+\beta)^3-3\alpha\beta(\alpha+\beta)$

$=3^3-3\cdot1\cdot3=18$

よって，$\boxed{\text{オ }7}a+\boxed{\text{カ }3}b+\boxed{\text{キ }2}c=\boxed{\text{クケ }18}$ ……④

◀ 解と係数の関係（例題6）
$ax^2+bx+c=0$ の 2 つの解を α, β とすると
$\alpha+\beta=-\dfrac{b}{a}$, $\alpha\beta=\dfrac{c}{a}$

②-③より

$a(\alpha^2-\beta^2)+b(\alpha-\beta)=\alpha^3-\beta^3$

$a(\alpha+\beta)(\alpha-\beta)+b(\alpha-\beta)=(\alpha-\beta)(\alpha^2+\alpha\beta+\beta^2)$

$\alpha\neq\beta$ だから

$a(\alpha+\beta)+b=\alpha^2+\alpha\beta+\beta^2$

よって，$\boxed{\text{コ }3}a+b=\boxed{\text{サ }8}$ ……⑤

④-①×2 より

$5a+b=10$ ……⑥

⑥-⑤より

$2a=2$ よって，$a=1$

⑥に代入して $b=5$

①に代入して $c=-2$

よって，求める余りは $x^2+\boxed{\text{シ }5}x-\boxed{\text{ス }2}$

◀
$7a+3b+2c=18$
$-)\ 2a+2b+2c=\ 8$
$\overline{\ 5a+\ b\ \ \ \ \ =10}$

2

(1) $P(x)=x^3-(2a+1)x^2+(2a-b)x+b$

とおくと $a=1$, $b=8$ のとき

$P(x)=x^3-3x^2-6x+8$

$P(1)=1-3-6+8=0$

だから，因数定理より

$P(x)=(x-1)(x^2-2x-8)$

$\quad\quad=(x-1)(x+2)(x-4)$

よって，$P(x)=0$ の解は，小さい順に

$x=-\boxed{^{\text{ア}}2}$, $\boxed{^{\text{イ}}1}$, $\boxed{^{\text{ウ}}4}$

$$
\begin{array}{r}
x^2-2x-8 \\
x-1\overline{\smash{)}\,x^3-3x^2-6x+8} \\
\underline{x^3-x^2} \\
-2x^2-6x \\
\underline{-2x^2+2x} \\
-8x+8 \\
\underline{-8x+8} \\
0
\end{array}
$$

← 因数定理（例題8）
$P(x)$ が $x-\alpha$
で割り切れる $\Longleftrightarrow P(\alpha)=0$

(2) $P(1)=1-(2a+1)+(2a-b)+b=0$

だから，方程式①は，
a, b の値にかかわらず
$x=\boxed{^{\text{エ}}1}$ を解にもつ。

このとき，

$P(x)=(x-1)(x^2-2ax-b)$

だから，$P(x)=0$ が

3重解 $x=1$ をもつのは

$x^2-2ax-b=0$ ……②

が $x=1$ を重解にもつときである。

よって，②の判別式 D をとると

$\dfrac{D}{4}=a^2+b=0$ ……③

②に $x=1$ を代入して

$1-2a-b=0$ ……④

③，④を解いて $a=\boxed{^{\text{オ}}1}$, $b=\boxed{^{\text{カキ}}-1}$

$$
\begin{array}{r}
x^2-2ax-b \\
x-1\overline{\smash{)}\,x^3-(2a+1)x^2+(2a-b)x+b} \\
\underline{x^3-x^2} \\
-2ax^2+(2a-b)x \\
\underline{-2ax^2+2ax} \\
-bx+b \\
\underline{-bx+b} \\
0
\end{array}
$$

別解

$x=1$ を重解にもつとき
$(x-1)^2=0$ であるから
$x^2-2x+1=0$
これから $a=\boxed{^{\text{オ}}1}$, $b=\boxed{^{\text{カキ}}-1}$
としてもよい。

(3) 方程式①が2重解をもつのは

　A　②が $x=1$ 以外の重解をもつとき

または

　B　②が $x=1$ と，それ以外のもう1つの解をもつとき

の2通り $\boxed{^{\text{ク}}①}$

Aのときの条件は③が成り立ち，④が成り立たないときだから

$a^2+b=0$ かつ $2a+b\neq1$

Bのときの条件は $\dfrac{D}{4}>0$ であり，④が成り立つときだから

$a^2+b>0$ かつ $2a+b=1$

したがって，方程式①が2重解をもつのは，

$\underline{a^2+b=0}$ かつ $2a+b\neq1$ または $\underline{a^2+b>0}$ かつ $2a+b=1$ の

とき $\boxed{^{\text{ケ}}②}$, $\boxed{^{\text{コ}}④}$（順不同）

← $(x-1)(x^2-2ax-b)=0$
$\alpha\neq1$ として〜〜部分が
$(x-1)(x-\alpha)^2=0$ ……A
$(x-1)(x-1)(x-\alpha)=0$ ……B
となるとき。

(4) Aから順番に正誤を確認する。

A　3次方程式 $(x-1)^2(x+1)=0$ の解は $x=1$，-1 の2個。

　　よって，Aは誤り。

B　1つの実数解を $x=\alpha$ とすると，$ax^3+bx^2+cx+d=0$ は

$$a(x-\alpha)(x^2+px+q)=0 \quad (p, q \text{ は実数})$$

　と表せる。

　ここで，$x^2+px+q=0$ の解は，解の公式より

$$x=\frac{-p\pm\sqrt{p^2-4q}}{2} \quad \cdots\cdots ⑤$$

　となるから，2次方程式 $x^2+px+q=0$ は

$$\begin{cases} p^2-4q>0 \text{ のとき，異なる2つの実数解} \\ p^2-4q=0 \text{ のとき，重解} \\ p^2-4q<0 \text{ のとき，異なる2つの虚数解} \end{cases}$$

　をもつ。したがって，3次関数 $ax^3+bx^2+cx+d=0$ が虚数解

　をもつとき，虚数解は

$$x=\frac{-p\pm\sqrt{4q-p^2}\,i}{2} \quad \leftarrow \begin{aligned} \sqrt{p^2-4q} &= \sqrt{(4q-p^2)\times(-1)} \\ &= \sqrt{4q-p^2}\,i \end{aligned}$$

　となるから，必ず互いに共役な複素数である。

　　よって，Bは正しい。

C　⑤より，

　3つの解の和は

$$\alpha+\frac{-p+\sqrt{p^2-4q}}{2}+\frac{-p-\sqrt{p^2-4q}}{2}=\alpha-p \quad (\text{実数})$$

　3つの解の積は

$$\alpha\times\frac{-p+\sqrt{p^2-4q}}{2}\times\frac{-p-\sqrt{p^2-4q}}{2}$$

$$=\alpha\times\frac{p^2-(p^2-4q)}{4}=\alpha q \quad (\text{実数})$$

　　よって，Cは正しい。

D　$(x+1)^2(x-1)=0$ は負の2重解 $x=-1$ をもつ。

　　よって，Dは誤り。

E　$(x-1)(x-2)(x-3)=0$ の解は $x=1$，2，3であるから，すべ

　て正の実数である。

　　よって，Eは誤り。

以上より，A〜Eについて，正しいのはB，C⁺③である。

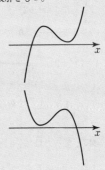

← 3次方程式は少なくとも1個の
　実数解をもつ。

← 共役な複素数
　$a+bi$ と $a-bi$
　　符号が反対

← 3次方程式の解と係数の関係
　$ax^3+bx^2+cx+d=0$ の3つの
　解を α，β，γ とすると

　$\alpha+\beta+\gamma=-\dfrac{b}{a}$

　$\alpha\beta+\beta\gamma+\gamma\alpha=\dfrac{c}{a}$

　$\alpha\beta\gamma=-\dfrac{d}{a}$

3

実数 a, b について，$\dfrac{a+b}{2}$ [ア④] を a と b の相加平均という。

また，$\underline{a>0,\ b>0}$ [イ⓪] のとき，$\sqrt{ab}$ [ウ③] を a と b の相乗平均という。

$A=(x^2+2)+\dfrac{9}{x^2+2}-2$ と変形すると

$x^2+2>0$，$\dfrac{9}{x^2+2}>0$ であるから，相加平均と相乗平均の関係より

$$A=(x^2+2)+\dfrac{9}{x^2+2}-2=2\sqrt{(x^2+2)\cdot\dfrac{9}{x^2+2}}-2$$
$$=6-2=4$$

よって，$A\geqq$ [エ4] であり，最小値は 4 である。

$A=4$ となるのは $\underline{x^2+2=\dfrac{9}{x^2+2}}$ [オ②] のとき。

$(x^2+2)^2=9$ より $x^2+2=\pm3$

$x^2+2>0$ だから $x^2+2=3$

よって，$x=\pm1$

ゆえに，この解法が使えるのは，

x の範囲が [カ1] ，[キク−1] を含むとき。

← 相加平均と相乗平均の関係
$a>0$, $b>0$ のとき
$$\dfrac{a+b}{2}\geqq\sqrt{ab}$$
等号は $a=b$ のとき
$\left(\begin{array}{l}\text{実際には } a+b\geqq2\sqrt{ab}\\\text{として使われることが多い。}\end{array}\right)$

← $a=x^2+2$, $b=\dfrac{9}{x^2+2}$
と考えて，等号は $a=b$ のとき

数学Ⅱ 2 図形と方程式

4

(1) (i) 2点 A(3, 1), B(11, 7) を通る直線 l_1 の方程式は

$$y-1=\frac{7-1}{11-3}(x-3) \quad \text{より} \quad \boxed{\text{ア } 3}\,x-\boxed{\text{イ } 4}\,y-\boxed{\text{ウ } 5}=0$$

(ii) 中心 $(p, 2p)$, 半径 5 の円の方程式は

$$(x-p)^2+(y-2p)^2=25 \quad \boxed{\text{エ ③}}$$

(iii) 円 C_1 と直線 l_1 は接するから, 円 C_1 の中心と直線 l_1 の距離は 円 C_1 の半径 $\boxed{\text{オ ①}}$ に等しい。

(iv) (iii)より

$$\frac{|3\cdot p-4\cdot 2p-5|}{\sqrt{3^2+(-4)^2}}=5$$

$$|5p+5|=25$$

$$|p+1|=5 \quad \text{よって,} \quad p=4, \ -6$$

円 C_1 は直線 l_1 と第1象限で接するから $p=\boxed{\text{カ } 4}$

よって, $(x-4)^2+(x-8)^2=25$

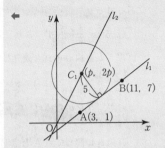

← $p=-6$ のとき, 円 C_1 全体が第3象限に含まれる。

(2) (i) 円 C_2 の中心 (3, 6) と直線 l_1 の距離は

$$\frac{|3\cdot 3-4\cdot 6-5|}{\sqrt{3^2+(-4)^2}}=\frac{20}{5}=4$$

三平方の定理より $\left(\frac{1}{2}\mathrm{PQ}\right)^2+4^2=5^2$ だから

$$\mathrm{PQ}^2=36$$

$$\mathrm{PQ}>0 \quad \text{より} \quad \mathrm{PQ}=\boxed{\text{キ } 6}$$

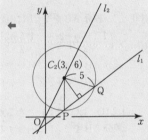

(ii) 放物線 $C_3: y=x^2+k$ と直線 $l_2: y=2x$ を連立させて

$$x^2+k=2x$$

$$x^2-2x+k=0 \quad \cdots\cdots ①$$

異なる2点で交わるのは①の判別式 D が $D>0$ のときだから

$$\frac{D}{4}=(-1)^2-k>0 \quad \text{より} \quad k<\boxed{\text{ク } 1}$$

$k<1$ のとき, ①の解は

$$x=1\pm\sqrt{1-k}$$

$\alpha=1-\sqrt{1-k}, \ \beta=1+\sqrt{1-k}$ とすると

$$\mathrm{MN}=\sqrt{(\beta-\alpha)^2+(2\beta-2\alpha)^2}=\sqrt{5}\,(\beta-\alpha)$$

$$=\sqrt{5}\cdot 2\sqrt{1-k}=\underline{2\sqrt{5}\sqrt{1-k}}\ \boxed{\text{ケ ②}}$$

(iii) $\mathrm{PQ}=\mathrm{MN}$ より

$$2\sqrt{5}\sqrt{1-k}=6$$

$$5(1-k)=9 \quad \text{よって,} \quad k=-\frac{\boxed{\text{コ } 4}}{\boxed{\text{サ } 5}}$$

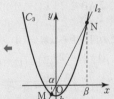

← $\mathrm{M}(\alpha, 2\alpha), \ \mathrm{N}(\beta, 2\beta)$
$$\mathrm{MN}=\sqrt{(\beta-\alpha)^2+(2\beta-2\alpha)^2}$$
$$=\sqrt{5(\beta-\alpha)^2}$$
$$=\sqrt{5}|\beta-\alpha|$$

5

(1) 直線 l_2 は l_1 に垂直であるから傾きが $-\dfrac{1}{2}$ であり，点 $(-4, 6)$ を

通るので

$$y-6=-\frac{1}{2}(x+4) \quad より \quad x+\boxed{^{ア} 2}\,y-\boxed{^{イ} 8}=0$$

直線 l_1 と直線 l_2 の式を連立して

$$\begin{cases} y=2x-1 \\ x+2y-8=0 \end{cases} \quad より \quad x=2,\ y=3$$

よって，点 P の座標は $(\boxed{^{ウ} 2},\ \boxed{^{エ} 3})$

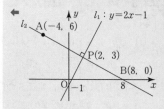

(2) 直線 l_1 に関して点 A と点 B は対称であるから

点 P は線分 AB の中点 $\boxed{^{オ} ①}$

これより，$B(x,\ y)$ とすると

$$\frac{-4+x}{2}=2,\ \frac{6+y}{2}=3 \quad より \quad x=8,\ y=0$$

よって，点 B の座標は $(\boxed{^{カ} 8},\ \boxed{^{キ} 0})$

(3) (i) 線分 AB を $2:1$ に内分する点 C は

$$\left(\frac{1\cdot(-4)+2\cdot 8}{2+1},\ \frac{1\cdot 6+2\cdot 0}{2+1}\right)=(\boxed{^{ク} 4},\ \boxed{^{ケ} 2})$$

線分 AB を $2:1$ に外分する点 D は

$$\left(\frac{-1\cdot(-4)+2\cdot 8}{2-1},\ \frac{-1\cdot 6+2\cdot 0}{2-1}\right)=(\boxed{^{コサ} 20},\ \boxed{^{シス} -6})$$

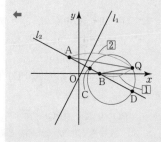

(ii) $AQ:BQ=2:1$ となる点 Q の軌跡は

線分 AB を $2:1$ に内分する点 C と

線分 AB を $2:1$ に外分する点 D を

直径の両端とする円 $\boxed{^{セ} ④}$ になる。

この円の中心は線分 CD の中点であるから

$$\left(\frac{4+20}{2},\ \frac{2-6}{2}\right)=(12,\ -2)$$

半径は $\sqrt{(12-4)^2+(-2-2)^2}=\sqrt{80}$

よって，点 Q の軌跡を表す方程式は

$$(x-\boxed{^{ソタ} 12})^2+(y+\boxed{^{チ} 2})^2=\boxed{^{ツテ} 80}$$

別解

$AQ:BQ=2:1$ より $AQ=2BQ$

$Q(x,\ y)$ とすると $\sqrt{(x+4)^2+(y-6)^2}=2\sqrt{(x-8)^2+y^2}$

両辺を 2 乗して

$$x^2+8x+16+y^2-12y+36=4(x^2-16x+64+y^2)$$

$$3x^2+3y^2-72x+12y+204=0$$

$$x^2+y^2-24x+4y+68=0$$

よって，$(x-\boxed{^{ソタ} 12})^2+(y+\boxed{^{チ} 2})^2=\boxed{^{ツテ} 80}$

(4) 2定点 A, B からの距離の比が $m:n$ である点の軌跡は, 線分
AB を $m:n$ に内分する点と外分する点を直径の両端とする円に
なる。

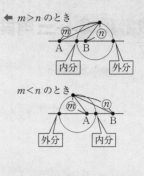

← $m > n$ のとき

$m < n$ のとき

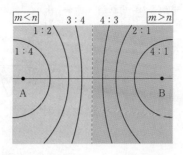

$\dfrac{m}{n}$ の値が 0 に近づくのは, $m < n$ (上図の左側) で n が大きくなる
ときであるから, 円は小さくなる。よって, ⓪は正しい。

$\dfrac{m}{n}$ の値が 1 に近づくのは $m = n$ (上図の破線) に近づくときなの
で, 円は大きくなる。よって, ②は正しい。

$\dfrac{m}{n}$ の値が大きくなるのは, $m > n$ (上図の右側) で m が大きくなる
ときであるから, 円は小さくなる。よって, ⑤は正しい。

以上のことから, ┣⓪, ┫②, ┠⑤ (順不同)

6

(1) A を x (kg), B を y (kg) を作るとすると使用する原料 P, Q の
量 p (kg), q (kg) は
$$p = {}^{\text{ア}}\boxed{2}\,x + {}^{\text{イ}}\boxed{3}\,y \quad \cdots\cdots ①$$
$$q = {}^{\text{ウ}}\boxed{5}\,x + {}^{\text{エ}}\boxed{4}\,y \quad \cdots\cdots ②$$
また, P は 24 kg, Q は 46 kg まで使えるから
$$p \leqq 24\,{}^{\text{オ}}\boxed{①}, \quad q \leqq 46\,{}^{\text{カ}}\boxed{②} \quad (順不同)$$

←

		製品	
		A(kg)	B(kg)
原料	P(kg)	$2x$	$3y$
	Q(kg)	$5x$	$4y$
利益（万円）		$4x$	$5y$

$2x + 3y \leqq 24 \quad \left(y \leqq -\dfrac{2}{3}x + 8 \right)$

$5x + 4y \leqq 46 \quad \left(y \leqq -\dfrac{5}{4}x + \dfrac{23}{2} \right)$

(2) 利益 k (万円) は
$$k = {}^{\text{キ}}\boxed{4}\,x + {}^{\text{ク}}\boxed{5}\,y \quad \cdots\cdots ③$$
①, ②, ③より, 不等式の表す
領域は右図の斜線部分 (ただし,
境界を含む) である。

直線①の傾き: $m_1 = -\dfrac{2}{3}$

直線②の傾き: $m_2 = -\dfrac{5}{4}$

直線③の傾き: $m_3 = -\dfrac{4}{5}$

だから
$$m_2 < m_3 < m_1\,{}^{\text{ケ}}\boxed{①} \text{ が成り立つ。}$$

k は, 直線③が直線①と②の交点 (6, 4) を通るときに最大になり
$$k = 4 \times 6 + 5 \times 4 = 44$$
よって, $x = {}^{\text{コ}}\boxed{6}$, $y = {}^{\text{サ}}\boxed{4}$ のとき, 最大値${}^{\text{シス}}\boxed{44}$ をとる。

← $y = -\dfrac{4}{5}x + \dfrac{k}{5}$ より, ③は

傾き $-\dfrac{4}{5}$, 切片 $\dfrac{k}{5}$ の直線を表す。

← m_1, m_2, m_3 が負であることに
注意する。

数学Ⅱ 3 三角関数

7

(1) 画面の「関数②」のグラフは周期が 2π だから，⓪か①のいずれか であるとわかる。

また，$x=\dfrac{\pi}{4}$ のとき $y=0$ だから，「関数②」の式は

$$y=2\sin\left(x-\frac{\pi}{4}\right)\ \boxed{^{\text{ア}}①}$$

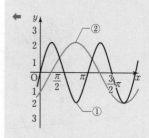

← このままの形で x 軸方向に $\dfrac{\pi}{3}$ だけ平行移動したものと考えては いけない。

(2) $a=2$，$b=2$，$c=\dfrac{\pi}{3}$，$d=0$ のとき，

$$y=2\sin\left(2x+\frac{\pi}{3}\right)$$

だから

$$y=2\sin 2\left(x+\frac{\pi}{6}\right)$$

と変形できる。

「関数②」が $y=2\sin 2x$ になれば「関数①」とグラフが一致するか ら，このときのグラフは，もとの関数 $y=2\sin\left(2x+\dfrac{\pi}{3}\right)$ を x 軸方 向に $\dfrac{\pi}{6}$ だけ平行移動したもの。$\boxed{^{\text{イ}}③}$

(3) 関数①，②のグラフをかくと，下図のようになる。

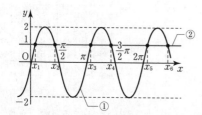

← $a=0$，$d=1$ のとき「関数②」 は $y=1$ となる。

(i) $2\sin 2x=1$ より $\sin 2x=\dfrac{1}{2}$

$$2x=\frac{\pi}{6},\ \frac{5}{6}\pi,\ \frac{13}{6}\pi,\ \cdots$$

だから

$$x=\frac{\pi}{12},\ \frac{5}{12}\pi,\ \frac{13}{12}\pi,\ \cdots$$

← $y=\sin 2x$ と $y=1$ のグラフ の交点を求める。

よって，$x_1=\dfrac{\pi}{\boxed{^{\text{ウエ}}12}}$，$x_2=\dfrac{\boxed{^{\text{オ}}5}}{\boxed{^{\text{カキ}}12}}\pi$，$x_3=\dfrac{\boxed{^{\text{クケ}}13}}{\boxed{^{\text{コサ}}12}}\pi$

(ii) $y=2\sin 2x$ のグラフの周期は π であるから，交点も上図のよ うに，π を周期として現れる。

n が奇数のとき，$x_{2n+1}=x_{2n-1}+\pi$

n が偶数のとき，$x_{2n+2}=x_{2n}+\pi$

である。

よって，$\boxed{^{\text{シ}}①}$，$\boxed{^{\text{ス}}②}$ （順不同）

(4) このソフトで考えるには，「関数②」を $y=a\sin(bx+c)+d$ の形にして，関数①のグラフとの交点を求めればよい。

$$\cos\theta=\sin\left(\theta+\frac{\pi}{2}\right)$$

だから

$$y=2\cos\frac{x}{2}=\underline{2\sin\left(\frac{x}{2}+\frac{\pi}{2}\right)}_{\text{セ}①}$$

$0\leqq x\leqq4\pi$ の範囲で $y=2\sin2x$ と $y=2\cos\dfrac{x}{2}$ のグラフの概形をかくと，下図のようになる。

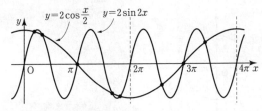

上図より交点の個数は

$0\leqq x\leqq2\pi$ のとき $^{\text{ソ}}5$ 個

$0\leqq x\leqq4\pi$ のとき $^{\text{タ}}8$ 個

である。

8

解答群の左辺をそれぞれ変形すると

⓪ $:\sin\theta+\cos\theta=\sqrt{2}\sin\left(\theta+\dfrac{\pi}{4}\right)$ ← 右辺は $2\sin\left(\theta+\dfrac{\pi}{4}\right)$

① $:2\sin\theta-\cos\theta=\sqrt{5}\sin(\theta-\alpha)$ ← 右辺は $\sqrt{5}\sin\left(\theta-\dfrac{\pi}{6}\right)$

$\left(\text{ただし，}\cos\alpha=\dfrac{2}{\sqrt{5}},\ \sin\alpha=-\dfrac{1}{\sqrt{5}}\right)$

② $:-\sin\theta+\sqrt{3}\cos\theta=2\sin\left(\theta+\dfrac{2}{3}\pi\right)$ ← 右辺は $2\sin\left(\theta+\dfrac{5}{6}\pi\right)$

③ $:-\sin\theta-\sqrt{3}\cos\theta=2\sin\left(\theta-\dfrac{2}{3}\pi\right)$

よって，正しい変形は $^{\text{チ}}③$

また，三角関数の加法定理より

$$\sin(\alpha+\beta)=\underline{\sin\alpha\cos\beta+\cos\alpha\sin\beta}_{\text{ツ}②}$$
$$\cos(\alpha+\beta)=\underline{\cos\alpha\cos\beta-\sin\alpha\sin\beta}_{\text{テ}⑤}$$

$$\sqrt{3}\sin\left(\theta+\frac{\pi}{9}\right)-\cos\left(\theta-\frac{2}{9}\pi\right)>\frac{1}{2}$$

$x=\theta+\dfrac{\pi}{9}$ とおくと $\theta-\dfrac{2}{9}\pi=x-\dfrac{\pi}{3}$ だから

$$\sqrt{3}\sin x-\cos\left(x-\frac{\pi}{\boxed{\text{ト}\,3}}\right)>\frac{1}{2}$$

$$\sqrt{3}\sin x-\left(\cos x\cos\frac{\pi}{3}+\sin x\sin\frac{\pi}{3}\right)>\frac{1}{2}$$

$$\sqrt{3}\sin x-\left(\frac{1}{2}\cos x+\frac{\sqrt{3}}{2}\sin x\right)>\frac{1}{2}$$

← ⓪ $y=2\sin\left(\dfrac{x}{2}+\pi\right)$

$\qquad=-2\sin\dfrac{x}{2}$

② $y=2\sin\left(\dfrac{x}{2}-\pi\right)$

$\qquad=-2\sin\dfrac{x}{2}$

③ $y=2\sin\left(\dfrac{x}{2}-\dfrac{\pi}{2}\right)$

$\qquad=-2\cos\dfrac{x}{2}$

← 三角関数の合成（例題31）
$a\sin\theta+b\cos\theta$
$=\sqrt{a^2+b^2}\sin(\theta+\alpha)$

← 三角関数の加法定理（例題29）
$\sin(\alpha\pm\beta)$
$\qquad=\sin\alpha\cos\beta\pm\cos\alpha\sin\beta$
$\cos(\alpha\pm\beta)$
$\qquad=\cos\alpha\cos\beta\mp\sin\alpha\sin\beta$
$\qquad\qquad$（複号同順）

$$\frac{\sqrt{\boxed{\dot{\tau}\,3}}}{\boxed{\dot{\tau}\,2}}\sin x - \frac{\boxed{\dot{\tau}\,1}}{\boxed{\dot{\tau}\,2}}\cos x > \frac{1}{2}$$

$$\sqrt{\left(\frac{\sqrt{3}}{2}\right)^2+\left(\frac{1}{2}\right)^2}\sin\left(x-\frac{\pi}{6}\right)$$

$$\sin\left(x-\frac{\pi}{\boxed{\dot{\tau}\,6}}\right) > \frac{1}{2} \quad\cdots\cdots①$$

$x = \theta + \dfrac{\pi}{9}$ だから

両辺に $-\dfrac{\pi}{6}$ を加える

$$x-\frac{\pi}{6}=\theta+\frac{\pi}{9}-\frac{\pi}{6}=\theta-\frac{\pi}{18}$$

また，$0 \leqq \theta \leqq \dfrac{5}{9}\pi$ より $\quad -\dfrac{\pi}{\boxed{\text{コサ}\,18}} \leqq x-\dfrac{\pi}{6} \leqq \dfrac{\pi}{\boxed{\text{シ}\,2}}$

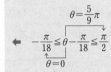

$\theta = \dfrac{5}{9}\pi$

$-\dfrac{\pi}{18} \leqq \theta - \dfrac{\pi}{18} \leqq \dfrac{\pi}{2}$

$\theta = 0$

この範囲での①を満たす x の範囲は

$$\frac{\pi}{6} < x-\frac{\pi}{6} \leqq \frac{\pi}{2}$$

よって，$\dfrac{\pi}{\boxed{\text{ス}\,3}} < x \leqq \dfrac{\boxed{\text{セ}\,2}}{\boxed{\text{ソ}\,3}}\pi$ である。

ゆえに，求める θ の値の範囲は $\quad$ $x = \theta + \dfrac{\pi}{9}$ の関係から求める

$$\frac{\pi}{3} < \theta+\frac{\pi}{9} \leqq \frac{2}{3}\pi \quad\text{より}\quad \frac{\boxed{\text{タ}\,2}}{\boxed{\text{チ}\,9}}\pi < \theta \leqq \frac{\boxed{\text{ツ}\,5}}{\boxed{\text{テ}\,9}}\pi \quad \boxed{\text{ト}\,①}$$

9

(1) $t = \sin\theta + \sqrt{3}\cos\theta \quad\cdots\cdots①$ より

$$t^2 = \sin^2\theta + 2\sqrt{3}\sin\theta\cos\theta + 3\cos^2\theta$$

$$= (1-\cos^2\theta) + 2\sqrt{3}\sin\theta\cos\theta + 3\cos^2\theta$$

$$= \boxed{\text{ア}\,2}\cos^2\theta + \boxed{\text{イ}\,2}\sqrt{\boxed{\text{ウ}\,3}}\sin\theta\cos\theta + \boxed{\text{エ}\,1}$$

$$y = \cos 2\theta + \sqrt{3}\sin 2\theta - 2\sqrt{3}\cos\theta - 2\sin\theta$$

2θ を θ にすることを考える→２倍角の公式

$$= 2\cos^2\theta - 1 + 2\sqrt{3}\sin\theta\cos\theta - 2\sqrt{3}\cos\theta - 2\sin\theta$$

$$= (2\cos^2\theta + 2\sqrt{3}\sin\theta\cos\theta + 1) - 1 - 2(\sin\theta + \sqrt{3}\cos\theta) - 1$$

$$= t^2 - \boxed{\text{オ}\,2}\,t - \boxed{\text{カ}\,2} \quad\cdots\cdots② \quad t^2 \text{ の形にする} \quad t \text{ の形にする}$$

←２倍角の公式（例題30）
$\sin 2\theta = 2\sin\theta\cos\theta$
$\cos 2\theta = \cos^2\theta - \sin^2\theta$
$\qquad = 2\cos^2\theta - 1$
$\qquad = 1 - 2\sin^2\theta$

(2) $t = \sin\theta + \sqrt{3}\cos\theta$

$$= \sqrt{1^2+(\sqrt{3})^2}\sin\left(\theta+\frac{\pi}{3}\right) = \boxed{\text{キ}\,2}\sin\left(\theta+\frac{\pi}{\boxed{\text{ク}\,3}}\right)$$

←三角関数の合成（例題31）
$a\sin\theta + b\cos\theta$
$= \sqrt{a^2+b^2}\sin(\theta+\alpha)$

$-\dfrac{\pi}{2} \leqq \theta \leqq \dfrac{\pi}{2}$ だから $\quad -\dfrac{\pi}{\boxed{\text{ケ}\,6}} \leqq \theta+\dfrac{\pi}{3} \leqq \dfrac{\boxed{\text{コ}\,5}}{\boxed{\text{サ}\,6}}\pi$

t が最大になるのは $\theta+\dfrac{\pi}{3}=\dfrac{\pi}{2}$ のときで

$$t = 2\sin\frac{\pi}{2} = 2$$

最大

$\dfrac{5}{6}\pi$

$-\dfrac{\pi}{6}$

t が最小になるのは $\theta+\dfrac{\pi}{3}=-\dfrac{\pi}{6}$ のときで

$$t = 2\sin\left(-\frac{\pi}{6}\right) = -1$$

最小

よって，$-1 \leqq t \leqq 2 \quad \boxed{\text{シ}\,③}$

(3) ①，②より

$$y=t^2-2t-2=(t-1)^2-3 \quad (-1\leqq t\leqq2)$$

これより，y は $t=\boxed{^{ス}1}$ のとき最小値をとる。

このときの θ の値は

$$2\sin\left(\theta+\frac{\pi}{3}\right)=1 \text{ から } \sin\left(\theta+\frac{\pi}{3}\right)=\frac{1}{2}$$

$$-\frac{\pi}{6}\leqq\theta+\frac{\pi}{3}\leqq\frac{5}{6}\pi \text{ より } \theta+\frac{\pi}{3}=\frac{\pi}{6},\ \frac{5}{6}\pi$$

よって，y は $\theta=-\dfrac{\pi}{\boxed{^{セ}6}},\ \dfrac{\pi}{\boxed{^{ソ}2}}$ のとき，最小値 $\boxed{^{タチ}-3}$ をとる。

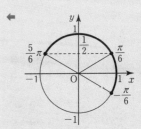

(4) $y=-1$ のとき，$t^2-2t-2=-1$ より

$$t=1\pm\sqrt{2}$$

(2)より $-1\leqq t\leqq2$ なので

$$t=\underline{1-\sqrt{2}}\ \boxed{^{ツ}②}$$

$-1<1-\sqrt{2}<0$ だから，

$$-1<t<0$$

$$-1<2\sin\left(\theta+\frac{\pi}{3}\right)<0$$

$$-\frac{1}{2}<\sin\left(\theta+\frac{\pi}{3}\right)<0$$

よって，$-\dfrac{\pi}{6}<\theta+\dfrac{\pi}{3}<0$ より

$$\underline{-\frac{\pi}{2}<\theta<-\frac{\pi}{3}}\ \boxed{^{テ}⓪}$$

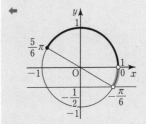

10

(1) $\angle\mathrm{AOP}=\theta$ とすると，扇形 OAP の面積が6であるから

$$\frac{1}{2}\cdot2^2\cdot\theta=6 \text{ より } \theta=3 \qquad \text{(扇形の面積)}=\frac{1}{2}r^2\theta$$

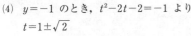

よって，$\angle\mathrm{AOP}=\boxed{^{ア}3}$

(2) 点 P と点 Q は，円周を一周する時間が等しいので，つねに $\angle\mathrm{AOP}=\angle\mathrm{RPQ}$ が成り立つ。

よって，$\angle\mathrm{OPQ}$ は一定である。$\boxed{^{イ}②}$

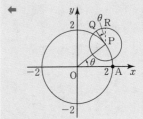

(3) 右図より，点 P の座標は

$$\mathrm{P}(\underline{2\cos\theta},\ \underline{2\sin\theta})\ \boxed{^{ウ}③},\ \boxed{^{エ}②}$$

また，$\mathrm{PS}=\sin\theta$，$\mathrm{QS}=\cos\theta$ であるから，

点 Q の座標は

$$\mathrm{Q}(\underline{2\cos\theta-\sin\theta},\ \underline{2\sin\theta+\cos\theta})$$

$$\boxed{^{オ}③},\ \boxed{^{カ}⓪},\ \boxed{^{キ}②},\ \boxed{^{ク}①}$$

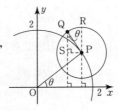

(4) 点 Q の y 座標は

$2\sin\theta+\cos\theta=\sqrt{5}\,\sin(\theta+\alpha)$

$\left(\text{ただし},\ \cos\alpha=\dfrac{2}{\sqrt{5}},\ \sin\alpha=\dfrac{1}{\sqrt{5}}\right)$

と表せる。

したがって，最大値は $\sin(\theta+\alpha)=1$ のときだから $\sqrt{5}$ ⑦①　　　　　← $-1\leqq\sin(\theta+\alpha)\leqq1$

数学Ⅱ 4 指数関数・対数関数

11

(1) 2を底とする①の両辺の対数をとると

$$\log_2 xy = \log_2 256 = \log_2 2^8 = \boxed{^{ア}8}$$

また，この式の左辺は

$$\log_2 xy = \log_2 x + \log_2 y$$

だから

$$\log_2 x + \log_2 y = 8 \quad \boxed{^{イ}①} \quad \cdots\cdots③$$

と変形できる。

$$\Leftarrow \begin{cases} xy = 256 & \cdots\cdots① \\ \dfrac{1}{\log_4 x} - \dfrac{2}{\log_{\frac{1}{2}} y} = \dfrac{4}{3} & \cdots\cdots② \end{cases}$$

(2) ②において

真数が正であるから $x > 0$，$y > 0$

分母は0でないから $x \neq 1$，$y \neq 1$

$\boxed{^{ウ}①}$，$\boxed{^{エ}②}$，$\boxed{^{オ}⑥}$，$\boxed{^{カ}⑦}$ （順不同）

$\Leftarrow \log_4 1 = 0$，$\log_{\frac{1}{2}} 1 = 0$

(3) ②の底を2に変換すると

$$\frac{1}{\dfrac{\log_2 x}{\log_2 4}} - \frac{2}{\dfrac{\log_2 y}{\log_2 \frac{1}{2}}} = \frac{4}{3}$$

$$\frac{2}{\log_2 x} - \frac{-2}{\log_2 y} = \frac{4}{3}$$

よって，$\dfrac{1}{\log_2 x} + \dfrac{1}{\log_2 y} = \dfrac{\boxed{^{キ}2}}{\boxed{^{ク}3}}$

左辺を通分して

$$\frac{\log_2 y + \log_2 x}{\log_2 x \cdot \log_2 y} = \frac{2}{3}$$

③を代入して

$$\frac{8}{\log_2 x \cdot \log_2 y} = \frac{2}{3}$$

よって，$\log_2 x \cdot \log_2 y = \boxed{^{ケコ}12} \quad \cdots\cdots④$

③，④より，$\log_2 x$ と $\log_2 y$ は

$$t^2 - \boxed{^{サ}8}\,t + \boxed{^{シス}12} = 0$$

（$\boxed{^{シス}12}$ は $\log_2 x \cdot \log_2 y$，$\boxed{^{サ}8}\,t$ は $\log_2 x + \log_2 y$）

の2つの解である。

$(t-2)(t-6) = 0$　より

$t = \boxed{^{セ}2}$，$\boxed{^{ソ}6}$

$\log_2 x = 2$，$\log_2 y = 6$ のとき

$x = 4$，$y = 64$

$\log_2 x = 6$，$\log_2 y = 2$ のとき

$x = 64$，$y = 4$

ゆえに，$(x,\ y) = (\boxed{^{タ}4},\ \boxed{^{チツ}64})$，$(\boxed{^{テト}64},\ \boxed{^{ナ}4})$

$\Leftarrow$ α，β を解とする2次方程式
$x^2 - (\alpha + \beta)x + \alpha\beta = 0$
　　和　　積　　（例題6）

$\Leftarrow 6 = \log_2 2^6 = \log_2 64$

12

(1) (ⅰ) $y=\log_{10}x$ において

$y=6$ のとき　$6=\log_{10}x$　よって，$x=10^{\boxed{ア\,6}}$

$x=10\sqrt[3]{10}$ のとき　$y=\log_{10}10\sqrt[3]{10}$

$$=\log_{10}10^{\frac{4}{3}}=\frac{\boxed{イ\,4}}{\boxed{ウ\,3}}$$

(ⅱ) $1\leqq y<2$ のとき

$1\leqq\log_{10}x<2$ より　$\log_{10}10\leqq\log_{10}x<\log_{10}10^2$

(底)$=10>1$ より，これを満たす x は　$10\leqq x<100$

よって，求める自然数 x の個数は

$99-10+1=\boxed{エオ\,90}$ （個）

$n\leqq y<n+1$ のとき

$n\leqq\log_{10}x<n+1$ より　$\log_{10}10^n\leqq\log_{10}x<\log_{10}10^{n+1}$

(底)$=10>1$ より，これを満たす x は　$10^n\leqq x<10^{n+1}$

よって，求める自然数 x の個数は

$(10^{n+1}-1)-10^n+1$

$=10^{n+1}-10^n=10^n(10-1)=\underline{9\cdot10^n}$ （個）　$\boxed{カ\,⓪}$

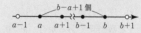

←　$10\leqq x<100$ を満たす自然数 x は

図より，10 から 99 まで。

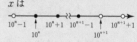

←　a から b までの整数の個数

←　$10^n\leqq x<10^{n+1}$ を満たす自然数 x は

(2) (ⅰ) ①，②，③ の式に $x=0,\ 1,\ 2,\ \cdots\cdots$ を代入して y の値を求めると，次の表のようになる。

	x	0	1	2	3	4
①	y	10^0	$10^{\frac{1}{2}}$	10^1	$10^{\frac{3}{2}}$	10^2
②	y	2×10^0	2×10^1	2×10^2	2×10^3	2×10^4
③	y	10^0	10^2	10^4	10^6	10^8

この表をもとに，片対数方眼紙に ①，②，③ のグラフをかくと，右の図のようになる。よって，

①のグラフは

$(0,\ 10^0)$ を通る直線で，傾きが緩やかな⑨

②のグラフは

縦軸との交点が $(0,\ 10^0)$ より上の位置にある⑦

③のグラフは

$(0,\ 10^0)$ を通る直線で，傾きが急な⑦

となるから，正しい組合せは $\boxed{キ\,③}$

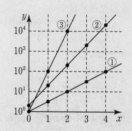

(ⅱ) $y=k\times10^{ax}$ について，$x=0,\ 1,\ 2,\ \cdots\cdots$ を代入して y の値を求めると，次の表のようになる。

x	0	1	2	3	4
y	$k\times10^0$	$k\times10^a$	$k\times10^{2a}$	$k\times10^{3a}$	$k\times10^{4a}$

この表をもとに，片対数方眼紙に $y=k\times10^{ax}$ のグラフをかいたときに，そのグラフが満たすべき条件を考える。

$x=0$ のとき $y=k$ となるから，$k\geqq1$ より

グラフと縦軸との交点は $(0,\ 10^0)$ か，それより上

また，グラフの傾きは 10^a であるから，$a>0$ より

グラフは右上がりの直線

よって，グラフの概形として考えられるものは

$\boxed{ク\,③}$，$\boxed{ケ\,④}$ （順不同）

13

(1) $\log_{10}x$, $\log_{10}y$ の真数条件はそれぞれ

$x>0$, $y>0$ ⟨ア ①⟩, ⟨イ ④⟩ （順不同）

(2) $2^{3-\log_{10}x}+3^{\log_{10}y}=12$ ……① より

$3^{\log_{10}y}=12-2^{3-\log_{10}x}$

$=12-2^3\times2^{-\log_{10}x}=12-\dfrac{\boxed{^{ウ}8}}{2^{\log_{10}x}}$ ……③

$2^{\log_{10}x}>0$ だから

$12-\dfrac{8}{2^{\log_{10}x}}>0$ より $12\cdot2^{\log_{10}x}-8>0$

$12\cdot2^{\log_{10}x}>8$

よって，$2^{\log_{10}x}>\dfrac{\boxed{^{エ}2}}{\boxed{^{オ}3}}$ ……④

また，②に③を代入して

$p=-2^{1+\log_{10}x}+3^{\log_{10}y}$

$=-2^{1+\log_{10}x}+12-\dfrac{8}{2^{\log_{10}x}}$

$=-2\cdot2^{\log_{10}x}-\dfrac{8}{2^{\log_{10}x}}+12$

$=-\boxed{^{カ}2}\left(2^{\log_{10}x}+\dfrac{\boxed{^{キ}4}}{2^{\log_{10}x}}\right)+12$ ……⑤

→ $2^{a-b}=2^a\times2^{-b}=\dfrac{2^a}{2^b}$ と変形できる。

→ 両辺に $2^{\log_{10}x}$ を掛けて分母を払う。

(3) 相加平均と相乗平均の関係により

$2^{\log_{10}x}+\dfrac{4}{2^{\log_{10}x}}\geqq\boxed{^{ク}2}\sqrt{2^{\log_{10}x}\cdot\dfrac{\boxed{^{ケ}4}}{2^{\log_{10}x}}}=\boxed{^{コ}4}$

よって，

$p=12-2\left(2^{\log_{10}x}+\dfrac{4}{2^{\log_{10}x}}\right)\leqq12-\boxed{^{サ}8}=\boxed{^{シ}4}$

A：$\geqq$，B：$\leqq$ より ⟨ス ③⟩

等号が成り立つのは

$2^{\log_{10}x}=\dfrac{4}{2^{\log_{10}x}}$ より $2^{\log_{10}x}=\boxed{^{セ}2}$ （④を満たす）のとき。

ゆえに，p の最大値は $\boxed{^{ソ}4}$

→ 相加平均と相乗平均の関係
$a>0$ かつ $b>0$ のとき
$a+b\geqq2\sqrt{ab}$
等号は $a=b$ のとき

14

(1) (i) a^4b^4 が 14 桁の数のとき

$10^{14-1}\leqq a^4b^4<10^{(14-1)+1}$ より

$10^{\boxed{^{アイ}13}}\leqq a^4b^4<10^{13+1}$ ……②と表せる。

この各辺を $\dfrac{1}{4}$ 乗すると

$10^{\frac{13}{4}}\leqq ab<10^{\frac{14}{4}}$ より $10^{3.25}\leqq ab<10^{3.5}$

よって，ab は $\boxed{^{ウ}4}$ 桁の数である。

(ii) $\dfrac{a^4}{b^4}$ は整数部分が 5 桁の数であるから

$10^{\boxed{^{エ}4}}\leqq\dfrac{a^4}{b^4}<10^{4+1}$ ……③と表せる。

→ N が n 桁の数のとき
$10^{n-1}\leqq N<10^n$ （例題 43）

→ $10^3<10^{3.25}\leqq ab<10^{3.5}<10^4$
を満たすので，ab はすべて
$10^3\leqq ab<10^4$
に含まれる。

(iii) ③の式の逆数を考えると

$$\frac{1}{10^{4+1}} < \frac{b^4}{a^4} \le \frac{1}{10^4} \quad \text{より} \quad \underline{10^{-4-1} < \frac{b^4}{a^4} \le 10^{-4}}^{\boxed{オ\,0}} \quad \cdots\cdots④$$

(iv) ②と③の式の辺々を掛けると

$$10^{13} \times 10^4 \le a^4 b^4 \times \frac{a^4}{b^4} < 10^{13+1} \times 10^{4+1} \quad \text{より}$$

$$10^{\boxed{カキ\,17}} \le a^8 < 10^{\boxed{クケ\,19}}$$

この各辺を $\frac{1}{8}$ 乗すると

$$10^{\frac{17}{8}} \le a < 10^{\frac{19}{8}}$$

$$10^{2.125} \le a < 10^{2.375}$$

よって，a は $\boxed{コ\,3}$ 桁の数である。

②と④の式の辺々を掛けると

$$10^{13} \times 10^{-4-1} < a^4 b^4 \times \frac{b^4}{a^4} < 10^{13+1} \times 10^{-4} \quad \text{より}$$

$$10^{\boxed{サシ\,8}} < b^8 < 10^{\boxed{シス\,10}}$$

この各辺を $\frac{1}{8}$ 乗すると

$$10^{\frac{8}{8}} < b < 10^{\frac{10}{8}} \quad \text{より} \quad 10^1 < b < 10^{1.25}$$

よって，b は $\boxed{セ\,2}$ 桁の数である。

(2) (i) $\log_{10} 2^{82} = 82 \log_{10} 2$

$$= 82 \times 0.3010 = \boxed{ソタ\,24}.\boxed{チツテ\,682} \quad \cdots\cdots①$$

$24 \le \log_{10} 2^{82} < 25$ より

$$10^{\boxed{トナ\,24}} \le 2^{82} < 10^{25}$$

であるから，2^{82} は $\boxed{ニヌ\,25}$ 桁の数である。

(ii) ①より，$2^{82} = 10^{24} \times 10^{0.682}$ だから，2^{82} の最高位の数は $10^{0.682}$ の整数部分。

$$\log_{10} 4 = \log_{10} 2^2 = 2 \log_{10} 2 = 2 \times 0.3010 = 0.\boxed{ネノハ\,602}$$

$$\log_{10} 5 = \log_{10} \frac{10}{2} = \log_{10} 10 - \log_{10} 2 = 1 - 0.3010 = 0.\boxed{ヒフヘ\,699}$$

であり，$0.602 < 0.682 < 0.699$ より

$$10^{0.602} < 10^{0.682} < 10^{0.699}$$

$$10^{\log_{10} 4} < 10^{0.682} < 10^{\log_{10} 5}$$

$$\underline{4 < 10^{0.682} < 5}^{\boxed{ホ\,②}}$$

だから，最高位の数は $\boxed{マ\,4}$

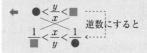

逆数にすると

← $10^2 < 10^{2.125} \le a < 10^{2.375} < 10^3$
を満たすので，a はすべて
$\qquad 10^2 \le a < 10^3$
に含まれる。

← $10^1 < b < 10^{1.25} < 10^2$
を満たすので，b はすべて
$\qquad 10^1 < b < 10^2$
に含まれる。

← N の最高位の数
$\qquad N = \underset{\text{最高位の数}}{10^{\alpha}} \times \underset{\text{桁数}}{10^n} \quad (0 < \alpha < 1)$
と分解し，10^{α} を自然数で挟む。

← $\log_{10} 4 = 0.602$
$\qquad \Longleftrightarrow 10^{0.602} = 4$
$\log_{10} 5 = 0.699$
$\qquad \Longleftrightarrow 10^{0.699} = 5$

数学Ⅱ 5 微分法と積分法

15

(1) ⓪ $f(x)$ の $x=a$ におけ
る微分係数は，曲線
$y=f(x)$ の点 $\mathrm{P}(a,\ a^3)$
における接線の傾きを表
す。右図より，これは点
P，Q を通る直線の傾き
とは一致しない。

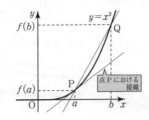

① x が a から b まで変化するときの平均変化率は，点 $\mathrm{P}(a,\ a^3)$，
点 $\mathrm{Q}(b,\ b^3)$ を通る直線の傾きを表す。

② $x\to a$ のときの $f(x)$ の極限値は，曲線 $y=f(x)$ において，x
座標が限りなく a に近づくときに y 座標が近づいていく値であ
る。これは傾きには無関係である。

③ $f(x)$ の点 P における接線の傾きは，⓪と同様に上図より，点
P，Q を通る直線の傾きとは一致しない。

以上より，点 P，Q を通る直線の傾きは，<u>x が a から b まで変化す
るときの平均変化率</u> ⁷① と一致する。

また，x が a から b まで変化するときの平均変化率は

← （直線の傾き）＝（平均変化率）

← $x=a$ から $x=b$ まで変化する
ときの平均変化率（例題44）
$\dfrac{f(b)-f(a)}{b-a}$

$$\frac{f(b)-f(a)}{b-a}=\frac{b^3-a^3}{b-a}=\frac{(b-a)(b^2+ab+a^2)}{b-a}$$
$$=a^2+ab+b^2 \quad ^{イ}①$$

(2) $f(x)$ の $x=a$ における微分係数は，点 P と点 Q が限りなく近
づくとき，すなわち b が限りなく a に近づくときの x が a から b
まで変化するときの平均変化率であるから

← $x=a$ における微分係数
（例題44）
$f'(a)=\lim\limits_{b\to a}\dfrac{f(b)-f(a)}{b-a}$

$$f'(a)=\lim_{b\to ^{ウ}a}(a^2+ab+b^2)=^{エ}3\,a^{^{オ}2}$$

(3) 関数 $f(x)$ について，

⓪ 「$a<b$ のとき $f'(a)<f'(b)$」は
$a=-2$，$b=1$ のとき，$f'(a)=f'(-2)=12$，$f'(b)=f'(1)=3$ と
なり，成り立たない。

← $12>3$ より $f'(a)>f'(b)$

① 「微分係数は $f'(x)>0$」は
$x=0$ のとき，$f'(x)=f'(0)=0$ となり，成り立たない。

② 「$a<b$ のとき $f(a)<f(b)$」は
$f'(x)=3x^2\geqq 0$ より，$f(x)$ がつねに増加するから，つねに成り立
つ。

③ 「$x=a$ から $x=b$ までの平均変化率は正」は
$a^2+ab+b^2=\left(a+\dfrac{1}{2}b\right)^2+\dfrac{3}{4}b^2>0$ であるからつねに成り立つ。

④ 「$x>0$ のとき $f'(x)>0$ であり，$x<0$ のとき $f'(x)<0$」は
$x=-1$ のとき，$f'(x)=f'(-1)=3>0$ となり，成り立たない。

以上より，⓪～④のうちつねに成り立つものは $^{カ}②$，$^{キ}③$（順不同）

(4) 点 P(a, a^3) における C の接線 l の方程式は

$y - a^3 = 3a^2(x-a)$

$y = 3a^2x - 3a^3 + a^3$

$y = \boxed{^{ア}3}\,a^{\boxed{^{イ}2}}x - \boxed{^{ウ}2}\,a^{\boxed{^{エ}3}}$

点 P を通り l に垂直な直線 m の方程式は

$y - a^3 = -\dfrac{1}{3a^2}(x-a)$

$y = -\dfrac{1}{\boxed{^{オ}3}\,a^{\boxed{^{カ}2}}}x + \dfrac{1}{\boxed{^{キ}3}\,a} + a^{\boxed{^{ク}3}}$

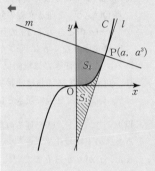

傾き m の直線と
傾き m' の直線
について
垂直 $\Longleftrightarrow mm' = -1$

面積 S_1 は

$S_1 = \displaystyle\int_0^a \{x^3 - (3a^2x - 2a^3)\}\,dx$

$= \left[\dfrac{1}{4}x^4 - \dfrac{3}{2}a^2x^2 + 2a^3x\right]_0^a$

$= \dfrac{1}{4}a^4 - \dfrac{3}{2}a^4 + 2a^4 = \dfrac{\boxed{^{ケ}3}}{\boxed{^{コ}4}}a^{\boxed{^{サ}4}}$

面積 S_2 は

$S_2 = \displaystyle\int_0^a \left\{\left(-\dfrac{1}{3a^2}x + \dfrac{1}{3a} + a^3\right) - x^3\right\}dx$

$= \left[-\dfrac{1}{6a^2}x^2 + \dfrac{1}{3a}x + a^3x - \dfrac{1}{4}x^4\right]_0^a$

$= -\dfrac{1}{6} + \dfrac{1}{3} + a^4 - \dfrac{1}{4}a^4 = \dfrac{3}{4}a^4 + \dfrac{\boxed{^{シ}1}}{\boxed{^{ス}6}}$

よって，$S_2 - S_1 = \left(\dfrac{3}{4}a^4 + \dfrac{1}{6}\right) - \dfrac{3}{4}a^4 = \dfrac{\boxed{^{セ}1}}{\boxed{^{ソ}6}}$ で一定となる。

16

(1) 円柱の表面積は
底面の面積が πr^2
側面の面積が $2\pi r \times h$ だから

$2\pi r^2 + 2\pi rh$ $\boxed{^{ア}③}$

(2) $2\pi r^2 + 2\pi rh = 600\pi$ より

$h = \dfrac{600\pi - 2\pi r^2}{2\pi r} = \dfrac{300 - r^2}{r}$ $\boxed{^{イ}⓪}$

$V = \pi r^2 h = \pi r^2 \cdot \dfrac{300 - r^2}{r}$

$= \pi(300r - r^3)$ $\boxed{^{ウ}②}$

$h > 0$ より $\dfrac{300 - r^2}{r} > 0$ であり，$r > 0$ だから

$0 < r < \boxed{^{エオ}10}\sqrt{\boxed{^{カ}3}}$

(3) $V=f(r)=\pi(300r-r^3)$ より

$$f'(r)=\pi(300-3r^2)$$
$$=-3\pi(r-10)(r+10)$$

増減表をかくと

r	0	$\cdots$	10	$\cdots$	$10\sqrt{3}$
$f'(r)$		$+$	0	$-$	
$f(r)$		$\nearrow$	$f(10)$	$\searrow$	

この増減表から，V は $r=\boxed{^{キク}10}$ のときに最大値をとる。

このとき，

$$f(10)=\pi(300\times10-10^3)=\boxed{^{ケコサシ}2000}\,\pi$$

(4) r の定義域を考えない場合，

$$f(-r)=\pi\{300(-r)-(-r)^3\}$$
$$=-\pi(300r-r^3)=-f(r)$$

だから，$f(r)$ は奇関数である。

よって，$y=f(r)$ のグラフは原点に関して対称だから，$\boxed{^{ス}③}$

← 関数 $f(x)$ において
$f(-x)=-f(x)$
がつねに成り立つ $\iff$ $f(x)$ が奇関数
$f(-x)=f(x)$
がつねに成り立つ $\iff$ $f(x)$ が偶関数

17

(1) $f(x)=2x^3-3x^2-8x+5$ について

$y=f(x)$ のグラフを x 軸方向に 1 だけ平行移動した曲線をグラフにもつ関数 $g(x)$ は

$$g(x)=2(x-1)^3-3(x-1)^2-8(x-1)+5$$
$$=\boxed{^{ア}2}x^3-\boxed{^{イ}9}x^2+\boxed{^{ウ}4}x+\boxed{^{エ}8}$$

← x 軸方向に 1 だけ平行移動
$y=f(x)\longrightarrow y=f(x-1)$
$x\to x-1$ として代入する。

$y=f(x)$ のグラフと $y=g(x)$ のグラフの共有点の x 座標は

$$2x^3-3x^2-8x+5=2x^3-9x^2+4x+8$$
$$6x^2-12x-3=0$$
$$2x^2-4x-1=0 \quad より$$
$$x=\frac{2\pm\sqrt{6}}{2}$$

よって，$a=\dfrac{\boxed{^{オ}2}-\sqrt{\boxed{^{カ}6}}}{\boxed{^{キ}2}}$, $b=\dfrac{\boxed{^{ク}2}+\sqrt{\boxed{^{ケ}6}}}{\boxed{^{コ}2}}$

$a\leqq x\leqq b$ の範囲では $f(x)\leqq g(x)$ であるから，求める面積 S は

$$S=\int_a^b\{g(x)-f(x)\}dx$$
$$=\int_a^b\{(2x^3-9x^2+4x+8)-(2x^3-3x^2-8x+5)\}dx$$
$$=-\int_a^b(\boxed{^{サ}6}x^2-\boxed{^{シス}12}x-\boxed{^{セ}3})dx$$

と表せる。

←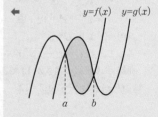
$y=f(x)$ $y=g(x)$

(2) $\displaystyle\int_{\alpha}^{\beta}(x-\alpha)(x-\beta)\,dx$

$\displaystyle=\int_{\alpha}^{\beta}\{x^2-\underline{(\alpha+\beta)}x+\underline{\alpha\beta}\}\,dx$ ⎡ツ⓪⎤, ⎡タ③⎤

$\displaystyle=\left[\frac{1}{3}x^3-\frac{\alpha+\beta}{2}x^2+\alpha\beta x\right]_{\alpha}^{\beta}$

$\displaystyle=\frac{1}{3}\underline{(\beta^3-\alpha^3)}-\frac{\alpha+\beta}{2}\underline{(\beta^2-\alpha^2)}+\alpha\beta\underline{(\beta-\alpha)}$ ⎡チ⑦⎤, ⎡ツ⑤⎤, ⎡テ②⎤

$\displaystyle=\frac{1}{6}\underline{(\beta-\alpha)}\{2\underline{(\alpha^2+\alpha\beta+\beta^2)}-3\underline{(\alpha^2+2\alpha\beta+\beta^2)}+6\alpha\beta\}$

⎡ト②⎤, ⎡ナ⑧⎤, ⎡ニ④⎤

$\displaystyle=-\frac{1}{6}(\beta-\alpha)\underline{(\alpha^2-2\alpha\beta+\beta^2)}$ ⎡ヌ⑥⎤

$\displaystyle=-\frac{1}{6}\underline{(\beta-\alpha)^3}$ ⎡ネ②⎤

(3) $\displaystyle S=-\int_{a}^{b}(6x^2-12x-3)\,dx$

$\displaystyle=-\boxed{\text{ノ}\,6}\int_{a}^{b}(x-a)(x-b)\,dx$

$\displaystyle=6\cdot\frac{1}{6}\left(\frac{2+\sqrt{6}}{2}-\frac{2-\sqrt{6}}{2}\right)^3$

$\displaystyle=(\sqrt{6})^3=\boxed{\text{ハ}\,6}\sqrt{\boxed{\text{ヒ}\,6}}$

18

(1) $f'(x)=3x^2-6x+3$

$\qquad=3(x-1)^2\geqq0$

であるから，関数 $f(x)$ は増加関数である。

④は極値があるから不適。

また，$f'(x)=0$ となるのは $x=1$ のときであり，この点における

接線の傾きは 0 である。

よって，適切なグラフは ⎡ア②⎤，⎡イ⑤⎤（順不同）

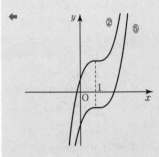

(2) $\displaystyle f(x)=\int(3x^2-6x+3)\,dx$

$\qquad=x^3-3x^2+3x+C$ （C は積分定数）

$f(0)=3$ より $C=3$

よって，$f(x)=x^3-\boxed{\text{ウ}\,3}x^2+\boxed{\text{エ}\,3}x+\boxed{\text{オ}\,3}$

曲線 C の接線の傾きが 12 であるとき

$\qquad f'(x)=\underline{3x^2-6x+3}=\underline{12}$

⎡ $f'(x)=12$ とおいて接点

の x 座標を求める。⎤

$\qquad\qquad x^2-2x-3=0$

$\qquad\qquad(x+1)(x-3)=0$ より $x=-1,\ 3$

$x=-1$ のとき，接点は $(-1,\ -4)$ だから

$\qquad y=12(x+1)-4=12x+8$

$x=3$ のとき，接点は $(3,\ 12)$ だから

$\qquad y=12(x-3)+12=12x-24$

よって，接線は ⎡カ2⎤ 本であり，y 切片が負であるものは

$\qquad y=12x-\boxed{\text{キク}\,24}$

← $f'(x)=3x^2-6x+3$ の不定積分
$f(x)=x^3-3x^2+3x+C$ は，C の
値により無数にあり，$f(0)=3$ の
条件から C が決まり，$f(x)$ が決
定される。

← 接点の y 座標は
$\quad f(-1)$
$=(-1)^3-3(-1)^2+3(-1)+3$
$=-4$
$\quad f(3)$
$=3^3-3\cdot3^2+3\cdot3+3$
$=12$

求める面積は，右の斜線部分だから

$$S=\int_0^3 (x^3-3x^2+3x+3)\,dx-\frac{1}{2}\cdot 1\cdot 12$$

$$=\left[\frac{1}{4}x^4-x^3+\frac{3}{2}x^2+3x\right]_0^3-6$$

$$=\frac{81}{4}-27+\frac{27}{2}+9-6$$

$$=\frac{39}{4} \quad \fbox{ウ②}$$

■■■ の
三角形
の部分

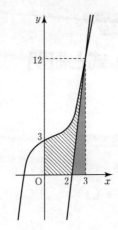

F^{inal} Step ファイナルステップ

数学Ⅱ 1 方程式・式と証明

1

相加平均と相乗平均の関係

$$a+b \geqq 2\sqrt{ab} \quad (a>0,\ b>0)$$

の等号が成り立つのは $a=b$ のときである。

解答 A について

①の等号が成り立つのは

$x=\dfrac{1}{y}$ のとき，すなわち $xy=1$ のとき

②の等号が成り立つのは

$x=\dfrac{4}{y}$ のとき，すなわち $xy=4$ のとき

であり，この2つが同時に成り立つことはない。

よって，解答 A は正しくない。ゆえに，

$x+\dfrac{1}{y}=2\sqrt{\dfrac{x}{y}}$ かつ $y+\dfrac{4}{x}=4\sqrt{\dfrac{y}{x}}$ を満たす $x,\ y$ の値がない 「②

解答 B について，等号が成り立つのは

$xy=\dfrac{4}{xy}$，すなわち $xy=2$ のとき

であり，これは存在する。

よって，$xy=2$ のとき最小値をとるから正しい最小値は「 9

← （相加平均）≧（相乗平均）において，等号が成り立つのはどのような場合かを考える。

⇓

解答 A，B の考え方が正しいかを調べる。

← ⓪ 解答 B は $xy=2$ のとき等号が成り立つので，誤り。

① $x+\dfrac{1}{y}=2\sqrt{\dfrac{x}{y}}$ は解答 A，

$xy+\dfrac{4}{xy}=4$ は解答 B についての条件であり，会話の流れに当てはまらない。

③ 解答 A は等号が成り立たないので，誤り。

数学Ⅱ 2 図形と方程式

②

(1) (ⅰ) 食品 A を x 袋分，食品 B を y 袋分食べるとき

食品 A から摂取するエネルギー量は $200x$（kcal）

食品 B から摂取するエネルギー量は $300y$（kcal）

合計で 1500 kcal 以下に抑えたいから

$200x+300y \leqq 1500$ ⌐ア⌐⓪ ……①

食品 A から摂取する脂質の量は $4x$（g）

食品 B から摂取する脂質の量は $2y$（g）

合計で 16 g 以下に抑えたいから

$4x+2y \leqq 16$ ⌐イ⌐② ……②

	A x（袋）	B y（袋）
全体の量(g)	$100x$	$100y$
エネルギー(kcal)	$200x$	$300y$
脂質(g)	$4x$	$2y$

(ⅱ) $(x, y)=(0, 5)$ のとき

（①の左辺）$=0+300 \times 5=1500 \leqq 1500$

となり，①を満たす。よって，⓪は<u>誤り</u>。

$(x, y)=(5, 0)$ のとき

（①の左辺）$=200 \times 5+0=1000 \leqq 1500$

（②の左辺）$=4 \times 5+0=20>16$

となり，①を満たすが②を満たさない。よって，①は<u>正しい</u>。

$(x, y)=(4, 1)$ のとき

（①の左辺）$=200 \times 4+300 \times 1=1100 \leqq 1500$

（②の左辺）$=4 \times 4+2 \times 1=18>16$

となり，①を満たすが②を満たさない。よって，②は<u>誤り</u>。

$(x, y)=(3, 2)$ のとき

（①の左辺）$=200 \times 3+300 \times 2=1200 \leqq 1500$

（②の左辺）$=4 \times 3+2 \times 2=16 \leqq 16$

となり，①，②をともに満たす。よって，③は<u>正しい</u>。

以上より，⌐ウ⌐①，⌐エ⌐③（順不同）

$\begin{cases} 200x+300y \leqq 1500 & \cdots\cdots① \\ 4x+2y \leqq 16 & \cdots\cdots② \end{cases}$

の式に，x, y の値を代入して調べる。

(ⅲ) 食べる量の合計を

$100x+100y=k$ ……③

とおく。

条件①，②を満たす領域は，右図の斜線部分（ただし，境界を含む）。

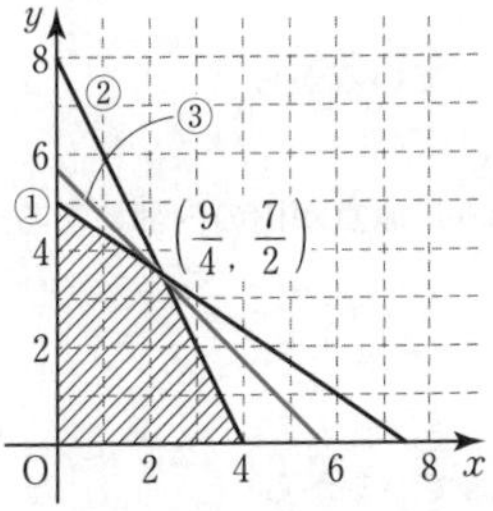

右図より，③の直線が 2 直線

$200x+300y=1500$ と

$4x+2y=16$ の交点 $\left(\dfrac{9}{4}, \dfrac{7}{2}\right)$ を

通るとき，k は最大になる。

よって，食べる量の最大値は

$k=100 \times \dfrac{9}{4}+100 \times \dfrac{7}{2}=$ ⌐オカキ⌐575 （g）

このときの (x, y) の組は $(x, y)=\left(\dfrac{⌐ク⌐9}{⌐ケ⌐4}, \dfrac{⌐コ⌐7}{⌐サ⌐2}\right)$

$200x+300y \leqq 1500$ ……①より

$y \leqq -\dfrac{2}{3}x+5$

$4x+2y \leqq 16$ ……②より

$y \leqq -2x+8$

$100x+100y=k$ ……③より

$y=-x+\dfrac{k}{100}$

$(x \geqq 0, \ y \geqq 0)$

x, y が整数であるとき，条件①，②を満たす (x, y) は，図から

$x=0$ のとき　$y=0, 1, 2, 3, 4, 5$

$x=1$ のとき　$y=0, 1, 2, 3, 4$

$x=2$ のとき　$y=0, 1, 2, 3$

$x=3$ のとき　$y=0, 1, 2$

$x=4$ のとき　$y=0$

このうち，k が最大となる (x, y) の組は

$(x, y)=(0, 5), (1, 4), (2, 3), (3, 2)$

よって，食べる量の最大値は $\boxed{\text{シスセ } 500}$ (g)，(x, y) の組は $\boxed{\text{ソ } 4}$ 通り。

← x と y が整数である点のうち，直線③に近い点を考える。

(2) 食品 A，B を 600 g 以上食べるから

$100x+100y \geqq 600$　……④

エネルギーを 1500 kcal 以下にしたいから

$200x+300y \leqq 1500$　……⑤

また，脂質の合計を

$4x+2y=l$　……⑥

とおく。

条件④，⑤を満たす領域は，右図の斜線部分（ただし，境界を含む）。

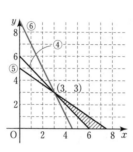

右図より，⑥の直線が 2 直線

$100x+100y=600$ と

$200x+300y=1500$ の交点 $(3, 3)$ を

通るとき，l は最小になる。

よって，脂質を最も少なくできるのは，A を $\boxed{\text{タ } 3}$ 袋，B を $\boxed{\text{チ } 3}$ 袋を食べるときで，このときの脂質は

$l=4\times3+2\times3=\boxed{\text{ツテ } 18}$ (g)

← $100x+100y \geqq 600$　……④ より

$x+y \geqq 6$

$y \geqq -x+6$

$200x+300y \leqq 1500$　……⑤ より

$2x+3y \leqq 15$

$y \leqq -\dfrac{2}{3}x+5$

$4x+2y=l$　……⑥ より

$y=-2x+\dfrac{l}{2}$

$(x \geqq 0, \ y \geqq 0)$

3

(1) (i) 図 X は x 軸，y 軸の両方と接しているから

X—う

図 Y は x 軸と接し，y 軸と交わっているから

Y—い

図 Z は x 軸，y 軸の両方と交わり，原点が円の内部にあるから

Z—あ

よって，正しい組合せは $\boxed{\text{ア } ⑤}$

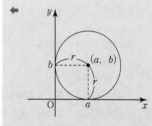

(ii) 図 X のとき

(i)より，x 軸，y 軸の両方と接しているから

$a=r$, $b=r$ $\boxed{\text{イ } ④}$, $\boxed{\text{ウ } ⑤}$（順不同）

図 Y のとき

(i)より，x 軸と接し，y 軸と交わっているから

$0<a<r$, $b=r$ $\boxed{\text{エ } ②}$, $\boxed{\text{オ } ⑤}$（順不同）

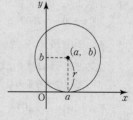

図 Z のとき

(i)より，x 軸，y 軸の両方と交わっているから

$0<a<r$, $0<b<r$

さらに，原点が円の内部にあるから

$a^2+b^2<r^2$

以上より，$\boxed{\text{カ } ②}$, $\boxed{\text{キ } ③}$, $\boxed{\text{ク } ⑥}$（順不同）

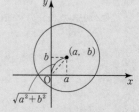

(2) (i) l と垂直な直線の傾きは $-\dfrac{4}{3}$ であるから，点 $\mathrm{P}(a,\ b)$ を通り

l に垂直な直線の方程式は

$$y=-\frac{\boxed{^{\text{ケ}}4}}{\boxed{^{\text{コ}}3}}(x-a)+b$$

この直線と l の交点は

$$-\frac{4}{3}(x-a)+b=\frac{3}{4}x$$

$$-\frac{4}{3}x+\frac{4}{3}a+b=\frac{3}{4}x$$

$$-16x+16a+12b=9x$$

$$25x=16a+12b$$

よって，$x=\dfrac{16a+12b}{25}$，$y=\dfrac{12a+9b}{25}$

ゆえに，$\left(\dfrac{\boxed{^{\text{サ}}4}}{25}(\boxed{^{\text{シ}}4}a+\boxed{^{\text{ス}}3}b),\ \dfrac{\boxed{^{\text{セ}}3}}{25}(4a+3b)\right)$

また，$r=\mathrm{PQ}$ より

$$\mathrm{PQ}^2=\left(\frac{16a+12b}{25}-a\right)^2+\left(\frac{12a+9b}{25}-b\right)^2$$

$$=\left(\frac{-9a+12b}{25}\right)^2+\left(\frac{12a-16b}{25}\right)^2$$

$$=\frac{9(3a-4b)^2}{25^2}+\frac{16(3a-4b)^2}{25^2}=\frac{(3a-4b)^2}{25}$$

よって，$\mathrm{PQ}=\dfrac{1}{5}|\boxed{^{\text{ソ}}3}a-\boxed{^{\text{タ}}4}b|$

(ii) 円 C が y 軸に接するとき，半径 $r=\underline{a}$

さらに，(i)より $r=\mathrm{PQ}=\dfrac{1}{5}|3a-4b|$ だから

$$\frac{1}{5}|3a-4b|=r=a$$

点 P が直線 $y=\dfrac{3}{4}x$ の上側にあるから

$$b>\frac{3}{4}a\ \text{より}\ 4b>3a$$

よって，$\dfrac{1}{5}(4b-3a)=a$

$$4b-3a=5a\quad\text{より}\quad\underline{b=2a}$$

よって，A，B の正しい組合せは $\boxed{^{\text{チ}}⓪}$

(iii) (ii)より，円 C の方程式は

$$(x-a)^2+(y-2a)^2=a^2$$

と表せる。

点 $\mathrm{R}(4,\ 4)$ を通るから

$$(4-a)^2+(4-2a)^2=a^2$$

$$4a^2-24a+32=0$$

$$a^2-6a+8=0$$

$$(a-2)(a-4)=0\quad\text{より}\quad a=2,\ 4$$

$a=2$ のとき

$$(x-\boxed{^{\text{ツ}}2})^2+(y-\boxed{^{\text{テ}}4})^2=\boxed{^{\text{ト}}4}\quad\cdots\cdots①$$

$a=4$ のとき

$$(x-\boxed{^{\text{ナ}}4})^2+(y-\boxed{^{\text{ニ}}8})^2=\boxed{^{\text{ヌネ}}16}\quad\cdots\cdots②$$

← 2直線 $y=mx+n,$
$\qquad\quad y=m'x+n'$ が垂直
$\quad\Longleftrightarrow mm'=-1$

←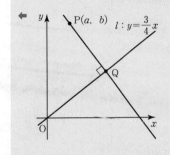

別解 PQ の距離は点と直線の距離の公式でも求められる。
$l:3x-4y=0,\ \mathrm{P}(a,\ b)$
$$\mathrm{PQ}=\frac{|3a-4b|}{\sqrt{3^2+4^2}}$$
$$=\frac{1}{5}|\boxed{^{\text{ソ}}3}a-\boxed{^{\text{タ}}4}b|$$

←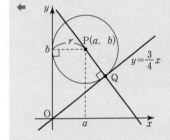

(vi) S(2, 4)，T(4, 8) を図示すると，右図
のようになる。

これより，点 O は線分 ST を

<u>1：2 に外分する。</u> ④

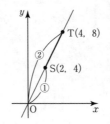

数学Ⅱ 3 三角関数

4

(1) $\sin\dfrac{\pi}{\boxed{\text{ア}3}}=\dfrac{\sqrt{3}}{2}$, $\cos\dfrac{\pi}{\boxed{3}}=\dfrac{1}{2}$

だから，三角関数の合成により

$y=\sin\theta+\sqrt{3}\cos\theta$

$\quad=\sqrt{1^2+(\sqrt{3})^2}\sin\left(\theta+\dfrac{\pi}{3}\right)=\boxed{\text{イ}2}\sin\left(\theta+\dfrac{\pi}{3}\right)$

ここで，$0\leqq\theta\leqq\dfrac{\pi}{2}$ より

$\dfrac{\pi}{3}\leqq\theta+\dfrac{\pi}{3}\leqq\dfrac{5}{6}\pi$ だから

$\theta+\dfrac{\pi}{3}=\dfrac{\pi}{2}$ より

$\theta=\dfrac{\pi}{\boxed{\text{ウ}6}}$ で最大値$\boxed{\text{エ}2}$をとる。

→ 三角関数の合成（例題31）
$y=a\sin\theta+b\cos\theta$
$\quad=\sqrt{a^2+b^2}\sin(\theta+\alpha)$
ただし，$\cos\alpha=\dfrac{a}{\sqrt{a^2+b^2}}$
$\sin\alpha=\dfrac{b}{\sqrt{a^2+b^2}}$

角αは座標で決まる

(2) (i) $p=0$ のとき

$y=\sin\theta+p\cos\theta=\sin\theta$ だから

$\theta=\dfrac{\pi}{\boxed{\text{オ}2}}$ で最大値$\boxed{\text{カ}1}$をとる。

(ii) $p>0$ のとき

$y=\sin\theta+p\cos\theta$

$\quad=\sqrt{1^2+p^2}\left(\dfrac{1}{\sqrt{1^2+p^2}}\sin\theta+\dfrac{p}{\sqrt{1^2+p^2}}\cos\theta\right)$

$\quad=\sqrt{1+p^2}(\cos\theta\cos\alpha+\sin\theta\sin\alpha)$

$\quad=\sqrt{1+p^2}\cos(\theta-\alpha)$
$\qquad\boxed{\text{キ}9}$

加法定理
$\cos(\theta-\alpha)$
$=\cos\theta\cos\alpha+\sin\theta\sin\alpha$

ただし，αは

$\sin\alpha=\dfrac{1}{\sqrt{1+p^2}}\boxed{\text{ク}①}$, $\cos\alpha=\dfrac{p}{\sqrt{1+p^2}}\boxed{\text{ケ}③}$

ここで，$0\leqq\theta\leqq\dfrac{\pi}{2}$ より

$-\alpha\leqq\theta-\alpha\leqq\dfrac{\pi}{2}-\alpha$

だから，$\theta-\alpha=0$ すなわち $\theta=\underline{\alpha}\boxed{\text{コ}①}$ で

最大値$\sqrt{1+p^2}\boxed{\text{サ}9}$をとる。

(iii) $p<0$ のとき

$y=\sin\theta+p\cos\theta=\sqrt{1+p^2}\cos(\theta-\alpha)$

ただし，αは $\sin\alpha=\dfrac{1}{\sqrt{1+p^2}}$, $\cos\alpha=\dfrac{p}{\sqrt{1+p^2}}$, $\dfrac{\pi}{2}<\alpha<\pi$

ここで，$0\leqq\theta\leqq\dfrac{\pi}{2}$ より

$-\alpha\leqq\theta-\alpha\leqq\dfrac{\pi}{2}-\alpha<0$

だから，$\theta-\alpha=\dfrac{\pi}{2}-\alpha$ すなわち $\theta=\dfrac{\pi}{2}\boxed{\text{シ}②}$で最大値をとる。

←(iii)

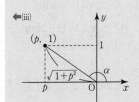

このとき，最大値は

$$\sqrt{1+p^2}\cos\left(\frac{\pi}{2}-\alpha\right)=\sqrt{1+p^2}\sin\alpha$$

$$=\sqrt{1+p^2}\cdot\frac{1}{\sqrt{1+p^2}}$$

$$=1\boxed{\text{ス①}}$$

$\quad\Longleftarrow\ \sin\alpha=\dfrac{1}{\sqrt{1+p^2}}$

別解

$p=-q\ (q>0)$ とおくと

$\quad y=\sin\theta-q\cos\theta$

$0\leqq\theta\leqq\dfrac{\pi}{2}$ のとき

$\quad\sin\theta$ は増加関数

$\quad\cos\theta$ は減少関数

よって，$\theta=\dfrac{\pi}{2}\boxed{\text{セ②}}$ で最大値 $1\boxed{\text{ス①}}$ をとる。

$\Longleftarrow\ q>0$ より，y は増加する。

5

(1) 右図より

$\quad P(\underline{\cos\theta},\ \underline{\sin\theta}\ )\ \boxed{\text{ア①}},\ \boxed{\text{イ⓪}}$

$\quad Q\left(\cos\left(\theta-\dfrac{\pi}{2}\right),\ \sin\left(\theta-\dfrac{\pi}{2}\right)\right)$

よって，$Q(\underline{\sin\theta},\ \underline{-\cos\theta}\ )\ \boxed{\text{ウ⓪}},\ \boxed{\text{エ④}}$

(2) $\angle POQ=\dfrac{\pi}{2}$ だから

$\quad\angle AOQ=\theta$

よって，

$\quad AQ=l=2OA\sin\dfrac{\theta}{2}=2\sin\dfrac{\theta}{2}$

ゆえに，関数 l のグラフは下図のようになる。$\boxed{\text{オ②}}$

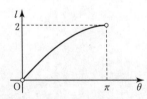

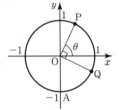

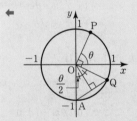

$x=r\cos\theta,\ y=r\sin\theta$

別解　△OAQ に余弦定理を用いて

$$AQ^2=1^2+1^2-2\cdot1\cdot1\cdot\cos\theta$$

$$=2(1-\cos\theta)$$

$$=2\left\{1-\left(1-2\sin^2\dfrac{\theta}{2}\right)\right\}$$

$$=4\sin^2\dfrac{\theta}{2}$$

$0<\theta<\pi$ より $0<\dfrac{\theta}{2}<\dfrac{\pi}{2}$ だから $\sin\dfrac{\theta}{2}>0$

よって，$AQ=l=2\sin\dfrac{\theta}{2}$

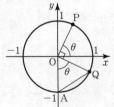

数学Ⅱ 4 指数関数・対数関数

6

(1) 対数の定義より
$$\log_a b = x \Longleftrightarrow a^x = b$$
が成り立つから ア②

(2) (i) $\log_5 25 = x$ とおくと
$$5^x = 25 = 5^2 \ \text{より} \ x = 2$$
よって，$\log_5 25 =$ イ2

$\log_9 27 = x$ とおくと
$$9^x = 27 \ \text{より} \ 3^{2x} = 3^3$$
よって，$2x = 3$, $x = \dfrac{3}{2}$

ゆえに，$\log_9 27 = \dfrac{\text{ウ}3}{\text{エ}2}$

← $\log_5 25 = \log_5 5^2$
$\qquad = 2\log_5 5 = 2$
としてもよい。

← 底を変換して
$\log_9 27 = \dfrac{\log_3 27}{\log_3 9}$
$\qquad = \dfrac{\log_3 3^3}{\log_3 3^2}$
$\qquad = \dfrac{3\log_3 3}{2\log_3 3} = \dfrac{3}{2}$
としてもよい。

(ii) $\log_2 3 = \dfrac{p}{q}$（有理数）と仮定すると，対数の定義より $2^{\frac{p}{q}} = 3$ だ
から両辺を q 乗すると
$$2^p = 3^q \ \text{オ⑤}$$

(iii) a, b が 2 以上の自然数のとき，$\log_a b$ が有理数であると仮定す
る。すなわち
$$\log_a b = \dfrac{m}{n} \quad （m, n は互いに素）$$
とおくと，対数の定義より
$a^{\frac{m}{n}} = b$ だから両辺を n 乗すると
$$a^m = b^n$$
この式が成り立たないのは，a と b のいずれか一方が偶数で，も
う一方が奇数のときである。カ⑤

← ④が適さない例
a, b がともに偶数のとき
$2^4 = 4^2$ で成り立つ。
a, b がともに奇数のとき
$3^4 = 9^2$ で成り立つ。
⓪～③が適さない場合は，④の例
にすべて含まれる。

7

(1) 対数の定義から $y = 2^x \Longleftrightarrow x = \log_2 y$

(i) $x = \log_2 5$ のとき
$$y = 5 \ \text{ア⑨}$$

(ii) $x = \log_2 5 - 1$ のとき
$$x = \log_2 5 - \log_2 2 = \log_2 \dfrac{5}{2} \ \text{より}$$
$$y = \dfrac{5}{2} \ \text{イ⑥}$$

(iii) $x = \log_{\frac{1}{2}} 4$ のとき
$$x = \dfrac{\log_2 4}{\log_2 \dfrac{1}{2}} = -\log_2 4 = \log_2 \dfrac{1}{4} \ \text{より}$$
$$y = \dfrac{1}{4} \ \text{ウ①}$$

(iv) $x = \log_2 4\sqrt{2} = \log_2 2^{\frac{5}{2}} = \dfrac{5}{2} \ \text{エ⑥}$

別解 $y = a^x \Longleftrightarrow x = \log_a y$
であるから
$$y = a^{\log_a y}$$
であることを用いて
(i) $y = 2^{\log_2 5} = 5$
(ii) $y = 2^{\log_2 5 - 1}$
$\qquad = 2^{\log_2 \frac{5}{2}} = \dfrac{5}{2}$
(iii) $y = 2^{\log_{\frac{1}{2}} 4} = 2^{-\log_2 4}$
$\qquad = 2^{\log_2 \frac{1}{4}} = \dfrac{1}{4}$

別解
(iv) $4\sqrt{2} = 2^x$
$\qquad 2^{\frac{5}{2}} = 2^x$
よって，$x = \dfrac{5}{2}$

(2) $y=2^x$ は増加関数 <u>キ ③</u>

$\sqrt[3]{4}=2^{\frac{2}{3}}$, $\sqrt[4]{8}=2^{\frac{3}{4}}$, $\sqrt[8]{32}=2^{\frac{5}{8}}$

$\dfrac{2}{3}=\dfrac{16}{24}$, $\dfrac{3}{4}=\dfrac{18}{24}$, $\dfrac{5}{8}=\dfrac{15}{24}$ だから

$\dfrac{5}{8}<\dfrac{2}{3}<\dfrac{3}{4}$

よって，大きい順に並べると

$\sqrt[4]{8}$，$\sqrt[3]{4}$，$\sqrt[8]{32}$ <u>カ ②</u>

$\left(\dfrac{1}{4}\right)^{\frac{x}{3}}<\left(\dfrac{1}{8}\right)^{\frac{y}{4}}<\left(\dfrac{1}{2}\right)^{\frac{z}{2}}$ より

$\left(\dfrac{1}{2}\right)^{\frac{2}{3}x}<\left(\dfrac{1}{2}\right)^{\frac{3}{4}y}<\left(\dfrac{1}{2}\right)^{\frac{z}{2}}$

(底)$=\dfrac{1}{2}<1$ より

$\dfrac{2}{3}x>\dfrac{3}{4}y>\dfrac{z}{2}$

各辺に 12 を掛けて

<u>$6z<9y<8x$</u> <u>キ ⑤</u>

← 2 を底とする累乗で表し，指数の大小を比較する。

← $\left(\dfrac{1}{4}\right)^{\frac{x}{3}}=\left\{\left(\dfrac{1}{2}\right)^2\right\}^{\frac{x}{3}}=\left(\dfrac{1}{2}\right)^{\frac{2}{3}x}$

$\left(\dfrac{1}{8}\right)^{\frac{y}{4}}=\left\{\left(\dfrac{1}{2}\right)^3\right\}^{\frac{y}{4}}=\left(\dfrac{1}{2}\right)^{\frac{3}{4}y}$

別解

$\left(\dfrac{1}{4}\right)^{\frac{x}{3}}<\left(\dfrac{1}{8}\right)^{\frac{y}{4}}<\left(\dfrac{1}{2}\right)^{\frac{z}{2}}$

$(2^{-2})^{\frac{x}{3}}<(2^{-3})^{\frac{y}{4}}<(2^{-1})^{\frac{z}{2}}$

$2^{-\frac{2}{3}x}<2^{-\frac{3}{4}y}<2^{-\frac{z}{2}}$

(底)$=2>1$ より

$-\dfrac{2}{3}x<-\dfrac{3}{4}y<-\dfrac{z}{2}$

各辺に -12 を掛けて

$6z<9y<8x$

(3) (i) $y=2(2^x-1)=2^{x+1}-2$

と変形できるから，$y=2^x$ のグラフを

x 軸方向に -1 <u>ク ①</u>

y 軸方向に -2 <u>ケ ⓪</u>

だけ平行移動したもの。

(ii) $y=\left(\dfrac{1}{2}\right)^x=2^{-x}$ と変形できるから，$y=2^x$ のグラフを

y 軸 <u>コ ①</u> に関して対称移動したもの。

(4) $y=2^x+2^{-x}$ のグラフは

$y=2^x$ と $y=2^{-x}$ の y 座標を加えた形

になるから右図のようになる。<u>サ ⓪</u>

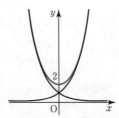

← $x=0$ のとき $y=2$

　$x=1$ のとき $y=\dfrac{5}{2}$

　$x=2$ のとき $y=\dfrac{17}{4}$

より，①は誤り。

(5) $t=2^x+2^{-x}$ とおくと

$2^x>0$，$2^{-x}>0$ であるから，

(相加平均)≧(相乗平均) の関係より

$t=2^x+2^{-x}\geqq 2\sqrt{2^x\cdot 2^{-x}}=2$

よって，t のとりうる値の範囲は <u>$t\geqq 2$</u> <u>シ ②</u>

$4^x+4^{-x}=(2^x+2^{-x})^2-2\cdot 2^x\cdot 2^{-x}$

$=t^{\boxed{ス\ 2}}-\boxed{セ\ 2}$

$y=4^x+4^{-x}-3\underline{(2^{x+1}+2^{-x+1})}+9$

     $\uparrow$

     $2^{x+1}=2\cdot 2^x$，$2^{-x+1}=2\cdot 2^{-x}$

$=4^x+4^{-x}-3\cdot 2(2^x+2^{-x})+9$

$=t^2-2-6t+9$

$=t^{\boxed{ソ\ 2}}-\boxed{タ\ 6}t+\boxed{チ\ 7}$

$=(t-3)^2-2$

と変形すると，$t=\boxed{ツ\ 3}$ のとき，最小値 <u>テト -2</u> をとる。

← 等号は $2^x=2^{-x}$ より $x=0$ のとき

← $4^x+4^{-x}=(2^x)^2+(2^{-x})^2$ より $a^2+b^2=(a+b)^2-2ab$ に $a=2^x$，$b=2^{-x}$ として代入。

(6) $4^x+4^{-x}-3(2^{x+1}+2^{-x+1})+9=k$ ……①

は, (5)より $t^2-6t+7=k$ と変形できるので, $k=-1$ のとき

$t^2-6t+7=-1$

$t^2-6t+8=0$

$(t-2)(t-4)=0$ よって, $t=2, 4$

$t=2^x+2^{-x}$ を満たす x の値は, 右図より

$t>2$ のとき 2個

$t=2$ のとき 1個

$t<2$ のとき 0個

だから, ①を満たす x の値は

$t=2$ のとき 1個

$t=4$ のとき 2個

よって, 合わせて $\boxed{ナ\ 3}$ 個

また, ①を満たす x の値が2個になる

のは, $t^2-6t+7=k$ が $t>2$ の解を

1個もつときだから, 右図より

$\underline{k=-2}$ または $\underline{-1<k}$

$\boxed{ニ ②}$, $\boxed{ヌ ⑧}$ (順不同)

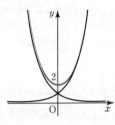

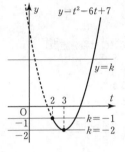

← $t=2^x+2^{-x}$ を満たす x の値
 $t>2$ のとき
  $t=2^x+2^{-x}$
  $t\cdot2^x=(2^x)^2+1$
  $(2^x)^2-t\cdot2^x+1=0$
  $2^x=\dfrac{t\pm\sqrt{t^2-4}}{2}$
  $x=\log_2\dfrac{t\pm\sqrt{t^2-4}}{2}$
 $t=2$ のとき
  $2^x=2^{-x}$ よって, $x=0$

数学Ⅱ 5 微分法と積分法

8

(1) $f(x)$ は 3 次関数なので，その導関数 $f'(x)$ は $\boxed{^{ア}2}$ 次関数となる。
また，(Ⅰ)の条件より $f'(x)=0$ は $x=-1,\ 3$ を解にもつから
$$(x+\boxed{^{イ}1})(x-\boxed{^{ウ}3})$$
で割り切れる。

よって，$f'(x)=a(x+1)(x-3)$ と表せるから両辺を積分して
$$f(x)=\int a(x+1)(x-3)\,dx$$
$$=a\int(x^2-2x-3)\,dx$$
$$=\frac{1}{3}ax^3-ax^2-3ax+C \quad (C は積分定数)$$

$(0,\ -5)$ を通るから $C=-5$
さらに，$x=3$ で極大値 4 をとるから
$$f(3)=9a-9a-9a-5=4 \quad より \quad a=\boxed{^{エオ}-1}$$
よって，$f(x)=-\dfrac{\boxed{^{カ}1}}{\boxed{^{キ}3}}x^3+x^2+\boxed{^{ク}3}x-\boxed{^{ケ}5}$

← n が自然数のとき，関数 $y=x^n$ の導関数は
$$y'=nx^{n-1}$$

← a, C は点 $(0,\ -5)$ を通るという条件と $x=3$ で極大値 4 をとるという条件から求める。

(2) 関数 $f(x)$ の増減表をかくと
$$f(-1)=-\frac{20}{3},\ f(3)=4$$
<u>極大値が正で，極小値が負である</u> $\boxed{^{コ}①}$ から
$f(x)=0$ は実数解を $\boxed{^{サ}3}$ 個もつ。
また，<u>$f(3)>0$ であり，$f(0)<0$ である</u> $\boxed{^{シ}③}$ から
$f(x)=0$ の負の解は $\boxed{^{ス}1}$ 個である。

x	$\cdots$	-1	$\cdots$	3	$\cdots$
$f'(x)$	$-$	0	$+$	0	$-$
$f(x)$	$\searrow$	$-\dfrac{20}{3}$	$\nearrow$	4	$\searrow$

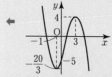

← (極大値)×(極小値)<0 であるとき x 軸と異なる 3 点で交わる。

← $f(3)>0,\ f(0)<0$ から，グラフと x 軸との交点の位置がわかる。

(3) $y=k$ が<u>斜線部分①</u> $\boxed{^{セ}①}$ にくれば，異なる 3 つの実数解をもつ。
そのときの k の値の範囲は $-\dfrac{\boxed{^{ソタ}20}}{\boxed{^{チ}3}}<k<\boxed{^{ツ}4}$
重解をもつのは，$y=k$ が<u>直線Ⓐ</u>または<u>直線Ⓑ</u> $\boxed{^{テ}⑤}$ にくるとき。

$k=-\dfrac{20}{3}$ のとき
重解は $x=\boxed{^{トナ}-1}$ で，もう一つの解は
$$-\frac{1}{3}x^3+x^2+3x-5=-\frac{20}{3} \quad より$$
$$x^3-3x^2-9x-5=0$$
<u>$(x+1)^2(x-5)=0$</u> よって，$x=\boxed{^{ニ}5}$
$\ \ \llcorner\ x=-1$ で接しているから $(x+1)^2$ を因数にもつ

$k=4$ のとき
重解は $x=\boxed{^{ヌ}3}$ で，もう一つの解は
$$-\frac{1}{3}x^3+x^2+3x-5=4 \quad より$$
$$x^3-3x^2-9x+27=0$$
<u>$(x-3)^2(x+3)=0$</u> よって，$x=\boxed{^{ネノ}-3}$
$\ \ \llcorner\ x=3$ で接しているから $(x-3)^2$ を因数にもつ

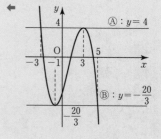

(4) 右のグラフより

α のとりうる値の範囲は
$$-3<\alpha<-1 \quad \text{ハ②}$$

β のとりうる値の範囲は
$$-1<\beta<3 \quad \text{ヒ⓪}$$

γ のとりうる値の範囲は
$$3<\gamma<5 \quad \text{フ①}$$

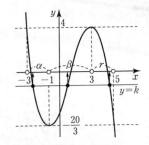

← $y=k$ を $-\dfrac{20}{3}<k<4$ の範囲
で上下に動かして考える。

9

(1) $S(x)$ のグラフは,

x 軸と $x=-1$ で交わるので $x+1$ を因数にもち,

x 軸と $x=2$ で接するので $(x-2)^2$ を因数にもつ。

よって, $S(x)=b(x+1)(x-2)^2$ とおけて, $(0, 4)$ を通るから
$$S(0)=b\cdot1\cdot(-2)^2=4b=4 \quad \text{より} \quad b=1$$

ゆえに, $S(x)=(x+\boxed{\text{ア }1})(x-\boxed{\text{イ }2})^{\boxed{\text{ウ }2}}$

$S(x)=\displaystyle\int_a^x f(t)\,dt$ において $x=a$ とすると

$$S(a)=\int_a^a f(t)\,dt=\boxed{\text{エ }0}$$

$$S(a)=(a+1)(a-2)^2=0$$

$a<0$ であるから $a=\boxed{\text{オカ }-1}$

$y=S(x)$ のグラフより $x=\boxed{\text{キ }0}$ を境に増加から減少に移り,

$x=\boxed{\text{ク }2}$ を境に減少から増加に移っている。

よって, $S(x)$ の導関数である $f(x)$ は

$x=0$ のとき $f(0)=\boxed{\text{ケ }0}$

$x=2$ のとき $f(2)=\boxed{\text{コ }0}$

$0<x<2$ のとき $f(x)<0 \quad \boxed{\text{サ ②}}$

$y=f(x)$ のグラフは下に凸で, $0<x<2$ で $y<0$ となるから, 最も適する概形は $\boxed{\text{シ ①}}$

← $\dfrac{d}{dx}\displaystyle\int_a^x f(t)\,dt=f(x)$ より
$S'(x)=f(x)$ である。

← $0<x<2$ のとき, $S(x)$ は減少関数

(2) $S'(x)=f(x)$ という関係に注意して, ⓪ ～ ④ の $y=S(x)$ と $y=f(x)$ のグラフの概形について考察する。

⓪ $y=f(x)$ のグラフより, $S(x)$ は $0<x<1$ の範囲で極小値をとる。これは, $y=S(x)$ のグラフと矛盾<u>しない</u>。

① $y=f(x)$ のグラフより, $S(x)$ は $x<0$ の範囲で極大値をとる。これは, $y=S(x)$ のグラフと矛盾<u>する</u>。

② $y=f(x)$ のグラフより, $S(x)$ は一定の割合で増加する。これは, $y=S(x)$ のグラフと矛盾<u>しない</u>。

③ $y=f(x)$ のグラフより, $0<x<1$ の範囲に $S'(x)=0$ となる x が存在するが, それ以外ではつねに $S'(x)>0$ となるから $S(x)$ は極値をもたない。これは, $y=S(x)$ のグラフと矛盾<u>しない</u>。

④ $y=f(x)$ のグラフより, $S(x)$ は $x<0$ の範囲で増加から減少に変わり, $0<x<1$ の範囲で減少→増加→減少と変わる。これは, $y=S(x)$ のグラフと矛盾<u>する</u>。

以上より, 矛盾するのは $\boxed{\text{ス ①}}$, $\boxed{\text{セ ④}}$ (順不同)

← $f(x)>0$ のとき
$S(x)$ は増加する
$f(x)<0$ のとき
$S(x)$ は減少する

別解
---

① $x<0$ の範囲で
$y=S(x)$ のグラフは
つねに増加
$y=f(x)$ のグラフは
一部 $f(x)<0$
よって, 矛盾する。

④ $x>1$ の範囲で
$y=S(x)$ のグラフは減少
$y=f(x)$ のグラフは $f(x)<0$
よって, 矛盾する。

1st Step ファーストステップ

数学B 1 数列

1 初項を a，公差を d とすると
$$a_3 = a + 2d = 13 \quad \cdots\cdots ①$$
$$a_7 = a + 6d = 29 \quad \cdots\cdots ②$$
①，②を解いて
$$a = \boxed{5}, \quad d = \boxed{4}$$
$\dfrac{1}{2}n\{2\cdot 5 + 4(n-1)\} = 230$ より
$$2n^2 + 3n - 230 = 0$$
$$(n-10)(2n+23) = 0$$
$$n = 10 \quad (n > 0)$$
よって，初項から第 $\boxed{10}$ 項までの和である。

2 初項を a，公比を r とする。
(1) $a_2 = ar = 10 \quad\quad \cdots\cdots ①$
$\quad a_5 = ar^4 = -80 \quad \cdots\cdots ②$
②を $ar^4 = ar \cdot r^3$ として①を代入して
$$-80 = 10 \cdot r^3 \quad \text{より} \quad r^3 = -8$$
r は実数なので $r = \boxed{-2}$
また $a = \boxed{-5}$ である。
$a_5 + a_6 + \cdots + a_{10}$ は，初項 $a_5 = -80$，公比 -2，
項数 6 の等比数列の和と考えて
$$\frac{-80\{1-(-2)^6\}}{1-(-2)} = \frac{-80\cdot(-63)}{3}$$
$$= \boxed{1680}$$

別解
$$a_5 + a_6 + \cdots + a_{10} = S_{10} - S_4$$
$$= \frac{-5\{1-(-2)^{10}\}}{1-(-2)} - \frac{-5\{1-(-2)^4\}}{1-(-2)}$$
$$= -\frac{5}{3}(1 - 1024 - 1 + 16)$$
$$= -\frac{5}{3}\times(-1008) = \boxed{1680}$$

(2) $a_1 + a_2 + a_3 = a + ar + ar^2$
$$= 18 \quad \cdots\cdots ①$$
$a_4 + a_5 + a_6 = ar^3 + ar^4 + ar^5$
$$= -144 \quad \cdots\cdots ②$$
②を $ar^3 + ar^4 + ar^5 = r^3(a + ar + ar^2)$ とし
て①を代入すると
$$-144 = r^3 \cdot 18$$
$$r^3 = -8$$
r は実数なので $r = \boxed{-2}$
①より $a = \boxed{6}$
初項から第 n 項までの和は

$$\frac{6\{1-(-2)^n\}}{1-(-2)} = \boxed{2}\{1 - (\boxed{-2})^n\}$$

3 $S_n = -2n^2 + 100$ より
$$a_1 = S_1 = -2\cdot 1^2 + 100 = \boxed{98}$$
$n \geqq 2$ のとき
$$a_n = S_n - S_{n-1}$$
$$= -2n^2 + 100 - \{-2(n-1)^2 + 100\}$$
$$= -2n^2 + 100 - (-2n^2 + 4n - 2 + 100)$$
$$= -\boxed{4}n + \boxed{2}$$
$$S = S_{20} - (a_1 + a_2 + a_3)$$
$$= -2\cdot 20^2 + 100 - (98 - 6 - 10)$$
$$= -\boxed{782}$$

4 $a_n = 1 + 2(n-1) = \boxed{2}n - \boxed{1}$
$b_n = \dfrac{1}{2}\cdot 2^{n-1} = 2^{n-\boxed{2}}$
$c_n = a_n \cdot b_n = (2n-1)\cdot 2^{n-2}$ だから
$$S_n = 1\cdot 2^{-1} + 3\cdot 2^0 + 5\cdot 2^1 + \cdots$$
$$\cdots + (2n-3)2^{n-3} + (2n-1)\cdot 2^{n-2}$$
$$2S_n = 1\cdot 2^0 + 3\cdot 2^1 + 5\cdot 2^2 + \cdots$$
$$\underline{-)\quad\quad \cdots + (2n-3)\cdot 2^{n-2} + (2n-1)\cdot 2^{n-1}}$$
$$-S_n = 1\cdot 2^{-1} + 2\cdot 2^0 + 2\cdot 2^1 + \cdots + 2\cdot 2^{n-2}$$
$$-(2n-1)\cdot 2^{n-1}$$
$$= \frac{1}{2} + 2(1 + 2 + 2^2 + \cdots + 2^{n-2})$$
$$-(2n-1)\cdot 2^{n-1}$$
$$= \frac{1}{2} + \frac{2(2^{n-1}-1)}{2-1} - (2n-1)\cdot 2^{n-1}$$
$$= \frac{1}{2} + (-2n+3)\cdot 2^{n-1} - 2$$
よって，$S_n = (\boxed{2}n - \boxed{3})\cdot 2^{n-\boxed{1}} + \dfrac{\boxed{3}}{\boxed{2}}$

5 初項を a，公比を r とすると
$$a_1 + a_2 = a + ar = 32 \quad\quad \cdots\cdots ①$$
$$a_4 + a_5 = ar^3 + ar^4 = 864 \cdots\cdots ②$$
②を $ar^3 + ar^4 = r^3(a + ar)$ として
①を代入すると
$$864 = r^3 \cdot 32 \quad \text{より} \quad r^3 = 27$$
r は実数なので $r = 3$　①より $a = 8$
このとき $a_n = \boxed{8}\cdot\boxed{3}^{n-1}$
$$\sum_{k=1}^{n}(a_k + 4k - 2)$$

$$= \sum_{k=1}^{n}(8 \cdot 3^{k-1}) + 4\sum_{k=1}^{n}k - \sum_{k=1}^{n}2$$

$$= \frac{8(3^n-1)}{3-1} + 4 \cdot \frac{1}{2}n(n+1) - 2n$$

$$= \boxed{4} \cdot \boxed{3}^n + \boxed{2}n^2 - \boxed{4}$$

6

$$\frac{1}{4k^2-1} = \frac{1}{(2k-1)(2k+1)}$$

$$= \frac{1}{\boxed{2}}\left(\frac{1}{\boxed{2}k-\boxed{1}} - \frac{1}{\boxed{2}k+\boxed{1}}\right)$$

$$\sum_{k=1}^{n}\frac{1}{4k^2-1} = \frac{1}{2}\sum_{k=1}^{n}\left(\frac{1}{2k-1} - \frac{1}{2k+1}\right)$$

$$= \frac{1}{2}\left\{\left(\frac{1}{1}-\frac{1}{3}\right)+\left(\frac{1}{3}-\frac{1}{5}\right)+\cdots\right.$$

$$\left. \cdots+\left(\frac{1}{2n-1}-\frac{1}{2n+1}\right)\right\}$$

$$= \frac{1}{2}\left(1-\frac{1}{2n+1}\right)$$

$$= \frac{1}{2} \cdot \frac{2n+1-1}{2n+1} = \frac{n}{\boxed{2}n+\boxed{1}}$$

$$\frac{1}{3}+\frac{1}{15}+\frac{1}{35}+\frac{1}{63}+\cdots+\frac{1}{1023}$$

$$= \frac{1}{1\cdot3}+\frac{1}{3\cdot5}+\frac{1}{5\cdot7}+\frac{1}{7\cdot9}+\cdots+\frac{1}{31\cdot33}$$

$$2n-1=31 \text{ より } n=16$$

よって，$\dfrac{n}{2n+1}$ に $n=16$ を代入して

$$\frac{16}{2\cdot16+1} = \frac{\boxed{16}}{\boxed{33}}$$

別解

$$(与式)=\frac{1}{2}\left\{\left(\frac{1}{1}-\frac{1}{3}\right)+\left(\frac{1}{3}-\frac{1}{5}\right)+\left(\frac{1}{5}-\frac{1}{7}\right)+\cdots\right.$$

$$\left. \cdots+\left(\frac{1}{31}-\frac{1}{33}\right)\right\}$$

$$= \frac{1}{2}\left(1-\frac{1}{33}\right) = \frac{\boxed{16}}{\boxed{33}}$$

7 (1) 奇数の列の一般項は

$$a_k=2k-1 \quad \cdots\cdots①$$

第4群までの項の数は

$$2+2^2+2^3+2^4=30$$

b_5 は第5群の最初の数で，①の31番目である。

よって，$b_5=2\cdot31-1=\boxed{61}$

第1群から第 $(n-1)$ 群までの項の数は

$$2+2^2+2^3+\cdots+2^{n-1}$$

$$= \frac{2(2^{n-1}-1)}{2-1} = 2^n-2 \quad \cdots\cdots②$$

$(2^n-2)+1=2^n-1$ より

b_n は①の (2^n-1) 番目である。

よって，$b_n=2(2^n-1)-1$

$$= 2^{n+\boxed{1}} - \boxed{3}$$

(2) 第1群から第 $(m-1)$ 群までの項の数は②より 2^m-2 であり，第 m 群の k 番目は①の (2^m-2+k) 番目である。

よって，$2(2^m-2+k)-1$

$$= 2^{m+\boxed{1}} + \boxed{2}k - \boxed{5}$$

(3) 第5群は，初項61，公差2，項数 $2^5=32$ 個の等差数列だから，その和は

$$\frac{32\{2\cdot61+(32-1)\cdot2\}}{2} = \boxed{2944}$$

8 (1)
$$\underbrace{2,\ }_{}\underbrace{5,\ }_{3}\underbrace{11,\ }_{6}\underbrace{23,\ }_{12}\underbrace{47,\ }_{24}\underbrace{95,}_{48}\ \cdots\cdots\{a_n\}$$
$$\qquad\qquad\qquad\qquad\qquad \cdots\cdots\{b_n\}$$

上のように数列 $\{a_n\}$ の階差 $a_{n+1}-a_n$ をとると数列 $\{b_n\}$ は，初項3，公比2の等比数列だから

$$b_n = \boxed{3} \cdot \boxed{2}^{n-1}$$

$$a_n = 2 + \sum_{k=1}^{n-1}3\cdot2^{k-1}$$

$$= 2 + 3\cdot\frac{1\cdot(2^{n-1}-1)}{2-1}$$

$$= \boxed{3} \cdot \boxed{2}^{n-1} - \boxed{1}$$

(2)
$$S_n = \sum_{k=1}^{n}(3\cdot2^{k-1}-1)$$

$$= 3\cdot\frac{1\cdot(2^n-1)}{2-1} - n$$

$$= \boxed{3} \cdot \boxed{2}^n - n - \boxed{3}$$

これより

$$S_n = 3\cdot2^n - n - 3 > 1000$$

となればよい。

$n=8$ のとき $S_8=3\cdot2^8-8-3=757$

$n=9$ のとき $S_9=3\cdot2^9-9-3=1524$

よって，$n=\boxed{9}$

9

$$a_2 = a_1+6\cdot1+2 = 1+6+2 = \boxed{9}$$

$$a_3 = a_2+6\cdot2+2 = 9+12+2 = \boxed{23}$$

$a_1=1$，$a_{n+1}=a_n+6n+2$ より

$n\geqq2$ のとき

$$a_n = a_1 + \sum_{k=1}^{n-1}(6k+2)$$

$$= 1 + 6\cdot\frac{(n-1)n}{2} + 2(n-1)$$

$$= \boxed{3}n^2 - n - \boxed{1} \quad (n=1 \text{ でも成立})$$

10 $a_n > 0$ だから，$a_{n+1} = \dfrac{a_n}{3a_n + 2}$ の両辺の逆数を

とると

$$\frac{1}{a_{n+1}} = \frac{3a_n + 2}{a_n} = \frac{2}{a_n} + 3$$

$\dfrac{1}{a_n} = b_n$ とおくと

$$b_1 = \frac{1}{a_1} = \boxed{1}, \quad b_{n+1} = \boxed{2}\, b_n + \boxed{3}$$

$$b_{n+1} + \boxed{3} = \boxed{2}\,(b_n + \boxed{3}) \quad \leftarrow \boxed{\begin{array}{l} \alpha = 2\alpha + 3 \\ \alpha = -3 \end{array}}$$

数列 $\{b_n + 3\}$ は初項 $b_1 + 3 = 1 + 3 = 4$

公比 2 の等比数列だから

$$b_n + 3 = 4 \cdot 2^{n-1} = 2^{n+1}$$

よって，$b_n = \boxed{2}^{\,n+\boxed{1}} - \boxed{3}$

これより $a_n = \dfrac{1}{b_n} = \dfrac{1}{\boxed{2}^{\,n+\boxed{1}} - \boxed{3}}$

11　$a_{n+1} = 4a_n - 6n + 5$

$b_n = a_n + \alpha n + \beta$

$b_{n+1} = a_{n+1} + \alpha(n+1) + \beta$

$b_{n+1} = 4b_n$ より

$a_{n+1} + \alpha(n+1) + \beta = 4(a_n + \alpha n + \beta)$

$4a_n - 6n + 5 + \alpha(n+1) + \beta = 4(a_n + \alpha n + \beta)$

$(\alpha - 6)n + \alpha + \beta + 5 = 4\alpha n + 4\beta$

両辺を比較して

$\alpha - 6 = 4\alpha, \quad \alpha + \beta + 5 = 4\beta$

これより $\alpha = \boxed{-2}, \quad \beta = \boxed{1}$

$b_n = a_n - 2n + 1$ だから

$b_1 = a_1 - 2 \cdot 1 + 1 = \boxed{3}$

よって，$b_n = \boxed{3} \cdot \boxed{4}^{\,n-1}$

$3 \cdot 4^{n-1} = a_n - 2n + 1$

ゆえに

$a_n = \boxed{3} \cdot \boxed{4}^{\,n-1} + \boxed{2}\,n - \boxed{1}$

また，

$$\sum_{k=1}^{n} a_k = \sum_{k=1}^{n} (3 \cdot 4^{k-1} + 2k - 1)$$

$$= 3 \cdot \frac{4^n - 1}{4 - 1} + 2 \cdot \frac{n(n+1)}{2} - n$$

$$= 4^n - 1 + n^2 + n - n$$

$$= \boxed{4}^{\,\boxed{n}} + \boxed{n}^{\,\boxed{2}} - \boxed{1}$$

数学B 2 確率分布と統計的な推測

12 (1) (ア) $E(X) = 2 \times \dfrac{1}{10} + 4 \times \dfrac{2}{10} + 6 \times \dfrac{3}{10}$

$\qquad + 8 \times \dfrac{4}{10}$

$\qquad = \dfrac{1}{10}(2+8+18+32)$

$\qquad = \boxed{6}$

(イ) $V(X) = (2-6)^2 \times \dfrac{1}{10} + (4-6)^2 \times \dfrac{2}{10}$

$\qquad + (6-6)^2 \times \dfrac{3}{10} + (8-6)^2 \times \dfrac{4}{10}$

$\qquad = \dfrac{1}{10}(16+8+0+16)$

$\qquad = \boxed{4}$

別解

$V(X) = 2^2 \times \dfrac{1}{10} + 4^2 \times \dfrac{2}{10} + 6^2 \times \dfrac{3}{10}$

$\qquad + 8^2 \times \dfrac{4}{10} - 6^2$

$\qquad = \dfrac{1}{10}(4+32+108+256) - 36$

$\qquad = 40 - 36 = \boxed{4}$

(ウ) $\sigma(X) = \sqrt{V(X)} = \sqrt{4} = \boxed{2}$

(2) (ア) $X=k$ $(2 \leqq k \leqq 5)$ のときの確率を
$P(X=k)$ とすると

$X=2$ は $\boxed{1}$ が2枚のとき

$P(X=2) = \dfrac{{}_3C_2}{{}_6C_2} = \dfrac{3}{15}$

$X=3$ は $\boxed{1}$ と $\boxed{2}$ のとき

$P(X=3) = \dfrac{{}_3C_1 \times {}_2C_1}{{}_6C_2} = \dfrac{6}{15}$

$X=4$ は $\boxed{1}$ と $\boxed{3}$，または $\boxed{2}$ と $\boxed{2}$ のとき

$P(X=4) = \dfrac{{}_3C_1 \times {}_1C_1}{{}_6C_2} + \dfrac{{}_2C_2}{{}_6C_2} = \dfrac{4}{15}$

$X=5$ は $\boxed{2}$ と $\boxed{3}$ のとき

$P(X=5) = \dfrac{{}_2C_1 \times {}_1C_1}{{}_6C_2} = \dfrac{2}{15}$

よって，確率分布表は，次のようになる。

X	2	3	4	5	計
P	$\dfrac{3}{15}$	$\dfrac{6}{15}$	$\dfrac{4}{15}$	$\dfrac{2}{15}$	$\boxed{1}$

(イ) $E(X) = 2 \times \dfrac{3}{15} + 3 \times \dfrac{6}{15} + 4 \times \dfrac{4}{15}$

$\qquad + 5 \times \dfrac{2}{15}$

$\qquad = \dfrac{1}{15}(6+18+16+10)$

$\qquad = \dfrac{50}{15} = \boxed{\dfrac{10}{3}}$

(ウ) $V(X) = 2^2 \times \dfrac{3}{15} + 3^2 \times \dfrac{6}{15} + 4^2 \times \dfrac{4}{15}$

$\qquad + 5^2 \times \dfrac{2}{15} - \left(\dfrac{10}{3}\right)^2$

$\qquad = \dfrac{1}{15}(12+54+64+50) - \dfrac{100}{9}$

$\qquad = 12 - \dfrac{100}{9} = \boxed{\dfrac{8}{9}}$

13 $E(X)=18$，$\sigma(X)=6$ であり，

$Y = \dfrac{1}{3}X + 2$ のとき，

$E(Y) = E\left(\dfrac{1}{3}X+2\right) = \dfrac{1}{3}E(X) + 2$

$\qquad = \dfrac{1}{3} \times 18 + 2 = \boxed{8}$

$V(Y) = V\left(\dfrac{1}{3}X+2\right) = \left(\dfrac{1}{3}\right)^2 V(X)$

ここで，$V(X) = \{\sigma(X)\}^2 = 6^2 = 36$

よって，$V(Y) = \dfrac{1}{9} \times 36 = \boxed{4}$

$\sigma(Y) = \sigma\left(\dfrac{1}{3}X+2\right) = \left|\dfrac{1}{3}\right| \sigma(X)$

$\qquad = \dfrac{1}{3} \times 6 = \boxed{2}$

別解

$\sigma(Y) = \sqrt{V(Y)} = \sqrt{4} = \boxed{2}$

14 2枚とも裏の出る確率は $\dfrac{1}{4}$ だから，X は二項
分布 $B\left(160, \dfrac{1}{4}\right)$ に従う。

よって，$E(X) = 160 \times \dfrac{1}{4} = \boxed{40}$

$V(X) = 160 \times \dfrac{1}{4} \times \dfrac{3}{4} = \boxed{30}$

$\sigma(X) = \sqrt{160 \times \dfrac{1}{4} \times \dfrac{3}{4}} = \boxed{\sqrt{30}}$

別解

$\sigma(X) = \sqrt{V(X)} = \boxed{\sqrt{30}}$

15 (1) 正規分布 $N(76, 12^2)$ に従うから

$Z = \dfrac{X-76}{12}$ とおくと

$$P(X \geqq 100) = P\left(Z \geqq \dfrac{100-76}{12}\right)$$
$$= P(Z \geqq 2)$$
$$= P(Z \geqq 0) - P(0 \leqq Z \leqq 2)$$
$$= 0.5 - 0.4772$$
$$= 0.0228$$

よって，およそ $\boxed{2.28}$ ％

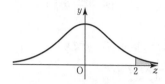

$$P(79 \leqq X \leqq 100)$$
$$= P\left(\dfrac{79-76}{12} \leqq Z \leqq \dfrac{100-76}{12}\right)$$
$$= P(0.25 \leqq Z \leqq 2)$$
$$= P(0 \leqq Z \leqq 2) - P(0 \leqq Z \leqq 0.25)$$
$$= 0.4772 - 0.0987$$
$$= 0.3785$$

よって，およそ $\boxed{37.85}$ ％

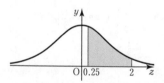

(2) X は正規分布 $N(\boxed{120}, \boxed{5}^2)$ に従う。

$Z = \dfrac{X-\boxed{120}}{\boxed{5}}$ とおくと Z は $N(\boxed{0}, 1)$ に

従う。

$$P(110 \leqq X \leqq 130)$$
$$= P\left(\dfrac{110-120}{5} \leqq Z \leqq \dfrac{130-120}{5}\right)$$
$$= P(-2 \leqq Z \leqq 2)$$
$$= 2P(0 \leqq Z \leqq 2)$$
$$= 2 \times 0.4772 = 0.9544$$

よって，およそ $\boxed{95.44}$ ％

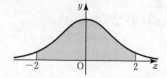

16 (1) $n = 450$, $p = \dfrac{1}{3}$ だから，X は二項分布

$B\left(\boxed{450}, \boxed{\dfrac{1}{3}}\right)$ に従う。

平均は $E(X) = 450 \times \dfrac{1}{3} = \boxed{150}$

標準偏差は $\sigma(X) = \sqrt{450 \times \dfrac{1}{3} \times \dfrac{2}{3}}$
$$= \sqrt{100} = \boxed{10}$$

(2) $Z = \dfrac{X - \boxed{150}}{\boxed{10}}$ とおくと，Z は近似的に正

規分布 $N(\boxed{0}, \boxed{1})$ に従う。

(3) $P(X \geqq 165) = P\left(Z \geqq \dfrac{165-150}{10}\right)$
$$= P(Z \geqq \boxed{1.5})$$
$$= P(Z \geqq 0) - P(0 \leqq Z \leqq 1.5)$$
$$= 0.5 - 0.4332$$
$$= \boxed{0.0668}$$

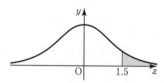

また，$P(140 \leqq X \leqq 170)$
$$= P\left(\dfrac{140-150}{10} \leqq Z \leqq \dfrac{170-150}{10}\right)$$
$$= P(-1 \leqq Z \leqq 2)$$
$$= P(0 \leqq Z \leqq 1) + P(0 \leqq Z \leqq 2)$$
$$= 0.3413 + 0.4772$$
$$= \boxed{0.8185}$$

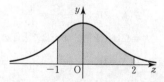

17 (1) 標本平均 $\overline{X}$ の平均は母平均と等しいから

$E(\overline{X}) = \boxed{176}$

標準偏差は $\sigma(\overline{X}) = \dfrac{90}{\sqrt{225}} = \boxed{6}$

$\overline{X}$ は正規分布 $N(\boxed{176}, \boxed{36})$ に従う。

$Z = \dfrac{\overline{X} - \boxed{176}}{\boxed{6}}$ とおくと，Z は標準正規分布

$N(\boxed{0}, \boxed{1})$ に従う。

(2) $P(170 \leqq \overline{X} \leqq 179)$

$= P\left(\dfrac{170-176}{6} \leqq Z \leqq \dfrac{179-176}{6}\right)$

$= P(-1 \leqq Z \leqq 0.5)$

$= P(0 \leqq Z \leqq 1) + P(0 \leqq Z \leqq 0.5)$

$= 0.3413 + 0.1915$

$= \boxed{0.5328}$

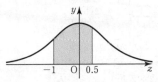

また，

$P(\overline{X} < 161)$

$= P\left(Z < \dfrac{161-176}{6}\right)$

$= P(Z < -2.5)$

$= P(Z \geqq 0) - P(0 \leqq Z \leqq 2.5)$

$= 0.5 - 0.4938$

$= \boxed{0.0062}$

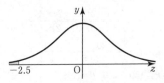

18 (1) 標本平均は $\overline{X} = 200.0$，
標本の大きさは $n = 256$，
標準偏差は $\sigma = 10.0$
だから，95 % の信頼区間は

$\boxed{200.0} - \dfrac{1.96 \times \boxed{10.0}}{\sqrt{\boxed{256}}}$

$\leqq \mu \leqq \boxed{200.0} + \dfrac{1.96 \times \boxed{10.0}}{\sqrt{\boxed{256}}}$

$200 - \dfrac{19.6}{16} \leqq \mu \leqq 200 + \dfrac{19.6}{16}$

$200 - 1.225 \leqq \mu \leqq 200 + 1.225$

よって，$\boxed{198.775} \leqq \mu \leqq \boxed{201.225}$

(2) 標本の大きさは $n = 1600$

標本比率は $p_0 = \dfrac{320}{1600} = 0.2$

だから，95 % の信頼区間は

$\boxed{0.2} - 1.96\sqrt{\dfrac{\boxed{0.2}(1 - \boxed{0.2})}{1600}}$

$\leqq p \leqq \boxed{0.2} + 1.96\sqrt{\dfrac{\boxed{0.2}(1 - \boxed{0.2})}{1600}}$

$0.2 - 1.96 \times \dfrac{0.4}{40} \leqq p \leqq 0.2 + 1.96 \times \dfrac{0.4}{40}$

$0.2 - 0.0196 \leqq p \leqq 0.2 + 0.0196$

よって，$\boxed{0.1804} \leqq p \leqq \boxed{0.2196}$

19 (1) 帰無仮説は「この年のメロンの糖度は $\boxed{15.2}$ である」$^{\text{ア}}\boxed{①}$
棄却域は $|z| > \boxed{1.96}$ である。

(2) 標本平均は $\overline{X} = \boxed{15.6}$
標本標準偏差は $\sigma = \boxed{1.2}$
標本の大きさは $n = \boxed{64}$

$\overline{X}$ は近似的に正規分布 $N\left(\boxed{15.2}, \ \dfrac{\boxed{1.2}^2}{\boxed{64}}\right)$ に

従う。よって，$^{\text{イ}}\boxed{①}$

$z = \dfrac{15.6 - 15.2}{\dfrac{1.2}{\sqrt{64}}} = \dfrac{0.4 \times 8}{1.2} \fallingdotseq 2.67$

$|z| > 1.96$ だから仮説は棄却される $^{\text{ウ}}\boxed{①}$ の
で，この年のメロンの糖度はこれまでと異な
るといえる。$^{\text{エ}}\boxed{①}$

20 (1) 帰無仮説は「ゲーム機は設計通りであり，
$^{\text{ア}}\boxed{①}$ 母比率は $p = \boxed{0.2}$ である」棄却域は
$|z| > \boxed{1.96}$ である。

(2) 標本比率は $p_0 = \dfrac{16}{100} = \boxed{0.16}$，

標本の大きさは $n = \boxed{100}$

$z = \dfrac{0.16 - 0.2}{\sqrt{\dfrac{0.2 \times 0.8}{100}}} = \dfrac{-0.4}{0.4} = -1$

$|z| < 1.96$ だからこの結果，仮説は棄却され
ず，ゲーム機は設計通りであるといえる。
$^{\text{イ}}\boxed{①}$

> **別解**
>
> 二項分布 $B(100, 0.2)$ で表されるから
> $E(X) = 100 \times 0.2 = 20$
> $\sigma(X) = \sqrt{100 \times 0.2 \times 0.8} = 4$　だから
> 正規分布 $N(20, 4^2)$ で近似できる。
>
> よって，$z = \dfrac{16 - 20}{4} = -1$
>
> として求めてもよい。

数学C 1 ベクトル

21 AD が ∠A の二等分線だから

$AB : AC = BD : DC = 3 : 2$

$\overrightarrow{AD} = \dfrac{2\overrightarrow{AB} + 3\overrightarrow{AC}}{3+2}$

$\quad = \boxed{\dfrac{2}{5}}\overrightarrow{AB} + \boxed{\dfrac{3}{5}}\overrightarrow{AC}$

$\overrightarrow{AF} = \dfrac{-1\overrightarrow{AB} + 4\overrightarrow{AE}}{4-1}$

$\quad = -\dfrac{1}{3}\overrightarrow{AB} + \dfrac{4}{3}\overrightarrow{AE}$

また，$\overrightarrow{AE} = \dfrac{5}{8}\overrightarrow{AD} = \dfrac{5}{8}\left(\dfrac{2}{5}\overrightarrow{AB} + \dfrac{3}{5}\overrightarrow{AC}\right)$

$\quad = \dfrac{1}{4}\overrightarrow{AB} + \dfrac{3}{8}\overrightarrow{AC}$ だから

$\overrightarrow{AF} = -\dfrac{1}{3}\overrightarrow{AB} + \dfrac{4}{3}\left(\dfrac{1}{4}\overrightarrow{AB} + \dfrac{3}{8}\overrightarrow{AC}\right)$

$\quad = -\dfrac{1}{3}\overrightarrow{AB} + \dfrac{1}{3}\overrightarrow{AB} + \dfrac{1}{2}\overrightarrow{AC}$

$\quad = \boxed{\dfrac{1}{2}}\overrightarrow{AC}$

22 $x\vec{a} + \vec{b} = x(2,\ -1) + (3,\ 1)$

$\qquad = (2x+3,\ -x+1)$

$\vec{b} + \vec{c} = (3,\ 1) + (1,\ 2) = (4,\ 3)$

$(x\vec{a} + \vec{b}) \perp (\vec{b} + \vec{c})$ のとき

$(x\vec{a} + \vec{b}) \cdot (\vec{b} + \vec{c}) = 0$ より

$(2x+3) \times 4 + (-x+1) \times 3 = 0$

$\qquad\qquad\qquad 5x + 15 = 0$

よって，$x = \boxed{-3}$

$\vec{a} - y\vec{b} = (2,\ -1) - y(3,\ 1)$

$\qquad = (2-3y,\ -1-y)$

$(\vec{a} - y\vec{b}) \,/\!/\, \vec{c}$ のとき

$\vec{a} - y\vec{b} = k\vec{c}$ が成り立つから

$(2-3y,\ -1-y) = k(1,\ 2)$

$2 - 3y = k$ ……①

$-1 - y = 2k$ ……②

①，②を解いて

$k = -1,\ y = \boxed{1}$

$\vec{a} + s\vec{b} = (2,\ -1) + s(3,\ 1)$

$\qquad = (3s+2,\ s-1)$

$\vec{a} - t\vec{c} = (2,\ -1) - t(1,\ 2)$

$\qquad = (-t+2,\ -2t-1)$

$(\vec{a} + s\vec{b}) \perp (\vec{a} - t\vec{c})$ のとき

$(\vec{a} + s\vec{b}) \cdot (\vec{a} - t\vec{c}) = 0$ より

$(3s+2) \times (-t+2) + (s-1) \times (-2t-1) = 0$

$-3st - 2t + 6s + 4 - 2st + 2t - s + 1 = 0$

$-5st + 5s + 5 = 0$

$st - s = 1$

$s(t-1) = 1$

$s,\ t$ が 0 でない整数だから

$(s,\ t-1) = (1,\ 1)$

$s = \boxed{1},\ t = \boxed{2}$

23 $\vec{x} + 2\vec{y} = 3\vec{a} - \vec{b}$ ……①

$2\vec{x} - \vec{y} = \vec{a} + 3\vec{b}$ ……②

①＋②×2 より　$\vec{x} = \vec{a} + \vec{b}$

①×2－② より　$\vec{y} = \vec{a} - \vec{b}$

$\vec{a} = (2,\ 1),\ \vec{b} = (4,\ -3)$ なので

$\vec{x} = (2,\ 1) + (4,\ -3) = (\boxed{6},\ \boxed{-2})$

$\vec{y} = (2,\ 1) - (4,\ -3) = (\boxed{-2},\ \boxed{4})$

$\vec{x}$ と $\vec{y}$ のなす角を θ とすると

$\vec{x} \cdot \vec{y} = |\vec{x}||\vec{y}|\cos\theta$

$\cos\theta = \dfrac{\vec{x} \cdot \vec{y}}{|\vec{x}||\vec{y}|}$

$\quad = \dfrac{6 \times (-2) + (-2) \times 4}{\sqrt{6^2 + (-2)^2}\sqrt{(-2)^2 + 4^2}}$

$\quad = \dfrac{-20}{2\sqrt{10} \times 2\sqrt{5}} = -\dfrac{1}{\sqrt{2}}$

$0° \leq \theta \leq 180°$ より　$\theta = \boxed{135}°$

24 $\overrightarrow{OA} + \overrightarrow{OB} + \overrightarrow{OC} = \vec{0}$ より

$\overrightarrow{OC} = -\overrightarrow{OA} - \overrightarrow{OB}$

$|\overrightarrow{OC}|^2 = |-\overrightarrow{OA} - \overrightarrow{OB}|^2$

$\quad = |\overrightarrow{OA}|^2 + \boxed{2}\,\overrightarrow{OA} \cdot \overrightarrow{OB} + |\overrightarrow{OB}|^2$

$|\overrightarrow{OA}| = 2,\ |\overrightarrow{OB}| = 3,\ |\overrightarrow{OC}| = 4$ だから

$4^2 = 2^2 + 2\overrightarrow{OA} \cdot \overrightarrow{OB} + 3^2$

よって，$\overrightarrow{OA} \cdot \overrightarrow{OB} = \boxed{\dfrac{3}{2}}$

$|\overrightarrow{AB}|^2 = |\overrightarrow{OB} - \overrightarrow{OA}|^2$

$\quad = |\overrightarrow{OB}|^2 - 2\overrightarrow{OB} \cdot \overrightarrow{OA} + |\overrightarrow{OA}|^2$

$\quad = 3^2 - 2 \times \dfrac{3}{2} + 2^2 = 10$

$|\overrightarrow{AB}| > 0$ より

$|\overrightarrow{AB}| = \boxed{\sqrt{10}}$

25

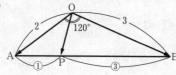

$\overrightarrow{\mathrm{OP}}=\dfrac{3\overrightarrow{\mathrm{OA}}+\overrightarrow{\mathrm{OB}}}{1+3}=\boxed{\dfrac{3}{4}}\overrightarrow{\mathrm{OA}}+\boxed{\dfrac{1}{4}}\overrightarrow{\mathrm{OB}}$

$|\overrightarrow{\mathrm{OP}}|^2=\left|\dfrac{3}{4}\overrightarrow{\mathrm{OA}}+\dfrac{1}{4}\overrightarrow{\mathrm{OB}}\right|^2$

$\qquad=\dfrac{1}{16}(9|\overrightarrow{\mathrm{OA}}|^2+6\overrightarrow{\mathrm{OA}}\cdot\overrightarrow{\mathrm{OB}}+|\overrightarrow{\mathrm{OB}}|^2)$

ここで, $|\overrightarrow{\mathrm{OA}}|=2$, $|\overrightarrow{\mathrm{OB}}|=3$

$\overrightarrow{\mathrm{OA}}\cdot\overrightarrow{\mathrm{OB}}=|\overrightarrow{\mathrm{OA}}||\overrightarrow{\mathrm{OB}}|\cos120°$

$\qquad\quad=2\times3\times\left(-\dfrac{1}{2}\right)=-3$　だから

$|\overrightarrow{\mathrm{OP}}|^2=\dfrac{1}{16}\{9\times4+6\times(-3)+9\}=\dfrac{27}{16}$

$|\overrightarrow{\mathrm{OP}}|>0$　より

$\quad|\overrightarrow{\mathrm{OP}}|=\sqrt{\dfrac{27}{16}}=\boxed{\dfrac{3\sqrt{3}}{4}}$

また, $\overrightarrow{\mathrm{OP}}\cdot\overrightarrow{\mathrm{OB}}=\left(\dfrac{3}{4}\overrightarrow{\mathrm{OA}}+\dfrac{1}{4}\overrightarrow{\mathrm{OB}}\right)\cdot\overrightarrow{\mathrm{OB}}$

$\qquad=\dfrac{3}{4}\overrightarrow{\mathrm{OA}}\cdot\overrightarrow{\mathrm{OB}}+\dfrac{1}{4}|\overrightarrow{\mathrm{OB}}|^2$

$\qquad=\dfrac{3}{4}\times(-3)+\dfrac{1}{4}\times9=\boxed{0}$

26

$5\overrightarrow{\mathrm{PA}}+4\overrightarrow{\mathrm{PB}}+3\overrightarrow{\mathrm{PC}}=\vec{0}$

A を始点とするベクトルで表すと

$\quad-5\overrightarrow{\mathrm{AP}}+4(\overrightarrow{\mathrm{AB}}-\overrightarrow{\mathrm{AP}})+3(\overrightarrow{\mathrm{AC}}-\overrightarrow{\mathrm{AP}})=\vec{0}$

よって, $\overrightarrow{\mathrm{AP}}=\dfrac{\boxed{4}\,\overrightarrow{\mathrm{AB}}+\boxed{3}\,\overrightarrow{\mathrm{AC}}}{\boxed{12}}$

$\qquad\quad=\dfrac{7}{12}\times\dfrac{4\overrightarrow{\mathrm{AB}}+3\overrightarrow{\mathrm{AC}}}{3+4}$

D は BC を $\boxed{3}$ ： $\boxed{4}$ に内分するから

$\overrightarrow{\mathrm{AD}}=\dfrac{4\overrightarrow{\mathrm{AB}}+3\overrightarrow{\mathrm{AC}}}{3+4}$

$\quad=\dfrac{\boxed{4}\,\overrightarrow{\mathrm{AB}}+\boxed{3}\,\overrightarrow{\mathrm{AC}}}{\boxed{7}}$

$\overrightarrow{\mathrm{AP}}=\boxed{\dfrac{7}{12}}\overrightarrow{\mathrm{AD}}$

よって, P は AD を $\boxed{7}$ ： $\boxed{5}$ に内分する。

27

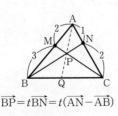

$\overrightarrow{\mathrm{BP}}=t\overrightarrow{\mathrm{BN}}=t(\overrightarrow{\mathrm{AN}}-\overrightarrow{\mathrm{AB}})$

$\qquad\qquad=t\left(\dfrac{1}{3}\vec{c}-\vec{b}\right)$

$\overrightarrow{\mathrm{AP}}=\overrightarrow{\mathrm{AB}}+\overrightarrow{\mathrm{BP}}$

$\qquad=\vec{b}+t\left(\dfrac{1}{3}\vec{c}-\vec{b}\right)$

$\qquad=(\boxed{1}-\boxed{t})\vec{b}+\dfrac{1}{3}t\,\vec{c}$　……①

$\overrightarrow{\mathrm{CP}}=s\overrightarrow{\mathrm{CM}}=s(\overrightarrow{\mathrm{AM}}-\overrightarrow{\mathrm{AC}})$

$\qquad=s\left(\dfrac{2}{5}\vec{b}-\vec{c}\right)$

$\overrightarrow{\mathrm{AP}}=\overrightarrow{\mathrm{AC}}+\overrightarrow{\mathrm{CP}}$

$\qquad=\vec{c}+s\left(\dfrac{2}{5}\vec{b}-\vec{c}\right)$

$\qquad=\boxed{\dfrac{2}{5}s}\vec{b}+(\boxed{1}-\boxed{s})\vec{c}$　……②

$\vec{b}\not\parallel\vec{c}$, $\vec{b}\neq\vec{0}$, $\vec{c}\neq\vec{0}$ なので, ①, ②より

$\quad1-t=\dfrac{2s}{5}$, $\dfrac{t}{3}=1-s$

$\quad5-5t=2s$, $t=3-3s$　より

$\quad s=\dfrac{10}{13}$, $t=\dfrac{9}{13}$

よって, $\overrightarrow{\mathrm{AP}}=\boxed{\dfrac{4}{13}}\vec{b}+\boxed{\dfrac{3}{13}}\vec{c}$

28

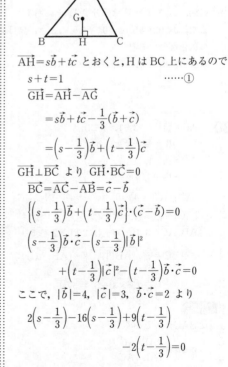

$\overrightarrow{\mathrm{AH}}=s\vec{b}+t\vec{c}$ とおくと, H は BC 上にあるので

$\quad s+t=1$　　　　　　　……①

$\overrightarrow{\mathrm{GH}}=\overrightarrow{\mathrm{AH}}-\overrightarrow{\mathrm{AG}}$

$\qquad=s\vec{b}+t\vec{c}-\dfrac{1}{3}(\vec{b}+\vec{c})$

$\qquad=\left(s-\dfrac{1}{3}\right)\vec{b}+\left(t-\dfrac{1}{3}\right)\vec{c}$

$\overrightarrow{\mathrm{GH}}\perp\overrightarrow{\mathrm{BC}}$ より $\overrightarrow{\mathrm{GH}}\cdot\overrightarrow{\mathrm{BC}}=0$

$\overrightarrow{\mathrm{BC}}=\overrightarrow{\mathrm{AC}}-\overrightarrow{\mathrm{AB}}=\vec{c}-\vec{b}$

$\left\{\left(s-\dfrac{1}{3}\right)\vec{b}+\left(t-\dfrac{1}{3}\right)\vec{c}\right\}\cdot(\vec{c}-\vec{b})=0$

$\left(s-\dfrac{1}{3}\right)\vec{b}\cdot\vec{c}-\left(s-\dfrac{1}{3}\right)|\vec{b}|^2$

$\qquad+\left(t-\dfrac{1}{3}\right)|\vec{c}|^2-\left(t-\dfrac{1}{3}\right)\vec{b}\cdot\vec{c}=0$

ここで, $|\vec{b}|=4$, $|\vec{c}|=3$, $\vec{b}\cdot\vec{c}=2$ より

$2\left(s-\dfrac{1}{3}\right)-16\left(s-\dfrac{1}{3}\right)+9\left(t-\dfrac{1}{3}\right)$

$\qquad\qquad-2\left(t-\dfrac{1}{3}\right)=0$

$$-14\left(s-\frac{1}{3}\right)+7\left(t-\frac{1}{3}\right)=0$$

$$2s-t=\frac{1}{3} \quad \cdots\cdots②$$

①，②を解いて $s=\dfrac{4}{9}$，$t=\dfrac{5}{9}$

よって，$\overrightarrow{AH}=\boxed{\dfrac{4}{9}}\vec{b}+\boxed{\dfrac{5}{9}}\vec{c}$

29

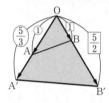

$3s+2t=5$ のとき $\dfrac{3s}{5}+\dfrac{2t}{5}=1$ だから

$$\overrightarrow{OP}=s\overrightarrow{OA}+t\overrightarrow{OB}$$

$$=\frac{3s}{5}\left(\frac{5}{3}\overrightarrow{OA}\right)+\frac{2t}{5}\left(\frac{5}{2}\overrightarrow{OB}\right)$$

と変形できる。よって，点 P は $\dfrac{5}{3}\overrightarrow{OA}$ と

$\dfrac{5}{2}\overrightarrow{OB}$ の終点を結ぶ直線上にあるから

$\overrightarrow{OA'}=\dfrac{5}{3}\overrightarrow{OA}$，$\overrightarrow{OB'}=\dfrac{5}{2}\overrightarrow{OB}$ とおくと，

$s\geqq0$，$t\geqq0$ より P は線分 A'B' 上にある。

また，$3s+2t\leqq5$，$s\geqq0$，$t\geqq0$ のとき，P は図の灰色部分にある。

よって，△OA'B' の面積は △OAB の面積の

$$\frac{5}{3}\times\frac{5}{2}=\boxed{\frac{25}{6}} \text{（倍）}$$

30
$$\overrightarrow{AB}=(4-1,\ 3+1,\ 3-3)$$
$$=(\boxed{3},\ \boxed{4},\ \boxed{0})$$
$$\overrightarrow{AC}=(0-1,\ 1+1,\ 5-3)$$
$$=(\boxed{-1},\ \boxed{2},\ \boxed{2})$$
$$|\overrightarrow{AB}|=\sqrt{3^2+4^2+0^2}=\sqrt{25}=\boxed{5}$$
$$|\overrightarrow{AC}|=\sqrt{(-1)^2+2^2+2^2}=\boxed{3}$$
$$\overrightarrow{AB}\cdot\overrightarrow{AC}=3\times(-1)+4\times2+0\times2=\boxed{5}$$
$$\triangle ABC=\frac{1}{2}\sqrt{|\overrightarrow{AB}|^2|\overrightarrow{AC}|^2-(\overrightarrow{AB}\cdot\overrightarrow{AC})^2}$$
$$=\frac{1}{2}\sqrt{5^2\times3^2-5^2}=\boxed{5\sqrt{2}}$$

別解
∠BAC$=\theta$ とおくと
$$\cos\theta=\frac{\overrightarrow{AB}\cdot\overrightarrow{AC}}{|\overrightarrow{AB}||\overrightarrow{AC}|}=\frac{5}{5\times3}=\frac{1}{3}$$

$$\sin\theta=\sqrt{1-\cos^2\theta}=\sqrt{1-\frac{1}{9}}=\frac{2\sqrt{2}}{3}$$

$$\triangle ABC=\frac{1}{2}|\overrightarrow{AB}||\overrightarrow{AC}|\sin\theta$$

$$=\frac{1}{2}\times5\times3\times\frac{2\sqrt{2}}{3}=\boxed{5\sqrt{2}}$$

31

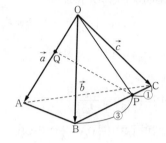

$$\overrightarrow{OP}=\frac{\vec{b}+3\vec{c}}{3+1}=\boxed{\frac{1}{4}}\vec{b}+\boxed{\frac{3}{4}}\vec{c}$$

$$\overrightarrow{OA}\cdot\overrightarrow{OP}=\vec{a}\cdot\left(\frac{1}{4}\vec{b}+\frac{3}{4}\vec{c}\right)$$

$$=\frac{1}{4}\vec{a}\cdot\vec{b}+\frac{3}{4}\vec{a}\cdot\vec{c}$$

ここで，$\vec{a}\cdot\vec{b}=\vec{a}\cdot\vec{c}=1\times1\times\cos60°=\dfrac{1}{2}$

よって，$\overrightarrow{OA}\cdot\overrightarrow{OP}=\dfrac{1}{4}\times\dfrac{1}{2}+\dfrac{3}{4}\times\dfrac{1}{2}=\boxed{\dfrac{1}{2}}$

$$\overrightarrow{PQ}=\overrightarrow{OQ}-\overrightarrow{OP}=t\vec{a}-\left(\frac{1}{4}\vec{b}+\frac{3}{4}\vec{c}\right)$$

$$|\overrightarrow{PQ}|^2=\left|t\vec{a}-\frac{1}{4}\vec{b}-\frac{3}{4}\vec{c}\right|^2=\left(\frac{3}{4}\right)^2$$

$$t^2|\vec{a}|^2+\frac{1}{16}|\vec{b}|^2+\frac{9}{16}|\vec{c}|^2$$

$$-\frac{t}{2}\vec{a}\cdot\vec{b}+\frac{3}{8}\vec{b}\cdot\vec{c}-\frac{3}{2}t\vec{a}\cdot\vec{c}=\frac{9}{16}$$

$|\vec{a}|=|\vec{b}|=|\vec{c}|=1$，

$\vec{a}\cdot\vec{b}=\vec{b}\cdot\vec{c}=\vec{c}\cdot\vec{a}=\dfrac{1}{2}$ を代入して

$$t^2+\frac{1}{16}+\frac{9}{16}-\frac{t}{4}+\frac{3}{16}-\frac{3}{4}t=\frac{9}{16}$$

$$t^2-t+\frac{1}{4}=0,\ \left(t-\frac{1}{2}\right)^2=0$$

よって，$t=\boxed{\dfrac{1}{2}}$

32

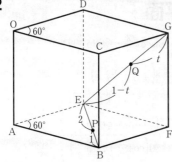

$|\vec{a}|=|\vec{c}|=|\vec{d}|=1$ より

$\vec{a}\cdot\vec{c}=\vec{d}\cdot\vec{a}=1\times1\times\cos90°=\boxed{0}$

$\vec{c}\cdot\vec{d}=1\times1\times\cos60°=\boxed{\dfrac{1}{2}}$

$\overrightarrow{OE}=\vec{a}+\vec{d}$, $\overrightarrow{OB}=\vec{a}+\vec{c}$, $\overrightarrow{OG}=\vec{c}+\vec{d}$ より

$\overrightarrow{OP}=\dfrac{1\overrightarrow{OE}+2\overrightarrow{OB}}{2+1}$

$\qquad=\dfrac{1}{3}\{1(\vec{a}+\vec{d})+2(\vec{a}+\vec{c})\}$

$\qquad=\vec{a}+\dfrac{2}{3}\vec{c}+\dfrac{1}{3}\vec{d}$

$\overrightarrow{OQ}=(1-t)\overrightarrow{OG}+t\overrightarrow{OE}$

$\qquad=(1-t)(\vec{c}+\vec{d})+t(\vec{a}+\vec{d})$

$\qquad=t\vec{a}+(1-t)\vec{c}+\vec{d}$

よって

$\overrightarrow{PG}=\overrightarrow{OG}-\overrightarrow{OP}$

$\qquad=(\vec{c}+\vec{d})-\left(\vec{a}+\dfrac{2}{3}\vec{c}+\dfrac{1}{3}\vec{d}\right)$

$\qquad=-\vec{a}+\boxed{\dfrac{1}{3}}\vec{c}+\boxed{\dfrac{2}{3}}\vec{d}$

$\overrightarrow{PQ}=\overrightarrow{OQ}-\overrightarrow{OP}$

$\qquad=t\vec{a}+(1-t)\vec{c}+\vec{d}-\left(\vec{a}+\dfrac{2}{3}\vec{c}+\dfrac{1}{3}\vec{d}\right)$

$\qquad=(t-1)\vec{a}+\left(\boxed{\dfrac{1}{3}-t}\right)\vec{c}+\boxed{\dfrac{2}{3}}\vec{d}$

$|\overrightarrow{PQ}|^2=\left|(t-1)\vec{a}+\left(\dfrac{1}{3}-t\right)\vec{c}+\dfrac{2}{3}\vec{d}\right|^2$

$\qquad=(t-1)^2|\vec{a}|^2+\left(\dfrac{1}{3}-t\right)^2|\vec{c}|^2+\dfrac{4}{9}|\vec{d}|^2$

$\qquad\quad+2(t-1)\left(\dfrac{1}{3}-t\right)\vec{a}\cdot\vec{c}$

$\qquad\quad+\dfrac{4}{3}\left(\dfrac{1}{3}-t\right)\vec{c}\cdot\vec{d}+\dfrac{4}{3}(t-1)\vec{d}\cdot\vec{a}$

$|\vec{a}|=|\vec{c}|=|\vec{d}|=1$, $\vec{a}\cdot\vec{c}=\vec{d}\cdot\vec{a}=0$, $\vec{c}\cdot\vec{d}=\dfrac{1}{2}$

を代入して

$|\overrightarrow{PQ}|^2=(t-1)^2+\left(\dfrac{1}{3}-t\right)^2+\dfrac{4}{9}+\dfrac{2}{3}\left(\dfrac{1}{3}-t\right)$

$\qquad=2t^2-\dfrac{10}{3}t+\dfrac{16}{9}$

$\qquad=2\left(t-\dfrac{5}{6}\right)^2+\dfrac{7}{18}$

よって，PQ は $t=\boxed{\dfrac{5}{6}}$ のとき，

最小値 $\sqrt{\dfrac{7}{18}}=\boxed{\dfrac{\sqrt{14}}{6}}$ をとる。

33

$\overrightarrow{AB}=\vec{b}$, $\overrightarrow{AD}=\vec{d}$, $\overrightarrow{AE}=\vec{e}$ より

$\overrightarrow{AI}=\overrightarrow{AB}+\overrightarrow{BC}+\overrightarrow{CI}$

$\qquad=\overrightarrow{AB}+\overrightarrow{AD}+2\overrightarrow{CG}$

$\qquad=\overrightarrow{AB}+\overrightarrow{AD}+2\overrightarrow{AE}$

$\qquad=\vec{b}+\vec{d}+\boxed{2}\vec{e}$

$\overrightarrow{AP}=k\overrightarrow{AI}=k\vec{b}+k\vec{d}+2k\vec{e}$ ……①

P は平面 BDE 上にあるから

$\overrightarrow{BP}=s\overrightarrow{BD}+t\overrightarrow{BE}$

$\overrightarrow{AP}-\overrightarrow{AB}=s(\overrightarrow{AD}-\overrightarrow{AB})+t(\overrightarrow{AE}-\overrightarrow{AB})$

$\overrightarrow{AP}=(1-s-t)\overrightarrow{AB}+s\overrightarrow{AD}+t\overrightarrow{AE}$

$\overrightarrow{AP}=(1-s-t)\vec{b}+s\vec{d}+t\vec{e}$ ……②

$\vec{b}$, $\vec{d}$, $\vec{e}$ は1次独立なので，①，②より

$1-s-t=k$, $s=k$, $t=2k$ だから

$\qquad 1-k-2k=k$

$\qquad k=\dfrac{1}{4}$ $\left(s=\dfrac{1}{4},\ t=\dfrac{1}{2}\right)$

よって，$\overrightarrow{AP}=\boxed{\dfrac{1}{4}}\vec{b}+\boxed{\dfrac{1}{4}}\vec{d}+\boxed{\dfrac{1}{2}}\vec{e}$

別解

①より，P は平面 BDE 上にあるので，

$k+k+2k=1$ より $k=\dfrac{1}{4}$

①に代入して

$\overrightarrow{AP}=\boxed{\dfrac{1}{4}}\vec{b}+\boxed{\dfrac{1}{4}}\vec{d}+\boxed{\dfrac{1}{2}}\vec{e}$

数学C 2 平面上の曲線と複素数平面

34

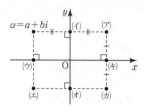

$\alpha=a+bi$ とおくと

$\overline{\alpha}=a-bi$

(1) $-\overline{\alpha}=-a+bi$

よって，(ア)

(2) $\dfrac{\alpha+\overline{\alpha}}{2}=\dfrac{(a+bi)+(a-bi)}{2}=a$

よって，(ウ)

(3) $-\dfrac{\alpha-\overline{\alpha}}{2}=-\dfrac{(a+bi)-(a-bi)}{2}=-bi$

よって，(オ)

35

$c=\dfrac{1\times(-2+5i)+2\times(4+2i)}{2+1}$

$=\dfrac{6+9i}{3}=\boxed{2}+\boxed{3}i$

$d=\dfrac{-2\times(-2+5i)+1\times(4+2i)}{1-2}$

$=-\boxed{8}+\boxed{8}i$

$CD=|d-c|$

$=|(-8+8i)-(2+3i)|$

$=|-10+5i|$

$=\sqrt{(-10)^2+5^2}$

$=\boxed{5}\sqrt{\boxed{5}}$

36

$|4+4i|=\sqrt{4^2+4^2}=4\sqrt{2}$

$\arg(4+4i)=\dfrac{\pi}{4}$

よって，

$4+4i=\boxed{4}\sqrt{\boxed{2}}\left(\cos\dfrac{\pi}{\boxed{4}}+i\sin\dfrac{\pi}{\boxed{4}}\right)$

$|-2|=2$

$\arg(-2)=\pi$

よって，$-2=\boxed{2}(\cos\boxed{\pi}+i\sin\boxed{\pi})$

37

$z_1z_2=2\left(\cos\dfrac{5}{12}\pi+i\sin\dfrac{5}{12}\pi\right)$

$\qquad\times4\left(\cos\dfrac{\pi}{4}+i\sin\dfrac{\pi}{4}\right)$

$=8\left(\cos\dfrac{2}{3}\pi+i\sin\dfrac{2}{3}\pi\right)$

$=8\left(-\dfrac{1}{2}+\dfrac{\sqrt{3}}{2}i\right)$

$=-\boxed{4}+\boxed{4}\sqrt{\boxed{3}}\,i$

$\dfrac{z_1}{z_2}=\dfrac{2\left(\cos\dfrac{5}{12}\pi+i\sin\dfrac{5}{12}\pi\right)}{4\left(\cos\dfrac{\pi}{4}+i\sin\dfrac{\pi}{4}\right)}$

$=\dfrac{1}{2}\left(\cos\dfrac{\pi}{6}+i\sin\dfrac{\pi}{6}\right)$

$=\dfrac{1}{2}\left(\dfrac{\sqrt{3}}{2}+\dfrac{1}{2}i\right)$

$=\dfrac{\sqrt{\boxed{3}}}{\boxed{4}}+\dfrac{1}{\boxed{4}}i$

38

$z=\dfrac{\sqrt{3}+i}{1-i}=\dfrac{2\left(\cos\dfrac{\pi}{6}+i\sin\dfrac{\pi}{6}\right)}{\sqrt{2}\left\{\cos\left(-\dfrac{\pi}{4}\right)+i\sin\left(-\dfrac{\pi}{4}\right)\right\}}$

$=\sqrt{2}\left(\cos\dfrac{5}{12}\pi+i\sin\dfrac{5}{12}\pi\right)$

$z^4=\left\{\sqrt{2}\left(\cos\dfrac{5}{12}\pi+i\sin\dfrac{5}{12}\pi\right)\right\}^4$

$=4\left(\cos\dfrac{5}{3}\pi+i\sin\dfrac{5}{3}\pi\right)$

$=4\left(\dfrac{1}{2}-\dfrac{\sqrt{3}}{2}i\right)$

$=\boxed{2}(\boxed{1}-\sqrt{\boxed{3}}\,i)$

$z^n=\left\{\sqrt{2}\left(\cos\dfrac{5}{12}\pi+i\sin\dfrac{5}{12}\pi\right)\right\}^n$

$=(\sqrt{2})^n\left(\cos\dfrac{5n}{12}\pi+i\sin\dfrac{5n}{12}\pi\right)$

これが純虚数になるのは $\dfrac{5n}{12}\pi$ が $\dfrac{2k-1}{2}\pi$（k

は自然数）のときである（$\cos\dfrac{5n}{12}\pi=0$ となる

とき）。

$5n=6(2k-1)$

5と6は互いに素だから，n は6の倍数となる。

よって，最小の n は $n=\boxed{6}$

このとき，

$z^6=(\sqrt{2})^6\left(\cos\dfrac{5}{2}\pi+i\sin\dfrac{5}{2}\pi\right)$

$=\boxed{8}i$

39

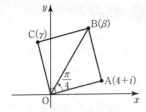

点 B は，点 A を原点のまわりに $\dfrac{\pi}{4}$ だけ回転し，

原点からの距離を $\sqrt{2}$ 倍に拡大した点だから

$$\beta=(4+i)\cdot\sqrt{2}\left(\cos\frac{\pi}{4}+i\sin\frac{\pi}{4}\right)$$

$$=(4+i)\cdot\sqrt{2}\left(\frac{\sqrt{2}}{2}+\frac{\sqrt{2}}{2}i\right)$$

$$=(4+i)(1+i)$$

$$=\boxed{3}+\boxed{5}\,i$$

点 C は，点 A を原点のまわりに $\dfrac{\pi}{2}$ だけ回転した点だから

$$\gamma=(4+i)\cdot\left(\cos\frac{\pi}{2}+i\sin\frac{\pi}{2}\right)$$

$$=(4+i)\cdot i$$

$$=-\boxed{1}+\boxed{4}\,i$$

40 (1) $|2z+8-3i|=4$ より

$$\left|z+4-\frac{3}{2}i\right|=2$$

よって，点 $\boxed{-4}+\dfrac{\boxed{3}}{\boxed{2}}i$ を中心とする半径 $\boxed{2}$ の円である。

(2) $|z-3|=|z+4-2i|$ より

2 点 $\boxed{3}$ と $\boxed{-4}+\boxed{2}i$ を結ぶ線分の垂直二等分線である。

41 $|z+2i|=2|z-4i|$ より

$$|z+2i|^2=4|z-4i|^2$$

$$(z+2i)\overline{(z+2i)}=4(z-4i)\overline{(z-4i)}$$

$$(z+2i)(\bar{z}-2i)=4(z-4i)(\bar{z}+4i)$$

$$z\bar{z}-2iz+2i\bar{z}+4=4z\bar{z}+16iz-16i\bar{z}+64$$

$$3z\bar{z}+18iz-18i\bar{z}+60=0$$

$$z\bar{z}+6iz-6i\bar{z}+20=0$$

$$(z-\boxed{6i})(\bar{z}+\boxed{6i})=\boxed{16}$$

$$(z-6i)\overline{(z-6i)}=16$$

$$|z-6i|^2=16$$

よって，$|z-\boxed{6i}|=\boxed{4}$ と表せる。

ゆえに，点 $\boxed{6i}$ を中心とする半径 $\boxed{4}$ の円である。

42 $|z-1|=1$ に $z=\dfrac{w}{2}$ を代入して

$$\left|\frac{w}{2}-1\right|=1 \text{ より } |w-2|=2$$

よって，点 w 全体は点 $\boxed{2}$ を中心とする半径 $\boxed{2}$ の円である。

また，$w=\dfrac{z+i}{z}$ より

$$zw=z+i$$

$$z(w-1)=i$$

$z=\dfrac{i}{w-1}$ を $|z-1|=1$ に代入して

$$\left|\frac{i}{w-1}-1\right|=1 \text{ より }$$

$$\left|\frac{-w+1+i}{w-1}\right|=1$$

よって，$|w-1|=|w-(1+i)|$

ゆえに，点 w 全体は 2 点 $\boxed{1}$ と $\boxed{1}+\boxed{i}$ を結ぶ線分の垂直二等分線である。

43
$$\frac{\gamma-\alpha}{\beta-\alpha}=\frac{(5+4i)-(-1+2i)}{(1+i)-(-1+2i)}$$

$$=\frac{6+2i}{2-i}=\frac{(6+2i)(2+i)}{(2-i)(2+i)}$$

$$=\frac{10+10i}{5}=\boxed{2}+\boxed{2i}$$

$$\arg(2+2i)=\frac{\pi}{4}$$

よって，$\angle\text{BAC}=\dfrac{\boxed{1}}{\boxed{4}}\pi$

44 (1) 焦点が $(-4,\ 0)$ で，準線が $x=4$ だから

$y^2=4px$ で $p=-4$ のとき

よって，$y^2=4\cdot(-4)x$

$$=\boxed{-16}x$$

(2) $y^2=6x=4\cdot\left(\dfrac{3}{2}\right)x$ だから

焦点は $\left(\dfrac{\boxed{3}}{\boxed{2}},\ \boxed{0}\right)$，準線は $x=-\dfrac{3}{2}$

(3) $y^2=4px$ のとき，$(3,\ -6)$ を代入して

$(-6)^2=4p\cdot3$ より $p=3$

$x^2=4py$ のとき，$(3,\ -6)$ を代入して

$3^2=4p\cdot(-6)$ より $p=-\dfrac{3}{8}$

よって，$y^2=\boxed{12}x$ と $x^2=4\cdot\left(-\dfrac{3}{8}\right)y$ より

$$x^2=-\dfrac{\boxed{3}}{\boxed{2}}y$$

(4) ⓪：$p>0$ であるのは(ア)と(イ)で焦点が原点より離れているのは(イ)なので誤り。

①：$p<0$ であるのは(ウ)と(エ)で焦点が原点より離れているのは(ウ)だから正しい。

②：(イ)は $p>0$ で，(エ)は $p<0$ だから誤り。

③：p の値は(イ)，(ア)，(エ)，(ウ)の順で小さくなるから誤り。

よって，$\boxed{①}$

45 楕円の方程式を $\dfrac{x^2}{a^2}+\dfrac{y^2}{b^2}=1$ とおく。

(1) $\dfrac{x^2}{8}+\dfrac{y^2}{2}=1$ の焦点は x 軸上にあり，その

x 座標は $\pm\sqrt{8-2}=\pm\sqrt{6}$

焦点までの距離の和が 6 だから

$2a=6$ より $a=3$

また，$\sqrt{a^2-b^2}=\sqrt{6}$ だから

$\sqrt{3^2-b^2}=\sqrt{6}$ より $b^2=3$

よって，$\dfrac{x^2}{\boxed{9}}+\dfrac{y^2}{\boxed{3}}=1$

(2) 焦点間の距離は，焦点が x 軸にあるから

$2\sqrt{a^2-b^2}=6$ より

$a^2-b^2=9$ ……①

短軸の長さが 6 だから

$2b=6$ より $b=3$

①に代入して，$a^2=18$

よって，$\dfrac{x^2}{\boxed{18}}+\dfrac{y^2}{\boxed{9}}=1$

(3) 短軸と長軸の長さの比が $1:2$ だから

$a=k$，$b=2k$ とおくと

$\dfrac{x^2}{k^2}+\dfrac{y^2}{4k^2}=1$ と表せる。

点 $(-2, 4\sqrt{3})$ を通るから

$\dfrac{(-2)^2}{k^2}+\dfrac{(4\sqrt{3})^2}{4k^2}=1$

$16+48=4k^2$ より $k^2=16$

よって，$\dfrac{x^2}{\boxed{16}}+\dfrac{y^2}{\boxed{64}}=1$

46 (1) 焦点が x 軸上にあるから，軌跡の方程式は

$\dfrac{x^2}{a^2}-\dfrac{y^2}{b^2}=1$ の式である。$\boxed{(ア)}$

$|PF-PF'|=8$ だから，2 定点 F，F′ からの距離の差が 8 である。

$2a=8$ より $a^2=\boxed{16}$

$\sqrt{a^2+b^2}=5$ より $\sqrt{16+b^2}=5$

よって，$b^2=\boxed{9}$

(2) 焦点が y 軸上にあるから，双曲線の方程式は $\dfrac{x^2}{a^2}-\dfrac{y^2}{b^2}=-1$ の式である。$\boxed{(イ)}$

漸近線が $y=\pm2x$ だから $\dfrac{b}{a}=2$ より

$b=2a$ ……①

焦点の座標が $(0, \pm\sqrt{5})$ だから

$\sqrt{a^2+b^2}=\sqrt{5}$ より $a^2+b^2=5$

①を代入して

$5a^2=5$ よって，$a^2=\boxed{1}$

$b^2=\boxed{4}$

(3) 焦点が x 軸上にあるから，双曲線の式は

$\dfrac{x^2}{a^2}-\dfrac{y^2}{b^2}=1$ である。$\boxed{(ア)}$

焦点間の距離が 6 だから

$2\sqrt{a^2+b^2}=6$ より $a^2+b^2=9$ ……①

点 $(2\sqrt{2}, 1)$ を通るから

$\dfrac{(2\sqrt{2})^2}{a^2}-\dfrac{1}{b^2}=1$ より

$8b^2-a^2=a^2b^2$

①を代入して

$8(9-a^2)-a^2=a^2(9-a^2)$

$a^4-18a^2+72=0$

$(a^2-6)(a^2-12)=0$

$a^2=6, 12$

ここで，①より $a^2=9-b^2<9$

よって，$a^2=\boxed{6}$，$b^2=\boxed{3}$

47 $9x^2-4y^2+36x+24y-36=0$

$9(x^2+4x)-4(y^2-6y)-36=0$

$9\{(x+2)^2-4\}-4\{(y-3)^2-9\}-36=0$

$9(x+2)^2-36-4(y-3)^2+36-36=0$

$9(x+2)^2-4(y-3)^2=36$

よって，$\dfrac{(x+\boxed{2})^2}{\boxed{4}}-\dfrac{(y-\boxed{3})^2}{\boxed{9}}=1$ ……①

この双曲線は $\dfrac{x^2}{4}-\dfrac{y^2}{9}=1$ ……② を

x 軸方向に -2，y 軸方向に 3 だけ平行移動したもの。

②の焦点の座標は $(\pm\sqrt{13}, 0)$ だから，①の焦点の座標は $(\boxed{-2}\pm\sqrt{\boxed{13}}, \boxed{3})$

②の漸近線は $y=\pm\dfrac{3}{2}x$ だから，①の漸近線は

$y-3=\pm\dfrac{3}{2}(x+2)$ より

$y=\boxed{\dfrac{3}{2}}x+\boxed{6}$，$y=\boxed{-\dfrac{3}{2}}x$

63

48

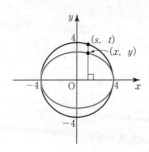

円 $x^2+y^2=16$ 上の点を (s, t)，y 軸方向に $\dfrac{3}{4}$

倍に縮小した点を (x, y) とすると，

$s^2+t^2=16$ ……①

$x=s,\ y=\dfrac{3}{4}t$ ……②

②より $s=x,\ t=\dfrac{4}{3}y$

①に代入して

$x^2+\left(\dfrac{4}{3}y\right)^2=16$

よって，$\dfrac{x^2}{\boxed{16}}+\dfrac{y^2}{\boxed{9}}=1$

短軸の長さは $\boxed{6}$ である。

49 $\begin{cases}x=t^2\\y=4t\end{cases}$ より $x=\left(\dfrac{y}{4}\right)^2$

よって，$y^2=\boxed{16}\,x$

$x=t^2\ (t\geqq-1)$ のグラフより $x\geqq\boxed{0}$

$t\geqq-1$ のとき $y\geqq\boxed{-4}$

（参考）

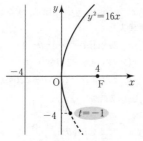

50 $\begin{cases}x=4\cos\theta+2\\y=3\sin\theta\end{cases}$ より $\begin{cases}\cos\theta=\dfrac{x-2}{4}\\\sin\theta=\dfrac{y}{3}\end{cases}$

$\sin^2\theta+\cos^2\theta=1$ に代入して

$\dfrac{(x-\boxed{2})^2}{\boxed{16}}+\dfrac{y^2}{\boxed{9}}=1$

$\begin{cases}x=\dfrac{5}{\cos\theta}\\y=3\tan\theta\end{cases}$ より $\begin{cases}\cos\theta=\dfrac{5}{x}\\\tan\theta=\dfrac{y}{3}\end{cases}$

$1+\tan^2\theta=\dfrac{1}{\cos^2\theta}$ に代入して

$1+\left(\dfrac{y}{3}\right)^2=\left(\dfrac{x}{5}\right)^2$ より

$\dfrac{x^2}{\boxed{25}}-\dfrac{y^2}{\boxed{9}}=1$

51

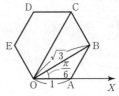

$OB=\sqrt{3}$，$\angle BOX=\dfrac{\pi}{6}$ だから

$B\left(\boxed{\sqrt{3}},\ \boxed{\dfrac{\pi}{6}}\right)$

$OC=2$，$\angle COX=\dfrac{\pi}{3}$ だから

$C\left(\boxed{2},\ \boxed{\dfrac{\pi}{3}}\right)$

$OE=1$，$\angle EOX=\dfrac{2}{3}\pi$ だから

$E\left(\boxed{1},\ \boxed{\dfrac{2}{3}\pi}\right)$

52 (1) $x=r\cos\theta,\ y=r\sin\theta$ に代入する。

$x=10\cos\dfrac{7}{6}\pi=-5\sqrt{3}$

$y=10\sin\dfrac{7}{6}\pi=-5$

よって，$(\boxed{-5\sqrt{3}},\ \boxed{-5})$

(2) $(\sqrt{2}, -\sqrt{2})$ より

$r=\sqrt{(\sqrt{2})^2+(-\sqrt{2})^2}=2$

$\cos\theta=\dfrac{\sqrt{2}}{2}$，$\sin\theta=\dfrac{-\sqrt{2}}{2}$

となる角 θ は $\theta=\dfrac{7}{4}\pi$

よって，$\left(\boxed{2},\ \boxed{\dfrac{7}{4}\pi}\right)$

53 (1)

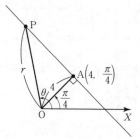

$$\cos\left(\theta-\frac{\pi}{4}\right)=\frac{\text{OA}}{r}\ \text{より}$$

$$\boxed{r}\cos\left(\theta-\boxed{\frac{\pi}{4}}\right)=\boxed{4}$$

(2)

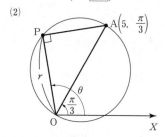

$$\cos\left(\theta-\frac{\pi}{3}\right)=\frac{r}{\text{OA}}\ \text{より}$$

$$r=\boxed{5}\cos\left(\theta-\boxed{\frac{\pi}{3}}\right)$$

または

$$\angle\text{OAP}=\frac{\pi}{2}-\left(\theta-\frac{\pi}{3}\right)$$

$$=\frac{5}{6}\pi-\theta\ \text{だから}$$

$$\sin\left(\frac{5}{6}\pi-\theta\right)=\frac{r}{\text{OA}}$$

よって，$r=\boxed{5}\sin\left(\boxed{\frac{5}{6}\pi}-\theta\right)$

54 (1) $r=2$ は原点 O からの距離が 2 である点全体だから，原点を中心とする半径 2 の円を表す。

よって，$x^2+y^2=4$ 〔④〕

$x=r\cos\theta,\ y=r\sin\theta$ を代入すると

$r\sin\theta=\sqrt{3}\,r\cos\theta$ より

$\tan\theta=\sqrt{3}$ よって，$\theta=\dfrac{\pi}{3}$ 〔⓪〕

別解

$y=\sqrt{3}\,x$ は，x 軸の正の向きとのなす角が

$\dfrac{\pi}{3}$ の直線を表すから

$$\theta=\frac{\pi}{3}\ \text{〔⓪〕}$$

(2) $r\cos\left(\theta+\dfrac{\pi}{3}\right)=2$ より

$$r\left(\cos\theta\cos\frac{\pi}{3}-\sin\theta\sin\frac{\pi}{3}\right)=2$$

$$r\left(\frac{1}{2}\cos\theta-\frac{\sqrt{3}}{2}\sin\theta\right)=2$$

$$r\cos\theta-\sqrt{3}\,r\sin\theta=4$$

$x=r\cos\theta,\ y=r\sin\theta$ を代入して

$$x-\boxed{\sqrt{3}}\,y=\boxed{4}$$

$r=6\sqrt{2}\cos\left(\theta-\dfrac{\pi}{4}\right)$ より

$$r=6\sqrt{2}\left(\cos\theta\cos\frac{\pi}{4}+\sin\theta\sin\frac{\pi}{4}\right)$$

$$=6\sqrt{2}\left(\frac{\sqrt{2}}{2}\cos\theta+\frac{\sqrt{2}}{2}\sin\theta\right)$$

$$r=6\cos\theta+6\sin\theta$$

両辺に r を掛けて

$$r^2=6r\cos\theta+6r\sin\theta$$

$x=r\cos\theta,\ y=r\sin\theta,\ x^2+y^2=r^2$

を代入して

$$x^2+y^2=6x+6y$$

よって，$(x-\boxed{3})^2+(y-\boxed{3})^2=\boxed{18}$

(3) $x+y=\sqrt{2}$ に

$x=r\cos\theta,\ y=r\sin\theta$ を代入して

$$r\cos\theta+r\sin\theta=\sqrt{2}$$

$$r\sqrt{2}\sin\left(\theta+\frac{\pi}{4}\right)=\sqrt{2}$$

よって，$r\sin\left(\theta+\boxed{\dfrac{\pi}{4}}\right)=\boxed{1}$

また，$(x-1)^2+(y-1)^2=2$ より

$$x^2+y^2-2x-2y=0$$

$x=r\cos\theta,\ y=r\sin\theta,\ x^2+y^2=r^2$

を代入して

$$r^2-2r\cos\theta-2r\sin\theta=0$$

$$r(r-2\cos\theta-2\sin\theta)=0$$

$r=0$ または $r=2\sin\theta+2\cos\theta$

$$r=\sqrt{2^2+2^2}\sin\left(\theta+\frac{\pi}{4}\right)$$

$$=\boxed{2\sqrt{2}}\sin\left(\theta+\boxed{\frac{\pi}{4}}\right)$$

（$r=0$ は $\theta=\dfrac{3}{4}\pi$ のときに含まれる。）

2nd Step セカンドステップ

数学B 1 数列

1

(1) 1年後の元利合計は

$$a+a\times r=a(1+r) \quad ^{\text{ア}}⓪$$

- 1年後の利息
- 元金

2年後の元利合計は

$$a(1+r)+a(1+r)\times r=a(1+r)(1+r)=a(1+r)^2 \quad ^{\text{イ}}③$$

- 2年後の利息
- 2年目の元金

30年後の元利合計も同様にして

$$a(1+r)^{30} \quad ^{\text{ウ}}⑥$$

(2) 1年目に入金したb万円はその30年後には

$$b(1+r)^{30} \quad ^{\text{エ}}⑥$$

2年目に入金したb万円はその29年後には

$$b(1+r)^{29} \quad ^{\text{オ}}④$$

30年目に入金したb万円はその1年後には

$$b(1+r) \quad ^{\text{カ}}①$$

(3) (i) $a(1+r)^{30}$ の式に $r=0.02$ を代入して

$$a(1+0.02)^{30}=1000$$
$$a\times 1.02^{30}=1000$$
$$1.811a=1000 \text{ より } a=\underline{552.18}\cdots$$

よって，$^{\text{キクケ}}552$.$^{\text{コ}}2$（万円）

(ii) $S=b(1+r)^{30}+b(1+r)^{29}+\cdots+b(1+r)$

$$=\frac{b(1+r)\{(1+r)^{30}-1\}}{(1+r)-1}$$

$$=\frac{^{\text{サ}}b}{r}(^{\text{シ}}1+r)\{(1+r)^{^{\text{スセ}}30}-1\}$$

$S=1000$，$r=0.02$ を代入して

$$1000=\frac{b}{0.02}(1+0.02)\{(1+0.02)^{30}-1\}$$

$$1000\times 0.02=b\times 1.02(1.811-1)$$

$$0.82722b=20$$

$$b=\underline{24.17}\cdots$$

よって，$^{\text{ソタ}}24$.$^{\text{チ}}2$（万円）

右段注釈:

← 1年後の元利合計は，元金aに $1+r$を掛けたもの。

← 2年後の元利合計は，2年目の元金$a(1+r)$に$1+r$を掛けたもの。

← 30年後の元利合計は，30年目の元金$a(1+r)^{29}$に$1+r$を掛けたもの。

← (1)と同様に考えればよい。

```
            552.18
1.811) 1000.00000
        905 5
         94 50
         90 55
          3 950
          3 622
            3280
            1811
           14690
           14488
             202
```

← 初項$b(1+r)$，公比$(1+r)$，項数30の等比数列の和
初項a，公比rの等比数列の和S_nは
$$S_n=\frac{a(r^n-1)}{r-1} \quad (r\neq 1)$$

```
              24.17
0.82722) 20.0000000
         16 5444
          3 45560
          3 30888
           146720
            82722
           639980
           579054
            60926
```

2

(1) 斜線部分は，曲線 $C : y = x^2$ と $x = n$，x 軸に囲まれた領域だから，この領域を表す連立不等式は

$$\begin{cases} 0 \leq y \leq x^2 \\ 0 \leq x \leq n \end{cases}$$

である。よって，$\boxed{\text{ア } ②}$，$\boxed{\text{イ } ⑧}$（順不同）

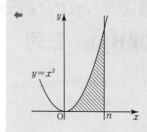

(2) (i) 右のグラフより

$n = 0$ のとき $S_0 = \boxed{\text{ウ } 1}$

$n = 1$ のとき $S_1 = \boxed{\text{エ } 3}$

$n = 2$ のとき $S_2 = \boxed{\text{オ } 8}$

$n = 3$ のとき $S_3 = \boxed{\text{カキ } 18}$

(ii) 該当する格子点の y 座標は

$$0 \leq y \leq k^2$$

だから，求める格子点の数 a_k は

$$a_k = k^2 + 1 \boxed{\text{ク } ②}$$

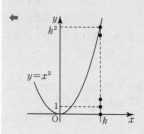

(iii) S_n は数列 $\{a_k\}$ の $k = 0$ から $k = n$ までの和だから

$$S_n = \sum_{k=0}^{n} a_k$$

$$= a_0 + \sum_{k=1}^{n} a_k$$

∑ の公式は $k = 1$ から $k = n$ までなので，$k = 0$ を別扱いにする。

よって，$\boxed{\text{ケ } ②}$，$\boxed{\text{コ } ⓪}$，$\boxed{\text{サ } ①}$

(iv) $a_k = k^2 + 1$ だから

$$S_n = \sum_{k=0}^{n} a_k$$

$$= \sum_{k=0}^{n} (k^2 + 1)$$

$$= 1 + \sum_{k=1}^{n} (k^2 + 1)$$

$$= 1 + \frac{1}{6} n(n+1)(2n+1) + n$$

$$= 1 + \frac{1}{6} (2n^3 + 3n^2 + n) + n$$

$$= \frac{\boxed{\text{シ } 1}}{\boxed{\text{ス } 3}} n^3 + \frac{\boxed{\text{セ } 1}}{\boxed{\text{ソ } 2}} n^2 + \frac{\boxed{\text{タ } 7}}{\boxed{\text{チ } 6}} n + \boxed{\text{ツ } 1}$$

∑ の公式

$$\sum_{k=1}^{n} k^2 = \frac{1}{6} n(n+1)(2n+1)$$

$$\sum_{k=1}^{n} k = \frac{1}{2} n(n+1)$$

$$\sum_{k=1}^{n} c = nc \quad (c \text{ は定数})$$

3

(1) $\{a_n\}: 3,\ 4,\ 6,\ 10,\ 18,\ 34,\ \cdots$

数列 $\{a_n\}$ の階差数列を $\{b_n\}$ とすると，
$\{b_n\}$ は初項 1，公比 2 の等比数列だから

$$b_n = 1 \cdot 2^{n-1} = 2^{n-1}$$

よって，$a_{n+1} - a_n = b_n$ より

$$\underline{a_{n+1} - a_n = 2^{n-1}}$$

また，$n \geqq 2$ のときには

$a_n - a_{n-1} = b_{n-1}$ より

$$\underline{a_n - a_{n-1} = 2^{n-2}}$$

も成り立つ。

以上より，$^{\mathcal{P}}\boxed{0}$，$^{\mathcal{I}}\boxed{3}$ （順不同）

数列 $\{a_n\}$ の一般項は

$n \geqq 2$ のとき

$$a_n = 3 + \sum_{k=1}^{n-1} 2^{k-1} = 3 + \frac{1 \cdot (2^{n-1} - 1)}{2 - 1}$$

$$= \underline{2^{n-1} + 2}$$

これに $n = 1$ を代入すると

$$a_1 = 2^{1-1} + 2 = 3$$

だから，$n = 1$ でも成り立つ。

よって，$^{\mathcal{D}}\boxed{3}$

← 階差数列の一般項

$a_1,\ a_2,\ a_3,\ \cdots\cdots,\ a_{n-1},\ a_n,\ a_{n+1}$

$b_1,\ b_2,\ \cdots\cdots,\ \ \ b_{n-1},\ b_n$

← 階差数列と一般項
数列 $\{a_n\}$ の階差数列を $\{b_n\}$ とすると，$n \geqq 2$ のとき
$a_n = a_1 + \sum_{k=1}^{n-1} b_k$

(2) (1)と同様に，数列 $\{b_n\}$ の一般項は，$n \geqq 2$ のとき

$$b_n = 1 + \sum_{k=1}^{n-1}(2k+1) = 1 + 2 \cdot \frac{n(n-1)}{2} + n - 1$$

$$= \underline{n^2}$$

これに $n = 1$ を代入すると

$$b_1 = 1^2 = 1$$

だから，$n = 1$ でも成り立つ。

よって，$^{\mathcal{I}}\boxed{3}$

$c_{n+1} = \dfrac{c_n}{(2n+1)c_n + 1}$ の両辺の逆数をとると

$$\frac{1}{c_{n+1}} = \frac{(2n+1)c_n + 1}{c_n} = \frac{1}{c_n} + 2n + 1 \quad \cdots\cdots ①$$

$d_n = \dfrac{1}{c_n}$ とおくと

$$d_1 = \frac{1}{c_1} = \frac{1}{1} = 1$$

であり，①より

$$d_{n+1} = d_n + 2n + 1$$

よって，$d_{n+1} - d_n = {}^{\mathcal{T}}\boxed{2}\, n + {}^{\mathcal{D}}\boxed{1}$

これは b_n の漸化式 $b_{n+1} - b_n = 2n + 1$ と同じだから

$$d_n = b_n = \underline{n^2}\,{}^{\mathcal{I}}\boxed{3}$$

ゆえに，$c_n = \dfrac{1}{n^2}$

$$S = \frac{1}{\sqrt{c_1 c_n}} + \frac{1}{\sqrt{c_2 c_{n-1}}} + \frac{1}{\sqrt{c_3 c_{n-2}}} + \cdots\cdots + \frac{1}{\sqrt{c_n c_1}}$$

$$= \frac{1}{\sqrt{1 \cdot \frac{1}{n^2}}} + \frac{1}{\sqrt{\frac{1}{2^2} \cdot \frac{1}{(n-1)^2}}} + \frac{1}{\sqrt{\frac{1}{3^2} \cdot \frac{1}{(n-2)^2}}} + \cdots + \frac{1}{\sqrt{\frac{1}{n^2} \cdot 1}}$$

$$= 1 \cdot n + 2 \cdot (n-1) + 3(n-2) + \cdots\cdots + n \cdot 1$$

より，S は数列 $\dfrac{1}{\sqrt{c_k c_{n-k+1}}}$ の第 1 項から第 n 項までの和であり，

第 k 項は $k(n-k+1)$ と表せるから

$$S = \sum_{k=1}^{n} k(n-k+1) \boxed{\begin{array}{c}^{9} \text{①}\end{array}}, \boxed{\begin{array}{c}^{ケ} \text{④}\end{array}}$$

$$= (n+1) \sum_{k=1}^{n} k - \sum_{k=1}^{n} k^2$$

$$= (n+1) \cdot \frac{1}{2} n(n+1) - \frac{1}{6} n(n+1)(2n+1)$$

$$= \frac{1}{6} n(n+1) \{ 3(n+1) - (2n+1) \}$$

$$= \frac{\boxed{\begin{array}{c}^{コ} 1\end{array}}}{\boxed{\begin{array}{c}^{サ} 6\end{array}}} n(n+1)(n+2) \boxed{\begin{array}{c}^{シ} \text{③}\end{array}}, \boxed{\begin{array}{c}^{ス} \text{④}\end{array}} \quad (順不同)$$

← $c_n = \dfrac{1}{n^2}$ から $\dfrac{1}{\sqrt{c_n}} = n$ として
もよい。

数学B 2 確率分布と統計的な推測

4

(1) $X=2a$ となるのは a 枚のカードの中から1枚を引く確率だから

$$P(X=2a)=\frac{\boxed{ア 1}}{\boxed{イ a}}$$

$a=5$ のとき，X の期待値は

$$E(X)=2\times\frac{1}{5}+4\times\frac{1}{5}+6\times\frac{1}{5}+8\times\frac{1}{5}+10\times\frac{1}{5}$$

$$=\frac{1}{5}(2+4+6+8+10)=\boxed{ウ 6}$$

X の分散は

$$V(X)=2^2\times\frac{1}{5}+4^2\times\frac{1}{5}+6^2\times\frac{1}{5}+8^2\times\frac{1}{5}+10^2\times\frac{1}{5}-6^2$$

$$=\frac{1}{5}(4+16+36+64+100)-36$$

$$=44-36=\boxed{エ 8}$$

$E(sX+t)=sE(X)+t=20$ より

$$6s+t=20 \quad\cdots\cdots①$$

$V(sX+t)=s^2V(X)=32$ より

$$8s^2=32 \quad\cdots\cdots②$$

②より $s^2=4$

$s>0$ だから $s=\boxed{オ 2}$

①に代入して，$t=\boxed{カ 8}$

このとき，$sX+t=2X+8\geqq20$ より $X\geqq6$

$$P(X\geqq6)=\frac{1}{5}\times3=0.\boxed{キ 6}$$

← a, b を定数，X を確率変数とするとき，
$E(aX+b)=aE(X)+b$
$V(aX+b)=a^2V(X)$
$\sigma(aX+b)=|a|\sigma(X)$

← $X\geqq6$ となるのは
$X=6$, 8, 10 の3枚

(2) 標本比率を p_0 とすると

$$p_0=\frac{320}{400}=\frac{4}{5}=0.\boxed{ク 8}$$

母比率 p に対する 95 % の信頼区間は

$$p_0-1.96\sqrt{\frac{p_0(1-p_0)}{n}}\leqq p\leqq p_0+1.96\sqrt{\frac{p_0(1-p_0)}{n}} \quad より$$

$$0.8-1.96\sqrt{\frac{0.8\times0.2}{400}}\leqq p\leqq0.8+1.96\sqrt{\frac{0.8\times0.2}{400}}$$

$$0.8-0.0392\leqq p\leqq0.8+0.0392$$

$$0.7608\leqq p\leqq0.8392$$

よって，$0.\boxed{ケコ 76}\leqq p\leqq0.\boxed{サシ 84}$

$B-A=2\times1.96\sqrt{\frac{p_0(1-p_0)}{n}}$ だから $L=B-A$ とおくと

$$L_1=2\times1.96\sqrt{\frac{0.8\times0.2}{400}}=0.0784$$

$$L_2=2\times1.96\sqrt{\frac{0.6\times0.4}{400}}\fallingdotseq0.0960$$

$$L_3=2\times1.96\sqrt{\frac{0.8\times0.2}{500}}\fallingdotseq0.0701$$

よって，$L_3<L_1<L_2$ $\boxed{ス ④}$

← L_1, L_2, L_3 は全部値を求めなくても，次の式から判断できる。
$$\sqrt{\frac{0.8\times0.2}{500}}<\sqrt{\frac{0.8\times0.2}{400}}<\sqrt{\frac{0.6\times0.4}{400}}$$
$$\quad L_3 \qquad\qquad L_1 \qquad\qquad L_2$$

5

(1) 帰無仮説は「硬貨の表と裏の出方の確率は $\dfrac{1}{2}$ である」 ア⓪

(2) 硬貨の表の出る確率分布は二項分布であり，

$n=300,\ p=\dfrac{1}{2}=0.5$

だから，二項分布 $B(300,\ 0.5)$ に従う。 イ②

X の平均は $E(X)=300\times0.5=$ ウエオ150

X の標準偏差は $\sigma(X)=\sqrt{300\times0.5\times0.5}=\sqrt{75}=$ カ5 $\sqrt{}$ キ3

標本比率は $p_0=\dfrac{168}{300}=0.$ クケ56

母比率は $p=0.$ コ5

標本の大きさは $n=$ サシス300

$z=\dfrac{0.56-0.5}{\sqrt{\dfrac{0.5\times0.5}{300}}}=\dfrac{0.06\times10\sqrt{3}}{0.5}=$ セ2 . ソタチ076

有意水準 5 ％では，$|z|>1.96$ だから仮説は棄却され，ソ⓪硬貨の
表と裏の出方は偏っているといえる。テ⓪

有意水準 1 ％では，$|z|<2.58$ だから仮説は棄却されず，ト①硬貨
の表と裏の出方は偏っているとはいえない。ナ①

(3) 有意水準の考え方から正しいものはニ①，ヌ②（順不同）

← 二項分布 $B(n,\ p)$ の
平均 $E(X)=np$
分散 $V(X)=np(1-p)$
標準偏差 $\sigma(X)=\sqrt{np(1-p)}$
$=\sqrt{V(X)}$

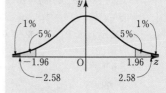

6

(1) X は正規分布 $N(m, \sigma^2)$ に従うから

$Z = \dfrac{X-m}{\sigma}$ とおくと Z は正規分布 $N(0, 1)$ に従う。

$$P(X \geqq m) = P\left(\dfrac{X-m}{\sigma} \geqq \dfrac{m-m}{\sigma}\right)$$

$$= P\left(\dfrac{X-m}{\sigma} \geqq 0\right)$$

$$= P(Z \geqq \boxed{\text{ア } 0}) = \dfrac{\boxed{\text{イ } 1}}{\boxed{\text{ウ } 2}}$$

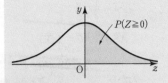

(2) $E(\overline{X}) = \underline{m}\ \boxed{\text{エ ⑤}}$, $\sigma(\overline{X}) = \underline{\dfrac{\sigma}{\sqrt{n}}}\ \boxed{\text{オ ①}}$

Z は $N(0, 1)$ に従い

$P(-z_0 \leqq Z \leqq z_0) = 0.901$ だから

$2P(0 \leqq Z \leqq z_0) = 0.4505$

正規分布表より $z_0 = \boxed{\text{カ } 1}.\boxed{\text{キク } 65}$ である。

$\overline{X} = 30.0$ g, $\sigma = 3.6$ g, $n = 400$ だから

m の信頼度 90 %の信頼区間は

$\overline{X} - 1.65 \times \dfrac{\sigma}{\sqrt{n}} \leqq m \leqq \overline{X} + 1.65 \times \dfrac{\sigma}{\sqrt{n}}$ に代入して

$$30.0 - 1.65 \times \dfrac{3.6}{\sqrt{400}} \leqq m \leqq 30.0 + 1.65 \times \dfrac{3.6}{\sqrt{400}}$$

$$30.0 - 0.297 \leqq m \leqq 30.0 + 0.297$$

$$29.703 \leqq m \leqq 30.297$$

よって，$\underline{29.7 \leqq m \leqq 30.3}\ \boxed{\text{ケ ④}}$

← 母平均 m，母標準偏差 σ の母集団から大きさ n の標本を抽出するとき，

標本平均 $\overline{X}$ の

期待値 $E(\overline{X}) = m$

標準偏差 $\sigma(\overline{X}) = \dfrac{\sigma}{\sqrt{n}}$

数学C 1 ベクトル

7

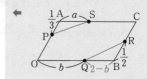

(1) $\vec{PS}=\vec{PA}+\vec{AS}$

$\vec{PA}=\dfrac{1}{3}\vec{OA}$

$\vec{AS}=\dfrac{a}{2}\vec{AC}=\dfrac{a}{2}\vec{OB}$

$\quad\quad\uparrow\ |\vec{AC}|=2,\ |\vec{AS}|=a$

だから

$\vec{PS}=\dfrac{\boxed{\text{ア }1}}{\boxed{\text{イ }3}}\vec{OA}+\dfrac{\boxed{\text{ウ }a}}{\boxed{\text{エ }2}}\vec{OB}$

また,

$\vec{QR}=\vec{QB}+\vec{BR}$

$\vec{QB}=\dfrac{2-b}{2}\vec{OB}$

$\quad\quad\uparrow\ |\vec{OB}|=2,\ |\vec{QB}|=2-b$

$\vec{BR}=\dfrac{1}{2}\vec{BC}=\dfrac{1}{2}\vec{OA}$

だから

$\vec{QR}=\dfrac{\boxed{\text{オ }1}}{\boxed{\text{カ }2}}\vec{OA}+\dfrac{\boxed{\text{キ }2}-\boxed{\text{ク }b}}{\boxed{\text{ケ }2}}\vec{OB}$

(2) PS∥QR となるのは $\vec{PS}=k\vec{QR}$ を満たす実数 k が存在するとき

だから

$\dfrac{1}{3}\vec{OA}+\dfrac{a}{2}\vec{OB}=k\left(\dfrac{1}{2}\vec{OA}+\dfrac{2-b}{2}\vec{OB}\right)$ より

$\dfrac{1}{3}=\dfrac{k}{2},\ \dfrac{a}{2}=k\dfrac{2-b}{2}$　だから

$k=\dfrac{2}{3},\ a=k(2-b)$

k を消去して

$a=\dfrac{2}{3}(2-b)$

よって，$\boxed{\text{コ }3}\,a+\boxed{\text{サ }2}\,b=4$　……①

このとき，△APS と △BQR の面積は

$\triangle APS=\dfrac{1}{2}\times\dfrac{1}{3}\times a\sin\angle PAS$

$\triangle BQR=\dfrac{1}{2}\times(2-b)\times\dfrac{1}{2}\sin\angle QBR$

$\sin\angle PAS=\sin\angle QBR$　だから

$\triangle APS:\triangle BQR=\dfrac{1}{6}a:\dfrac{1}{4}(2-b)$

$\qquad\qquad\qquad =2a:(6-3b)$

①より $b=2-\dfrac{3}{2}a$ を代入して

$\triangle APS:\triangle BQR=2a:\left\{6-3\left(2-\dfrac{3}{2}a\right)\right\}$

$\qquad\qquad\qquad =2a:\dfrac{9}{2}a=\underline{4:9}\ \boxed{\text{シ ③}}$

(3) (i)

上図より，M は OC の延長上にあるから，$\overrightarrow{\text{OM}}$ は

$$\overrightarrow{\text{OM}} = s\overrightarrow{\text{OC}}$$
$$= s(\overrightarrow{\text{OA}} + \overrightarrow{\text{OB}})$$
$$= s\overrightarrow{\text{OA}} + s\overrightarrow{\text{OB}} \quad (s \text{ は定数}) \quad \cdots\cdots①$$

と表せる。また，M は PS の延長上の点でもあるから，$\overrightarrow{\text{OM}}$ は

$$\overrightarrow{\text{OM}} = \overrightarrow{\text{OP}} + t\overrightarrow{\text{PS}}$$
$$= \frac{2}{3}\overrightarrow{\text{OA}} + t\left(\frac{1}{3}\overrightarrow{\text{OA}} + \frac{a}{2}\overrightarrow{\text{OB}}\right)$$
$$= \left(\frac{2}{3} + \frac{t}{3}\right)\overrightarrow{\text{OA}} + \frac{a}{2}t\overrightarrow{\text{OB}} \quad (t \text{ は定数}) \quad \cdots\cdots②$$

とも表せる。

$\overrightarrow{\text{OA}}$，$\overrightarrow{\text{OB}}$ は 1 次独立だから，①，②より

$$s = \frac{2}{3} + \frac{t}{3} \quad \longleftarrow \boxed{\overrightarrow{\text{OA}} \text{ の係数}}$$

$$s = \frac{a}{2}t \quad \longleftarrow \boxed{\overrightarrow{\text{OB}} \text{ の係数}}$$

よって，$\dfrac{2}{3} + \dfrac{t}{3} = \dfrac{a}{2}t$ より

$$t = \frac{4}{3a - 2}$$

$$s = \frac{a}{2} \times \frac{4}{3a - 2} = \frac{2a}{3a - 2}$$

ゆえに，$\overrightarrow{\text{OM}} = \dfrac{\boxed{\text{ス } 2} \, a}{\boxed{\text{セ } 3} \, a - 2}\overrightarrow{\text{OC}}$

N は OC の延長上にあるから，$\overrightarrow{\text{ON}}$ は

$$\overrightarrow{\text{ON}} = p\overrightarrow{\text{OC}} = p(\overrightarrow{\text{OA}} + \overrightarrow{\text{OB}})$$
$$= p\overrightarrow{\text{OA}} + p\overrightarrow{\text{OB}} \quad (p \text{ は定数}) \quad \cdots\cdots③$$

と表せる。また，N は QR の延長上でもあるから，$\overrightarrow{\text{ON}}$ は

$$\overrightarrow{\text{ON}} = \overrightarrow{\text{OQ}} + q\overrightarrow{\text{QR}}$$
$$= \frac{b}{2}\overrightarrow{\text{OB}} + q\left(\frac{1}{2}\overrightarrow{\text{OA}} + \frac{2-b}{2}\overrightarrow{\text{OB}}\right)$$
$$= \frac{q}{2}\overrightarrow{\text{OA}} + \frac{2q - bq + b}{2}\overrightarrow{\text{OB}} \quad (q \text{ は定数}) \quad \cdots\cdots④$$

とも表せる。

$\overrightarrow{\text{OA}}$，$\overrightarrow{\text{OB}}$ は 1 次独立であるから，③，④より

$$p = \frac{q}{2} \quad \longleftarrow \boxed{\overrightarrow{\text{OA}} \text{ の係数}}$$

$$p = \frac{2q - bq + b}{2} \quad \longleftarrow \boxed{\overrightarrow{\text{OB}} \text{ の係数}}$$

よって，$q = 2p$，$2q - bq + b = 2p$ から

$$4p - 2bp + b = 2p$$
$$(2 - 2b)p = -b$$

◆ 2 つのベクトル $\vec{a}$，$\vec{b}$ が 1 次独立ならば，任意のベクトル $\vec{p}$ は
$$\vec{p} = m\vec{a} + n\vec{b}$$
の形にただ 1 通りに表される。
$$m\vec{a} + n\vec{b} = m'\vec{a} + n'\vec{b}$$
$$\Longleftrightarrow m = m' \text{ かつ } n = n'$$

$$p=\frac{b}{2b-2}$$

したがって，

$$\overrightarrow{\mathrm{ON}}=\frac{b}{^{\gamma}2\,b-^{9}2}\overrightarrow{\mathrm{OC}}$$

(ii) 3直線 PS，OC，QR が1点で交わるのは M と N が一致する
とき，すなわち

$$\overrightarrow{\mathrm{OM}}=\overrightarrow{\mathrm{ON}}$$

のときだから

$$\frac{2a}{3a-2}=\frac{b}{2b-2}$$

$$2a(2b-2)=b(3a-2)$$

$$4ab-4a=3ab-2b$$

よって，$ab=^{\neq}4\,a-^{9}2\,b$

$a=\dfrac{1}{2}$ のとき

$$\frac{1}{2}b=2-2b$$

だから

$$b=\frac{4}{5}$$

PT：TQ$=k:(1-k)$ とおくと

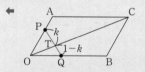

$$\overrightarrow{\mathrm{OP}}=\frac{2}{3}\overrightarrow{\mathrm{OA}}$$

$$\overrightarrow{\mathrm{OQ}}=\frac{b}{2}\overrightarrow{\mathrm{OB}}=\frac{2}{5}\overrightarrow{\mathrm{OB}}$$

$$\overrightarrow{\mathrm{OT}}=(1-k)\overrightarrow{\mathrm{OP}}+k\overrightarrow{\mathrm{OQ}}$$

$$=\left(\frac{2}{3}-\frac{2}{3}k\right)\overrightarrow{\mathrm{OA}}+\frac{2}{5}k\overrightarrow{\mathrm{OB}}\quad（k\text{ は定数}）\cdots\cdots⑤$$

$$\overrightarrow{\mathrm{OT}}=l\overrightarrow{\mathrm{OC}}=l\overrightarrow{\mathrm{OA}}+l\overrightarrow{\mathrm{OB}}\quad（l\text{ は定数}）\cdots\cdots⑥$$

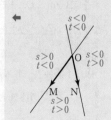

$\overrightarrow{\mathrm{OA}}$，$\overrightarrow{\mathrm{OB}}$ は1次独立だから，⑤，⑥より

$$\frac{2}{3}-\frac{2}{3}k=l$$

$$\frac{2}{5}k=l$$

よって，$k=\dfrac{5}{8}$

ゆえに，PT：TQ$=\dfrac{5}{8}:\dfrac{3}{8}=5:3$ $^{\bar{\tau}}⓪$

 8

(1) (I)　点 P が直線 ON 上にあるとき

$$\overrightarrow{\mathrm{OP}}=t\overrightarrow{\mathrm{ON}}$$

で表せるので

$s=0$ $^{7}⓪$

(II)　点 P が直線 MN 上にあるとき

$s+t=1$

さらに，M と N の間（両端は含まない）でなければならないから

$s>0$，$t>0$

も満たす。

以上より，$^{イ}②$，$^{ウ}⑤$，$^{エ}⑦$（順不同）

(Ⅲ) 点Pが右の図の色のついた部分（境界は含まない）にあるとき

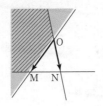

$$s>0,\ t<0$$

そのうち，斜線部分（境界は含まない）に入っていなければいけないので

$$s+t<1$$

以上より，$\boxed{\text{オ}②}$，$\boxed{\text{カ}③}$，$\boxed{\text{キ}⑥}$（順不同）

(2) $\overrightarrow{QA}+2\overrightarrow{QB}+3\overrightarrow{QC}=k\overrightarrow{BC}$

← 各ベクトルの始点をAにする。

$$-\overrightarrow{AQ}+2(\overrightarrow{AB}-\overrightarrow{AQ})+3(\overrightarrow{AC}-\overrightarrow{AQ})-k(\overrightarrow{AC}-\overrightarrow{AB})$$

$$-6\overrightarrow{AQ}=-(k+2)\overrightarrow{AB}+(k-3)\overrightarrow{AC}$$

← $\overrightarrow{AQ}$ を $\overrightarrow{AB}$ と $\overrightarrow{AC}$ で表す。

$$\overrightarrow{AQ}=\frac{k+\boxed{\text{ク}2}}{\boxed{\text{ケ}6}}\overrightarrow{AB}+\frac{\boxed{\text{コ}3}-k}{\boxed{\text{サ}6}}\overrightarrow{AC}$$

(ⅰ) $\dfrac{k+2}{6}+\dfrac{3-k}{6}=\dfrac{5}{6}$ より，$r=\dfrac{5}{6}$ だから

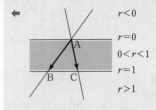

$$0<r<1 \boxed{\text{シ}②}$$

よって，点Qは直線BCに関して点Aと同じ側 $\boxed{\text{ス}①}$ にある。

さらに，点Qが△ABCの内部にある条件は $\dfrac{k+2}{6}>0$，

$$\underset{\underset{-2<k}{\uparrow}}{}$$

$\dfrac{3-k}{6}>0$，$0<\dfrac{k+2}{6}+\dfrac{3-k}{6}<1$ である。

$$\underset{\underset{k<3}{\uparrow}}{}\qquad \underset{\underset{0<\frac{5}{6}<1}{\uparrow}}{}$$

ゆえに，k が $-\boxed{\text{セ}2}<k<\boxed{\text{ソ}3}$ のときである。

(ⅱ) $k=1$ のとき，

$$\overrightarrow{AQ}=\frac{3}{6}\overrightarrow{AB}+\frac{2}{6}\overrightarrow{AC}$$

$$=\frac{5}{6}\times\frac{3\overrightarrow{AB}+2\overrightarrow{AC}}{5}$$

と変形できるから，線分BCを2：3に内分する点をDとしたとき，点Qは線分ADを5：1に内分する点である。

よって，△ABCの面積を S とすると

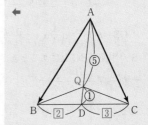

$$S_1=\triangle QAB=\frac{5}{6}\triangle ABD=\frac{5}{6}\times\frac{2}{5}S=\frac{1}{3}S$$

$$S_2=\triangle QBC=\frac{1}{6}\triangle ABC=\frac{1}{6}S$$

$$S_3=\triangle QCA=\frac{5}{6}\triangle ACD=\frac{5}{6}\times\frac{3}{5}S=\frac{1}{2}S$$

だから

$$S_1:S_2:S_3=2:1:3 \boxed{\text{タ}②}$$

9

(1) (i) $\vec{a}\cdot\vec{b}=\vec{a}\cdot\vec{c}=4\times3\cos60°=\boxed{\text{ア }6}$

$\vec{b}\cdot\vec{c}=3\times3\cos90°=\boxed{\text{イ }0}$

$\overrightarrow{PQ}=\overrightarrow{OQ}-\overrightarrow{OP}$

$\quad=(1-t)\vec{b}+t\vec{c}-s\vec{a}$

$\quad=\underline{-s}\vec{a}+\underline{(1-t)}\vec{b}+\underline{t}\vec{c}$

よって，$\boxed{\text{ウ }④}$

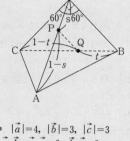

(ii) $|\overrightarrow{PQ}|^2=|-s\vec{a}+(1-t)\vec{b}+t\vec{c}|^2$

$=s^2|\vec{a}|^2+(1-t)^2|\vec{b}|^2+t^2|\vec{c}|^2$

$\qquad\qquad -2s(1-t)\vec{a}\cdot\vec{b}+2(1-t)t\vec{b}\cdot\vec{c}-2st\vec{a}\cdot\vec{c}$

$=16s^2+9(1-t)^2+9t^2-12s(1-t)-12st$

$=16s^2+\boxed{\text{エオ }18}t^2-\boxed{\text{カキ }12}s-\boxed{\text{クケ }18}t+9$

$=16\left(s^2-\dfrac{3}{4}s\right)+18(t^2-t)+9$

$\underbrace{\qquad\qquad\qquad\qquad}_{}$

↑ ——— s と t を分けて平方完成する

$=16\left\{\left(s-\dfrac{3}{8}\right)^2-\dfrac{9}{64}\right\}+18\left\{\left(t-\dfrac{1}{2}\right)^2-\dfrac{1}{4}\right\}+9$

$=16\left(s-\dfrac{3}{\boxed{\text{コ }8}}\right)^2+18\left(t-\dfrac{1}{\boxed{\text{サ }2}}\right)^2+\dfrac{\boxed{\text{シ }9}}{\boxed{\text{ス }4}}$

よって，$|\overrightarrow{PQ}|$ の最小値は $s=\dfrac{3}{8}$，$t=\dfrac{1}{2}$ のとき $\dfrac{\boxed{\text{セ }3}}{\boxed{\text{ソ }2}}$

$\leftarrow$ $|\vec{a}|=4$，$|\vec{b}|=3$，$|\vec{c}|=3$

$\vec{a}\cdot\vec{b}=\vec{a}\cdot\vec{c}=6$，$\vec{b}\cdot\vec{c}=0$

を代入する。

(2) $s=\dfrac{1}{2}$ のとき，$\overrightarrow{OP}=\dfrac{1}{2}\vec{a}$ だから

$\overrightarrow{OR}=\dfrac{1}{2}(\overrightarrow{OP}+\overrightarrow{OQ})$

$\quad=\dfrac{1}{2}\left\{\dfrac{1}{2}\vec{a}+(1-t)\vec{b}+t\vec{c}\right\}$

$\quad=\dfrac{1}{\boxed{\text{タ }4}}\vec{a}+\dfrac{1-t}{\boxed{\text{チ }2}}\vec{b}+\dfrac{t}{\boxed{\text{ツ }2}}\vec{c}$

$\overrightarrow{OS}=k\overrightarrow{OR}=k\left(\dfrac{1}{4}\vec{a}+\dfrac{1-t}{2}\vec{b}+\dfrac{t}{2}\vec{c}\right)$

S が平面 ABC 上にあるとき

$k\left(\dfrac{1}{4}+\dfrac{1-t}{2}+\dfrac{t}{2}\right)=\boxed{\text{テ }1}$

だから，$\dfrac{3}{4}k=1$ より $k=\dfrac{\boxed{\text{ト }4}}{\boxed{\text{ナ }3}}$

よって，$\overrightarrow{OS}=\dfrac{\vec{a}}{\boxed{\text{ニ }3}}+\dfrac{2(1-t)}{\boxed{\text{ヌ }3}}\vec{b}+\dfrac{2t}{\boxed{\text{ネ }3}}\vec{c}$

t を 0 から 1 まで変化させると，点 S は右図の線分 MN 上を動く。ただし，点 M は線分 AB を，点 N は線分 AC を，いずれも 2 : 1 に内分する点である。

$BC=3\sqrt{2}$ だから

$MN=\dfrac{2}{3}\times3\sqrt{2}=2\sqrt{2}\ \boxed{\text{ノ }④}$

$\overrightarrow{OP}=s\overrightarrow{OA}+t\overrightarrow{OB}+u\overrightarrow{OC}$

P が平面ABC上にあるとき

$s+t+u=1$

$0\leqq t\leqq1$ のとき，B'C' は

$(1-t)\left(\dfrac{2}{3}\vec{b}\right)+t\left(\dfrac{2}{3}\vec{c}\right)$ の終点

MN は

$\overrightarrow{OS}=\dfrac{1}{3}\vec{a}+\dfrac{2(1-t)}{3}\vec{b}+\dfrac{2t}{3}\vec{c}$

の終点

数学C 2 　平面上の曲線と複素数平面

10

〔1〕　$(2-i)\alpha-(1-i)\beta=\gamma$ より

$\qquad -\alpha+(2-i)\alpha-(1-i)\beta=\gamma-\alpha$

$\qquad (1-i)(\alpha-\beta)=\gamma-\alpha$

よって，$\dfrac{\gamma-\alpha}{\beta-\alpha}=\underline{-1+i}$ ⓐ②

$\qquad \left|\dfrac{\gamma-\alpha}{\beta-\alpha}\right|=|-1+i|=\sqrt{\boxed{^{\text{イ}}2}}$ ……①′

$\qquad \arg\dfrac{\gamma-\alpha}{\beta-\alpha}=\dfrac{\boxed{^{\text{ウ}}3}}{\boxed{^{\text{エ}}4}}\pi$ ……②′

①′ より $|\gamma-\alpha|=\sqrt{2}\,|\beta-\alpha|$

$\qquad AC=\sqrt{2}\,AB$ だから $\underline{AB:AC=1:\sqrt{2}}$

②′ より $\angle BAC=\dfrac{3}{4}\pi$ だから $\underline{\angle A=\dfrac{3}{4}\pi}$

よって，$\boxed{^{\text{オ}}②}$

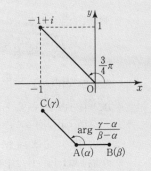

〔2〕　$\alpha^2+2\sqrt{3}\,\alpha\beta+4\beta^2=0$ より

$\qquad \left(\dfrac{\alpha}{\beta}\right)^2+2\sqrt{3}\,\dfrac{\alpha}{\beta}+4=0$

$\qquad \dfrac{\alpha}{\beta}=-\sqrt{3}\pm\sqrt{3-4}=\underline{-\sqrt{3}\pm i}$ ⓕ⑩

$\qquad \left|\dfrac{\alpha}{\beta}\right|=|-\sqrt{3}\pm i|=\sqrt{(-\sqrt{3})^2+1^2}=\boxed{^{\text{キ}}2}$ ……①′

$\qquad \arg\dfrac{\alpha}{\beta}=\pm\dfrac{\boxed{^{\text{ク}}5}}{\boxed{^{\text{ケ}}6}}\pi$ ……②′

①′ より $\underline{OA=2OB}$，②′ より $\underline{\angle AOB=\dfrac{5}{6}\pi}$

よって，$\boxed{^{\text{コ}}①}$

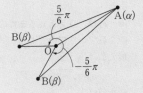

$\boxed{11}$

〔1〕 (1) $\dfrac{\alpha}{\beta}=\dfrac{3+6i}{3+i}=\dfrac{(3+6i)(3-i)}{(3+i)(3-i)}=\dfrac{\boxed{ア\,3}}{\boxed{イ\,2}}(1+i)$

$\arg\dfrac{\alpha}{\beta}=\dfrac{\boxed{ウ\,1}}{\boxed{エ\,4}}\pi$

(2) $\angle AOB=\angle AOC=\dfrac{1}{4}\pi$ だから，点 γ は点 β を原点のまわりに

$\dfrac{\pi}{2}$ 回転した点である。

よって，$\gamma=\beta i=(3+i)i=-\boxed{オ\,1}+\boxed{カ\,3}\,i$

◀ 点 B と点 C は線分 OA に関して対称だから $\angle BOC=\dfrac{\pi}{2}$

◀ $\cos\dfrac{\pi}{2}+i\sin\dfrac{\pi}{2}=i$

だから，原点のまわりの $\dfrac{\pi}{2}$ の回転は，i を掛ければよい。

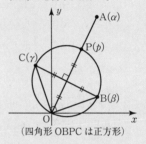

（四角形 OBPC は正方形）

(3) 線分 BC の中点は $\dfrac{(3+i)+(-1+3i)}{2}=\boxed{キ\,1}+\boxed{ク\,2}\,i$

$BC=|(-1+3i)-(3+i)|=|-4+2i|$

$=\sqrt{(-4)^2+2^2}=\boxed{ケ\,2}\sqrt{\boxed{コ\,5}}$

よって，円の中心は $1+2i$，半径 $\sqrt{5}$ の円だから

円の方程式は $|z-1-2i|=\sqrt{\boxed{サ\,5}}$

また，線分 OP の中点は円の中心になるから

$\dfrac{p}{2}=1+2i$ より $p=\boxed{シ\,2}+\boxed{ス\,4}\,i$

〔2〕 $|z-1|=1$ より点 z は点 1 を中心とする半径 1 の円周上にある。

$|z-i|$ は，点 z と点 i までの距離を表すから右の図より

最大値は

$|z_1-i|=\sqrt{\boxed{セ\,2}}+\boxed{ソ\,1}$

最小値は

$|z_2-i|=\sqrt{\boxed{タ\,2}}-\boxed{チ\,1}$

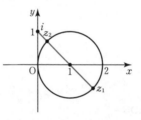

$\arg(z-3)$ のとりうる範囲は右の図より

$\dfrac{\boxed{ツ\,5}}{\boxed{テ\,6}}\pi\leqq\arg(z-3)\leqq\dfrac{\boxed{ト\,7}}{\boxed{ナ\,6}}\pi$

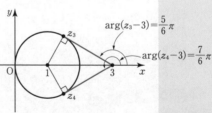

$\arg(z_3-3)=\dfrac{5}{6}\pi$

$\arg(z_4-3)=\dfrac{7}{6}\pi$

〔3〕 太郎さんの考えを式で表すと

$w=2z-4=2(z-2)$

花子さんの考えを式で表すと

$w=iz\times2=2iz$

よって，$\boxed{二\,①}$，$\boxed{ヌ\,④}$（順不同）

◀ $w=z\cdot r(\cos\theta+i\sin\theta)$ のとき，点 w は点 z を原点のまわりに θ だけ回転し，原点からの距離 $|z|$ を r 倍に拡大した点。

◀ $w=2(z-2)$ から C_1 を実軸方向に -2 だけ平行移動し，原点を中心に 2 倍に拡大しても C_2 となる。

12

〔1〕 (i) 楕円の中心は $\left(\dfrac{7+1}{2}, \dfrac{-2-2}{2}\right)$ だから ($\boxed{^{ア}4}$, $-\boxed{^{イ}2}$)

楕円の中心が原点にくるように平行移動すると焦点は
($\boxed{^{ウ}3}$, $\boxed{^{エ}0}$), ($-\boxed{^{ウ}3}$, $\boxed{^{エ}0}$) に移る。

← x 軸方向に -4
　y 軸方向に 2
　だけ平行移動する。

長軸の長さが 8 だから
$2a=8$ より $a=4$ よって, $a^2=\boxed{^{オカ}16}$
焦点が (±3, 0) より $\sqrt{a^2-b^2}=\pm3$ だから
$16-b^2=9$ よって, $b^2=\boxed{^{キ}7}$

(ii) $\dfrac{x^2}{16}+\dfrac{y^2}{7}=1$ を x 軸方向に 4, y 軸方向に -2 だけ平行移動し
て, 求める楕円の方程式は

$\dfrac{(x-\boxed{^{ク}4})^2}{\boxed{^{オカ}16}}+\dfrac{(y+\boxed{^{ケ}2})^2}{\boxed{^{キ}7}}=1$

(iii) 楕円の中心は $\left(\dfrac{-3-3}{2}, \dfrac{6+2}{2}\right)$ だから $(-3, 4)$

楕円の中心が原点にくるように平行移動すると焦点は $(0, 2)$,
$(0, -2)$ に移る。

← x 軸方向に 3
　y 軸方向に -4
　だけ平行移動する。

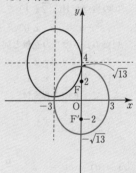

焦点が y 軸上にあり, 短軸の長さが 6 だから
$2a=6$ より $a=3$
焦点が $(0, \pm2)$ より $\sqrt{b^2-a^2}=\pm2$ だから
$b^2-3^2=4$ よって, $b^2=13$
楕円の方程式は

$\dfrac{x^2}{9}+\dfrac{y^2}{13}=1$ となり, 求める楕円の方程式はこれを x 軸方向に
-3, y 軸方向に 4 だけ平行移動すればよいから,

$\dfrac{(x+\boxed{^{コ}3})^2}{\boxed{^{サ}9}}+\dfrac{(y-\boxed{^{シ}4})^2}{\boxed{^{スセ}13}}=1$

〔2〕 AB$=6$ より $s^2+t^2=\boxed{^{ソタ}36}$ ……①

AB を 2:1 に内分する点は

$x=\dfrac{\boxed{^{チ}1}}{\boxed{^{ツ}3}}s, \quad y=\dfrac{\boxed{^{テ}2}}{\boxed{^{ト}3}}t$

$s=\dfrac{\boxed{^{ツ}3}}{\boxed{^{チ}1}}x, \quad t=\dfrac{\boxed{^{ト}3}}{\boxed{^{テ}2}}y$ として, ①に代入して

$(3x)^2+\left(\dfrac{3}{2}y\right)^2=36$

よって, $\dfrac{x^2}{\boxed{^{ナ}4}}+\dfrac{y^2}{\boxed{^{ニヌ}16}}=1$

焦点の座標は $(0, \pm2\sqrt{3})$ である。$\boxed{^{ネ}①}$

← $\dfrac{x^2}{a^2}+\dfrac{y^2}{b^2}=1$ において
$a^2<b^2$ のとき, 焦点は y 軸上で
$(0, \pm\sqrt{b^2-a^2})$

13

〔1〕 放物線(A)の方程式は，焦点が $(-1, 0)$ だから

$y^2 = 4px$ で $p = -1$ である。

よって，$y^2 = -\boxed{^{ア}4}\,x$

x 軸方向に -1，y 軸方向に 2 だけ平行移動した放物線(B)の方程式は

$x \to x+1$，$y \to y-2$ として

$(y-2)^2 = -4(x+1)$

$y^2 - 4y + 4 = -4x - 4$

よって，$y^2 - \boxed{^{イ}4}\,y + \boxed{^{ウ}4}\,x + \boxed{^{エ}8} = 0$

x 軸との共有点の x 座標は $y = 0$ として

$4x + 8 = 0$ より $x = -\boxed{^{オ}2}$

〔2〕 (C)と(D)では長軸と短軸の長さが逆になるから

$$\dfrac{x^2}{\boxed{^{カ}2}} + \dfrac{y^2}{\boxed{^{キ}4}} = 1$$

楕円(E)の方程式を $\dfrac{x^2}{a^2} + \dfrac{y^2}{b^2} = 1$ とすると

(C)の焦点が $(\pm\sqrt{2}, 0)$ で，これと同じ焦点をもつから

$\sqrt{a^2 - b^2} = \sqrt{2}$ より $a^2 - b^2 = 2$ ……①

短軸の長さは(D)の長軸と同じだから

$2b = 4$ より $b = 2$

①に代入して $a^2 = 6$

よって，(E)の方程式は

$$\dfrac{x^2}{\boxed{^{ク}6}} + \dfrac{y^2}{\boxed{^{ケ}4}} = 1$$

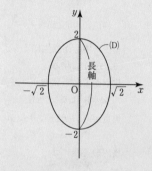

〔3〕 $ax^2 + by^2 = c$ より $\dfrac{a}{c}x^2 + \dfrac{b}{c}y^2 = 1$

$$\dfrac{x^2}{\dfrac{c}{a}} + \dfrac{y^2}{\dfrac{c}{b}} = 1$$

(1) $a > b > 0$，$c > 0$ のとき

$\dfrac{c}{b} > \dfrac{c}{a} > 0$ だから，長軸が y 軸上にある楕円である。$\boxed{^{コ}①}$

(2) $a > b > 0$，$c < 0$ のとき

(左辺)< 0，(右辺)$= 1$ だから図形は現れない。$\boxed{^{サ}④}$

(3) $b > a > 0$，$c > 0$ のとき

$\dfrac{c}{a} > \dfrac{c}{b} > 0$ だから，長軸が x 軸上にある楕円である。$\boxed{^{シ}⓪}$

(4) (2)と同様だから $\boxed{^{ス}④}$

(5) $\dfrac{c}{a} > 0$，$\dfrac{c}{b} < 0$ だから，焦点が x 軸上にある双曲線である。

$\boxed{^{セ}②}$

(6) $\dfrac{c}{a} < 0$，$\dfrac{c}{b} > 0$ だから，焦点が y 軸上にある双曲線である。

$\boxed{^{ソ}③}$

14

[1] $\dfrac{\pi}{3} \leqq \theta \leqq \dfrac{4}{3}\pi$ のときの $x=5\cos\theta$ の値を考えると

$\theta=\dfrac{\pi}{3}$ のとき, $x=5\cos\dfrac{\pi}{3}=\dfrac{5}{2}$

$\theta=\dfrac{4}{3}\pi$ のとき, $x=5\cos\dfrac{4}{3}\pi=-\dfrac{5}{2}$

となるから, ⁷⓪ の図である。

[2] $x=\sqrt{t}+1$ より $\sqrt{t}=x-1$

$y=t-2\sqrt{t}$ に代入して

$y=(x-1)^2-2(x-1)$

$\quad=x^2-4x+3$ ꜞ⓪

$x=\sqrt{t}+1$ より $t \geqq 0$ だから $\underline{x \geqq 1}$ ꜝ①

$y=(x-2)^2-1$

右のグラフより

$\underline{y \geqq -1}$ ᵉ⑥

[3] (1)の直線 l 上の点 $P(r, \theta)$ は

$\cos\left(\theta-\dfrac{\pi}{4}\right)=\dfrac{OA}{r}$ より

$\underline{r\cos\left(\theta-\dfrac{\pi}{4}\right)=1}$ ꜰ①

(2)の円 C 上の点 $P(r, \theta)$ は

$\cos\left(\theta-\dfrac{\pi}{6}\right)=\dfrac{r}{OA}$ より

$\underline{r=\cos\left(\theta-\dfrac{\pi}{6}\right)}$ ꜰ③

また, $\angle OAP = \dfrac{\pi}{2}-\left(\theta-\dfrac{\pi}{6}\right)=\dfrac{2}{3}\pi-\theta$ だから

$\underline{r=\sin\left(\dfrac{2}{3}\pi-\theta\right)}$ ꜰ⑤

← ⓪は $\cos\dfrac{\pi}{3}=\dfrac{\sqrt{3}}{2}$,

$\cos\dfrac{4}{3}\pi=-\dfrac{\sqrt{3}}{2}$ と誤ってしまった図。

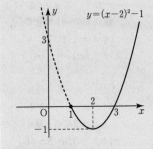

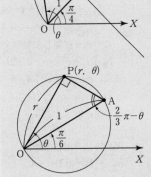

← $\sin\left(\dfrac{\pi}{2}-\alpha\right)=\cos\alpha$

$\alpha=\theta-\dfrac{\pi}{6}$ とおいて

$\cos\left(\theta-\dfrac{\pi}{6}\right)=\sin\left(\dfrac{\pi}{2}-\theta+\dfrac{\pi}{6}\right)$

$\qquad\qquad\quad =\sin\left(\dfrac{2}{3}\pi-\theta\right)$

からも求まる。

$F^{inal}Step$ ファイナルステップ

数学B 1 数列

❶

(1) (i) $a_{n+1}-k=3(a_n-k)$

$\qquad a_{n+1}=3a_n-2k$

ここで, $a_{n+1}=3a_n-8$ だから

$\qquad -2k=-8$ より $k=\boxed{^{\text{ア}}4}$

(ii) 数列 $\{a_n-4\}$ は初項 $a_1-4=2$, 公比 3 の等比数列だから

$\qquad a_n-4=2\cdot3^{n-1}$

よって, $a_n=\boxed{^{\text{イ}}2}\cdot\boxed{^{\text{ウ}}3}^{n-1}+\boxed{^{\text{エ}}4}$

(2) (i) $p_1=b_2-b_1=(3b_1-8+6)-b_1$

$\qquad\qquad =2\cdot4-2=\boxed{^{\text{オ}}6}$

(ii) $b_{n+2}=3b_{n+1}-8(n+1)+6$

$\underline{-)\ b_{n+1}=3b_n-8n+6}$

$\ \ b_{n+2}-b_{n+1}=3(b_{n+1}-b_n)-8$

よって, $p_{n+1}=\boxed{^{\text{カ}}3}p_n-\boxed{^{\text{キ}}8}$

(iii) (1)の a_n と同じ式だから

$\qquad p_n=\boxed{^{\text{ク}}2}\cdot\boxed{^{\text{ケ}}3}^{n-1}+\boxed{^{\text{コ}}4}$

(3) (i) $\underline{b_{n+1}+s\underline{(n+1)}+t}=3(\underline{b_n+sn+t})$ $\boxed{^{\text{サ}}③}$, $\boxed{^{\text{シ}}⓪}$

左辺は $n+1$ に,
右辺は n に一致させる

(ii) この式を展開して整理すると

$\qquad b_{n+1}=3b_n+2sn-s+2t$

また, $b_{n+1}=3b_n-8n+6$ であるから, 係数を比較して

$\qquad 2s=-8,\ -s+2t=6$

よって, $s=\boxed{^{\text{スセ}}-4},\ t=\boxed{^{\text{ソ}}1}$

(4) (2)の方法を用いると

$\qquad b_{n+1}-b_n=2\cdot3^{n-1}+4$

$n\geqq2$ のとき

$\qquad b_n=b_1+\displaystyle\sum_{k=1}^{n-1}(2\cdot3^{k-1}+4)$

$\qquad\quad =4+2\cdot\dfrac{3^{n-1}-1}{3-1}+4(n-1)$

よって, $b_n=\boxed{^{\text{タ}}3}^{n-1}+\boxed{^{\text{チ}}4}n-\boxed{^{\text{ツ}}1}$

これは $n=1$ のときも成り立つ。

(3)の方法を用いると

数列 $\{b_n-4n+1\}$ は初項 $b_1-4\cdot1+1=1$, 公比 3 の等比数列だから

$\qquad b_n-4n+1=1\cdot3^{n-1}$

よって, $b_n=\boxed{^{\text{タ}}3}^{n-1}+\boxed{^{\text{チ}}4}n-\boxed{^{\text{ツ}}1}$

(5) $c_{n+1}=3c_n-4n^2-4n-10$

を, 定数 p, q, r を用いて,

別解

$a_{n+1}=3a_n-8$ において,

$a_n=a_{n+1}=\alpha$ として,

特性解を求めると

$\alpha=3\alpha-8$ より

$\quad\alpha=4$

$\quad a_{n+1}-4=3(a_n-4)$

と変形できるから

$\quad k=\boxed{^{\text{ア}}4}$

⬅ $b_2=3b_1-8\cdot1+6$

⬅ 数列 $\{b_n\}$ の階差をとる。

⬅ 階差数列の和の公式を使う。

⬅ $\displaystyle\sum_{k=1}^{n-1}2\cdot3^{k-1}$

$=2(1+3+3^2+\cdots+3^{n-2})$

初項 1, 公比 3, 項数 $n-1$

$c_{n+1}+p(n+1)^2+q(n+1)+r=3(c_n+pn^2+qn+r)$

と変形する。

$c_{n+1}+pn^2+2pn+p+qn+q+r=3c_n+3pn^2+3qn+3r$

$c_{n+1}=3c_n+2pn^2+(-2p+2q)n-p-q+2r$

$c_{n+1}=3c_n-4n^2-4n-10$ と係数を比較して

$2p=-4, \ -2p+2q=-4, \ -p-q+2r=-10$ より

$\quad p=-2, \ q=-4, \ r=-8$

よって,

$\quad c_{n+1}-2(n+1)^2-4(n+1)-8=3(c_n-2n^2-4n-8)$

と表せる。

数列 $\{c_n-2n^2-4n-8\}$ は,初項 $c_1-2\cdot1^2-4\cdot1-8=16-14=2$,

公比 3 の等比数列だから

$\quad c_n-2n^2-4n-8=2\cdot3^{n-1}$

よって, $c_n=\boxed{テ 2}\cdot\boxed{ト 3}^{\,n-1}+\boxed{ナ 2}\,n^2+\boxed{ニ 4}\,n+\boxed{ヌ 8}$

別解 階差をとって考える。

$$c_{n+2}=3c_{n+1}-4(n+1)^2-4(n+1)-10$$
$$\underline{-)\quad\quad c_{n+1}=3c_n-4n^2-4n-10}$$
$$c_{n+2}-c_{n+1}=3(c_{n+1}-c_n)-8n-8$$

$d_n=c_{n+1}-c_n$ とすると

$\quad d_{n+1}=3d_n-8n-8$

また,

$\quad d_1=c_2-c_1=(3c_1-4\cdot1^2-4\cdot1-10)-c_1$

$\qquad\qquad =2\cdot16-18=14$

$$\qquad d_{n+2}=3d_{n+1}-8(n+1)-8$$
$$\underline{-)\qquad d_{n+1}=3d_n-8n-8}$$
$$d_{n+2}-d_{n+1}=3(d_{n+1}-d_n)-8$$

$e_n=d_{n+1}-d_n$ とすると

$\quad e_{n+1}=3e_n-8$

さらに,

$\quad e_1=d_2-d_1$

$\qquad =(3d_1-8\cdot1-8)-d_1=2\cdot14-16=12$

$e_{n+1}-4=3(e_n-4)$, 初項 $e_1-4=8$ だから

$\quad e_n-4=8\cdot3^{n-1}$ より $\quad e_n=8\cdot3^{n-1}+4$

$e_n=d_{n+1}-d_n=8\cdot3^{n-1}+4$ より,$n\geqq2$ のとき

$\quad d_n=d_1+\displaystyle\sum_{k=1}^{n-1}(8\cdot3^{k-1}+4)$

$\qquad =14+\dfrac{8(3^{n-1}-1)}{3-1}+4(n-1)$

よって,$d_n=4\cdot3^{n-1}+4n+6$ ($n=1$ のときも成り立つ。)

$d_n=c_{n+1}-c_n=4\cdot3^{n-1}+4n+6$ より,$n\geqq2$ のとき

$\quad c_n=c_1+\displaystyle\sum_{k=1}^{n-1}(4\cdot3^{k-1}+4k+6)$

$\qquad =16+4\cdot\dfrac{3^{n-1}-1}{3-1}+4\cdot\dfrac{n(n-1)}{2}+6(n-1)$

$\qquad =16+2\cdot3^{n-1}-2+2n^2-2n+6n-6$

$\qquad =\boxed{テ 2}\cdot\boxed{ト 3}^{\,n-1}+\boxed{ナ 2}\,n^2+\boxed{ニ 4}\,n+\boxed{ヌ 8}$

$\hfill$ ($n=1$ のときも成り立つ。)

2

(1) 初項 3，公差 p の等差数列 $\{a_n\}$ の a_n，a_{n+1} は

$$a_n = \boxed{^7 3} + (n-1)p \quad \cdots\cdots ②$$

$$a_{n+1} = 3 + np \quad \cdots\cdots ③$$

初項 3，公比 r の等比数列 $\{b_n\}$ の b_n は

$$b_n = \boxed{^{イ} 3} r^{n-1}$$

ここで

$$a_n b_{n+1} - 2a_{n+1}b_n + 3b_{n+1} = 0 \quad \cdots\cdots ①$$

①の両辺を b_n で割ると

$$a_n \cdot \frac{b_{n+1}}{b_n} - 2a_{n+1} \cdot \frac{b_n}{b_n} + 3 \cdot \frac{b_{n+1}}{b_n} = 0$$

$\dfrac{b_{n+1}}{b_n} = r$ を代入して

$$a_n r - 2a_{n+1} + 3r = 0$$

$$\boxed{^{ウ} 2} a_{n+1} = r(a_n + \boxed{^{エ} 3}) \quad \cdots\cdots ④$$

④に②と③を代入すると

$$2(3 + np) = r\{3 + (n-1)p + 3\}$$

$$6 + 2np = 3r + npr - pr + 3r$$

$$(r - \boxed{^{オ} 2})pn = r(p - \boxed{^{カ} 6}) + \boxed{^{キ} 6} \quad \cdots\cdots ⑤$$

$r = 2$ のとき，

$$2(p - 6) + 6 = 0 \quad より \quad p = \boxed{^{ク} 3}$$

← 等差数列の一般項（例題1）
$a_n = a + (n-1)d$
等比数列の一般項（例題2）
$a_n = ar^{n-1}$

← ⑤はすべての n で成り立ち，
$p \neq 0$ であるから
$\begin{cases} r - 2 = 0 \\ r(p-6) + 6 = 0 \end{cases}$

(2) $\displaystyle\sum_{k=1}^{n} a_k = \sum_{k=1}^{n} 3k = \frac{\boxed{^{ケ} 3}}{\boxed{^{コ} 2}} n(n + \boxed{^{サ} 1})$

$\displaystyle\sum_{k=1}^{n} b_k = \sum_{k=1}^{n} 3 \cdot 2^{k-1} = \frac{3(2^n - 1)}{2 - 1} = \boxed{^{シ} 3}(2^n - \boxed{^{ス} 1})$

(3) $a_n c_{n+1} - 4a_{n+1}c_n + 3c_{n+1} = 0 \quad (n = 1, 2, 3, \cdots\cdots) \quad \cdots\cdots ⑥$

$$(a_n + 3)c_{n+1} = 4a_{n+1}c_n$$

$$c_{n+1} = \frac{\boxed{^{セ} 4} a_{n+1}}{a_n + \boxed{^{ソ} 3}} c_n$$

$p = 3$ のとき，$a_n = 3n$，$a_{n+1} = 3(n+1)$ だから

$$\frac{4a_{n+1}}{a_n + 3} = \frac{4 \cdot 3(n+1)}{3n + 3} = 4$$

よって，$c_1 = 3$，$c_{n+1} = 4c_n$ となるから $\boxed{^{タ} ②}$

(4) $d_n b_{n+1} - q d_{n+1} b_n + u b_{n+1} = 0 \quad (n = 1, 2, 3, \cdots\cdots) \quad \cdots\cdots ⑦$

$r = 2$ のとき，$b_n = 3 \cdot 2^{n-1}$，$b_{n+1} = 3 \cdot 2^n$ だから

$$3 \cdot 2^n d_n - 3 \cdot 2^{n-1} q d_{n+1} + 3 \cdot 2^n u = 0 \quad \longleftarrow \boxed{3 \cdot 2^{n-1} \text{ で両辺を割る}}$$

$$2d_n - q d_{n+1} + 2u = 0$$

よって，$d_{n+1} = \dfrac{\boxed{^{チ} 2}}{q}(d_n + u) = \dfrac{2}{q} d_n + \dfrac{2}{q} u$

これが，公比が 0 より大きく 1 より小さい等比数列になるためには

$$0 < \frac{2}{q} < 1 \quad かつ \quad \frac{2}{q}u = 0$$

ゆえに，$q > \boxed{^{ツ} 2}$ かつ $u = \boxed{^{テ} 0}$

← 等比数列の漸化式
$a_1 = a$，$a_{n+1} = ra_n$

← $\dfrac{2}{q}u \neq 0$ のとき，数列 $\{d_n\}$ は等
比数列にならない。

数学B 2 確率分布と統計的な推測

3

(1) X の平均は

$$E(X)=0\times\frac{612}{720}+1\times\frac{54}{720}+2\times\frac{36}{720}+3\times\frac{18}{720}$$

$$=\frac{180}{720}=\frac{\boxed{\text{ア}\,1}}{\boxed{\text{イ}\,4}}$$

X^2 の平均は

$$E(X^2)=0^2\times\frac{612}{720}+1^2\times\frac{54}{720}+2^2\times\frac{36}{720}+3^2\times\frac{18}{720}$$

$$=\frac{360}{720}=\frac{\boxed{\text{ウ}\,1}}{\boxed{\text{エ}\,2}}$$

X の標準偏差は

$$\sigma(X)=\sqrt{E(X^2)-\{E(X)\}^2}$$

$$=\sqrt{\frac{1}{2}-\left(\frac{1}{4}\right)^2}=\sqrt{\frac{7}{16}}=\frac{\sqrt{\boxed{\text{オ}\,7}}}{\boxed{\text{カ}\,4}}$$

X	0	1	2	3	計
P	$\frac{612}{720}$	$\frac{54}{720}$	$\frac{36}{720}$	$\frac{18}{720}$	1

(2) $p=0.4$ だから，Y は二項分布 $B(600,\ 0.4)$ に従う。

Y の平均は

$$E(Y)=600\times0.4=\boxed{\text{キクケ}\,240}$$

Y の標準偏差は

$$\sigma(Y)=\sqrt{600\times0.4\times(1-0.4)}=\sqrt{144}=\boxed{\text{コサ}\,12}$$

$Z=\dfrac{Y-240}{12}$ とおくと

$$P(Y\leqq215)=P\left(Z\leqq\frac{215-240}{12}\right)=P(Z\leqq-2.08\cdots)$$

$$=0.5-P(0\leqq Z\leqq2.08)$$

$$=0.5-0.4812=0.0188\fallingdotseq0.\boxed{\text{シス}\,02}$$

$p=0.2$ のとき，Y は二項分布 $B(600,\ 0.2)$ に従うから

Y の平均は

$$E(Y)=600\times0.2=120$$

Y の標準偏差は

$$\sigma(Y)=\sqrt{600\times0.2\times(1-0.2)}=\sqrt{96}=4\sqrt{6}$$

よって，$\dfrac{120}{240}=\dfrac{1}{\boxed{\text{セ}\,2}}$ 倍，$\dfrac{4\sqrt{6}}{12}=\dfrac{\sqrt{\boxed{\text{ソ}\,6}}}{3}$ である。

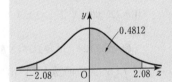

二項分布 $B(n,\ p)$
平均 $E(X)=np$
分散 $V(X)=np(1-p)$
標準偏差 $\sigma(X)=\sqrt{np(1-p)}$

(3) 確率変数 W の母平均は m，母標準偏差が 30 である。

この母集団から大きさ n の標本 $W_1,\ W_2,\ \cdots,\ W_n$ を無作為に抽出して，

$$U_1=W_1-60,\ U_2=W_2-60,\ \cdots,\ U_n=W_n-60$$

とおくと，

$U_i=W_i-60\ (i=1,\ 2,\ 3,\ \cdots,\ n)$ のとき

$$E(U_i)=E(W_i-60)=E(W_i)-60=m-60$$

$$\sigma(U_i)=\sigma(W_i-60)=\sigma(W_i)=30$$

よって，

$$E(U_1)=E(U_2)=\cdots=E(U_n)=m-\boxed{\text{タチ}\,60}$$

$$\sigma(U_1)=\sigma(U_2)=\cdots=\sigma(U_n)=\boxed{\text{ツテ } 30}$$

ここで，$t=m-60$ とすると U_1，U_2，$\cdots$，U_{100} の標本平均は 50 分だから t に対する信頼度 95 ％の信頼区間は

$$50-1.96\times\frac{30}{\sqrt{100}}\leqq t\leqq 50+1.96\times\frac{30}{\sqrt{100}}$$

$$50-1.96\times 3\leqq t\leqq 50+1.96\times 3$$

$$44.12\leqq t\leqq 55.88$$

よって，$\boxed{\text{トナ } 44}.\boxed{\text{ニ } 1}\leqq t\leqq\boxed{\text{ヌネ } 55}.\boxed{\text{ノ } 9}$

4

(1) X の母平均を m，母標準偏差を σ とする。母集団から大きさ 49 の標本を抽出するから，確率変数 $\overline{X}$ について平均は m，標準偏差は $\frac{\sigma}{\sqrt{49}}=\frac{\sigma}{7}$ である。$\boxed{\text{ア ⓪}}$，$\boxed{\text{イ ⑦}}$

$W=125000\times\overline{X}$ だから W の平均は

$$\begin{aligned}E(W)&=E(125000\overline{X})\\&=125000E(\overline{X})\\&=125000m\,\boxed{\text{ウ ④}}\end{aligned}$$

$$\begin{aligned}\sigma(W)&=\sigma(125000\overline{X})\\&=125000\sigma(\overline{X})\\&=125000\times\frac{\sigma}{7}\\&=\frac{125000\sigma}{7}\,\boxed{\text{エ ⑤}}\end{aligned}$$

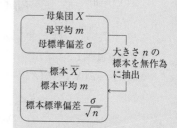

母集団 X
母平均 m
母標準偏差 σ

大きさ n の標本を無作為に抽出

標本 $\overline{X}$
標本平均 m
標本標準偏差 $\frac{\sigma}{\sqrt{n}}$

$W=125000\times\overline{X}$ としたときの M に対する信頼度 95 ％の信頼区間は

$$E(W)-1.96\times\sigma(W)\leqq M\leqq E(W)+1.96\times\sigma(W)$$

に $E(W)=125000m\,\boxed{\text{ウ}}$，$\sigma(W)=\frac{125000\sigma}{7}\,\boxed{\text{エ}}$ を代入して

$$125000m-1.96\times\frac{125000\sigma}{7}\leqq M\leqq 125000m+1.96\times\frac{125000\sigma}{7}$$

$m=16$，$\sigma=2$ を代入して

$$125000\times 16-1.96\times\frac{125000\times 2}{7}\leqq M\leqq 125000\times 16$$
$$+1.96\times\frac{125000\times 2}{7}$$

$$125000(16-0.56)\leqq M\leqq 125000(16+0.56)$$

$$1930000\leqq M\leqq 2070000$$

よって，$\boxed{\text{オカキ } 193}\times 10^4\leqq M\leqq\boxed{\text{クケコ } 207}\times 10^4$

(2) 帰無仮説は「今年の母平均は 15 である」であり，$\boxed{\text{サ ②}}$ 対立仮説は「今年の母平均は 15 ではない」である。$\boxed{\text{シ ⑥}}$

$\overline{X}$ の平均は $15\,\boxed{\text{ス ⑦}}$，標準偏差は $\frac{2}{\sqrt{49}}=\frac{2}{7}\,\boxed{\text{セ ①}}$

$Z=\dfrac{\overline{X}-15}{\dfrac{2}{7}}$ に $\overline{X}=16$ を代入して

$$Z=\frac{7}{2}(16-15)=3.5$$

正規分布表より $P(0 \leqq Z \leqq 3.5) = 0.4998$

$\quad P(Z \leqq -|z|) + P(Z \geqq |z|)$

$= P(Z \leqq -0.35) + P(Z \geqq 0.35)$

$= 2P(Z \geqq 3.5)$

$= 1 - 2 \times 0.4998$

$= 0.0004 < 0.05$

よって，0.05 より<u>小さい</u> ⁷① ので，有意水準 5 ％で今年の母平均 m は昨年と<u>異なるといえる</u>。⁷①

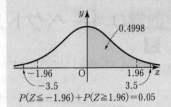

$P(Z \leqq -1.96) + P(Z \geqq 1.96) = 0.05$

数学C 1 ベクトル

5

(1) 正五角形の1つの内角は108°だから

$\angle A_1C_1B_1 = 108° \div 3 = \boxed{\text{アイ } 36}°$, $\angle C_1A_1A_2 = 36°$

$\overrightarrow{A_1A_2} = \boxed{\text{ウ } a}\, \overrightarrow{B_1C_1}$ ← $|\overrightarrow{A_1A_2}| = a$, $|\overrightarrow{B_1C_1}| = 1$

$\overrightarrow{B_1C_1} = \dfrac{1}{a}\overrightarrow{A_1A_2} = \dfrac{1}{a}(\overrightarrow{OA_2} - \overrightarrow{OA_1})$ ← O を始点にして表す

$\overrightarrow{OA_1} /\!/ \overrightarrow{A_2B_1}$, $\overrightarrow{OA_2} /\!/ \overrightarrow{A_1C_1}$

$\overrightarrow{B_1C_1} = \overrightarrow{B_1A_2} + \overrightarrow{A_2O} + \overrightarrow{OA_1} + \overrightarrow{A_1C_1}$

$\quad = -\overrightarrow{A_2B_1} - \overrightarrow{OA_2} + \overrightarrow{OA_1} + \overrightarrow{A_1C_1}$

　　　　$\overset{\llcorner}{\overrightarrow{A_2B_1} = a\overrightarrow{OA_1}}$　　$\overset{\llcorner}{\overrightarrow{A_1C_1} = a\overrightarrow{OA_2}}$

$\quad = -a\overrightarrow{OA_1} - \overrightarrow{OA_2} + \overrightarrow{OA_1} + a\overrightarrow{OA_2}$

$\quad = (\boxed{\text{エ } a} - \boxed{\text{オ } 1})(\overrightarrow{OA_2} - \overrightarrow{OA_1})$

よって,

$\dfrac{1}{a} = a - 1$

$a^2 - a - 1 = 0$

$a > 0$ だから

$a = \dfrac{1+\sqrt{5}}{2}$

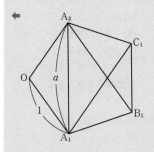

← すべて O を始点にして表している。

(2) $\overrightarrow{OB_1} = \overrightarrow{OA_2} + \overrightarrow{A_2B_1} = \overrightarrow{OA_2} + a\overrightarrow{OA_1}$

$|\overrightarrow{OA_2} - \overrightarrow{OA_1}|^2 = |\overrightarrow{A_1A_2}|^2 = a^2 = \left(\dfrac{1+\sqrt{5}}{2}\right)^2 = \dfrac{\boxed{\text{カ } 3} + \sqrt{\boxed{\text{キ } 5}}}{\boxed{\text{ク } 2}}$

$|\overrightarrow{OA_2}|^2 - 2\overrightarrow{OA_1}\cdot\overrightarrow{OA_2} + |\overrightarrow{OA_1}|^2 = \dfrac{3+\sqrt{5}}{2}$

$1 - 2\overrightarrow{OA_1}\cdot\overrightarrow{OA_2} + 1 = \dfrac{3+\sqrt{5}}{2}$

よって, $\overrightarrow{OA_1}\cdot\overrightarrow{OA_2} = \dfrac{\boxed{\text{ケ } 1} - \sqrt{\boxed{\text{コ } 5}}}{\boxed{\text{サ } 4}}$

$\overrightarrow{OB_2} = \overrightarrow{OA_3} + a\overrightarrow{OA_2}$ である。

さらに

$\overrightarrow{OA_2}\cdot\overrightarrow{OA_3} = \overrightarrow{OA_3}\cdot\overrightarrow{OA_1} = \dfrac{1-\sqrt{5}}{4}$

$\overrightarrow{OA_1}\cdot\overrightarrow{OB_2} = \overrightarrow{OA_1}\cdot(\overrightarrow{OA_3} + a\overrightarrow{OA_2})$

$\quad = \overrightarrow{OA_1}\cdot\overrightarrow{OA_3} + a\overrightarrow{OA_1}\cdot\overrightarrow{OA_2}$

$\quad = (1+a)\dfrac{1-\sqrt{5}}{4} = \left(1 + \dfrac{1+\sqrt{5}}{2}\right)\dfrac{1-\sqrt{5}}{4}$

$\quad = \dfrac{3+\sqrt{5}}{2} \times \dfrac{1-\sqrt{5}}{4} = \dfrac{-1-\sqrt{5}}{4} \boxed{\text{シ } ⑨}$

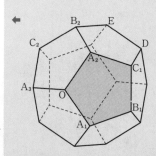

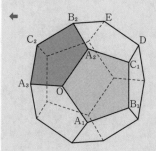

$$\overrightarrow{OB_1} \cdot \overrightarrow{OB_2} = (\overrightarrow{OA_2} + a\overrightarrow{OA_1}) \cdot (\overrightarrow{OA_3} + a\overrightarrow{OA_2})$$
$$= \overrightarrow{OA_2} \cdot \overrightarrow{OA_3} + a\overrightarrow{OA_1} \cdot \overrightarrow{OA_3} + a|\overrightarrow{OA_2}|^2 + a^2\overrightarrow{OA_1} \cdot \overrightarrow{OA_2}$$
$$= (1 + a + a^2)\frac{1-\sqrt{5}}{4} + a$$
$$= \left(1 + \frac{1+\sqrt{5}}{2} + \frac{3+\sqrt{5}}{2}\right)\frac{1-\sqrt{5}}{4} + \frac{1+\sqrt{5}}{2}$$
$$= (3 + \sqrt{5})\frac{1-\sqrt{5}}{4} + \frac{1+\sqrt{5}}{2}$$
$$= \frac{-2-2\sqrt{5}}{4} + \frac{1+\sqrt{5}}{2} = 0 \boxed{\text{ス} \boxed{0}}$$

$\Leftarrow \begin{aligned} \overrightarrow{OA_1} \cdot \overrightarrow{OA_2} &= \overrightarrow{OA_2} \cdot \overrightarrow{OA_3} \\ &= \overrightarrow{OA_1} \cdot \overrightarrow{OA_3} \\ &= \frac{1-\sqrt{5}}{4} \end{aligned}$

$\Leftarrow$ $a^2 - a - 1 = 0$ を利用して $1 + a + a^2 = 2(a+1)$ としてもよい。

面 $A_2C_1DEB_2$ に着目する。

$\overrightarrow{B_2D} = a\overrightarrow{A_2C_1} = \overrightarrow{OB_1}$ より
$$|\overrightarrow{B_2D}| = |\overrightarrow{OB_1}| = |\overrightarrow{OB_2}| = |\overrightarrow{B_1D}| = a$$

また，$\overrightarrow{OB_1} \perp \overrightarrow{OB_2}$ であるから四角形 OB_1DB_2 は <u>正方形</u> である。
$\boxed{\text{セ} \boxed{0}}$

$\Leftarrow$ 4つの辺の長さが等しいだけでは，ひし形であることしかわからない。

6

(1) (i) $\overrightarrow{OM} = \dfrac{\boxed{\text{ア} 1}}{\boxed{\text{イ} 2}}(\vec{a} + \vec{b})$, $\overrightarrow{ON} = \dfrac{1}{2}(\vec{c} + \vec{d})$

$\vec{a} \cdot \vec{b} = \vec{a} \cdot \vec{c} = \vec{a} \cdot \vec{d} = \vec{b} \cdot \vec{c} = \vec{b} \cdot \vec{d} = 1 \times 1 \times \cos 60° = \dfrac{\boxed{\text{ウ} 1}}{\boxed{\text{エ} 2}}$

(ii) $\overrightarrow{ON} = k\overrightarrow{OM}$ より

$$\frac{1}{2}(\vec{c} + \vec{d}) = k \cdot \frac{1}{2}(\vec{a} + \vec{b})$$
$$\overrightarrow{OA} \cdot \overrightarrow{CN} = \overrightarrow{OA} \cdot (\overrightarrow{ON} - \overrightarrow{OC})$$
$$= \vec{a} \cdot \left(\frac{1}{2}\vec{c} + \frac{1}{2}\vec{d} - \vec{c}\right)$$
$$= \frac{1}{2}\vec{a} \cdot \vec{d} - \frac{1}{2}\vec{a} \cdot \vec{c} = 0$$
$$\overrightarrow{OA} \cdot \overrightarrow{CN} = \overrightarrow{OA} \cdot (\overrightarrow{ON} - \overrightarrow{OC})$$
$$= \overrightarrow{OA} \cdot (k\overrightarrow{OM} - \overrightarrow{OC}) \quad \longleftarrow \boxed{\overrightarrow{ON} = k\overrightarrow{OM}}$$
$$= \vec{a} \cdot \left(\frac{1}{2}k\vec{a} + \frac{1}{2}k\vec{b} - \vec{c}\right)$$
$$= \frac{1}{2}k|\vec{a}|^2 + \frac{1}{2}k\vec{a} \cdot \vec{b} - \vec{a} \cdot \vec{c} = 0$$

$|\vec{a}|^2 = 1$, $\vec{a} \cdot \vec{b} = \dfrac{1}{2}$, $\vec{a} \cdot \vec{c} = \dfrac{1}{2}$ より

$$\frac{1}{2}k + \frac{1}{4}k - \frac{1}{2} = 0 \quad \text{よって，} \quad k = \frac{\boxed{\text{オ} 2}}{\boxed{\text{カ} 3}}$$

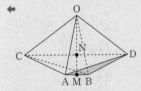

$\Leftarrow \vec{a} \cdot \vec{d} = \vec{a} \cdot \vec{c} = \dfrac{1}{2}$

(iii), (iv)

（方針1）$\overrightarrow{ON} = \dfrac{2}{3}\overrightarrow{OM}$ より

$$\frac{1}{2}(\vec{c} + \vec{d}) = \frac{2}{3} \times \frac{1}{2}(\vec{a} + \vec{b})$$

よって，$\vec{d} = \dfrac{\boxed{\text{キ} 2}}{\boxed{\text{ク} 3}}\vec{a} + \dfrac{\boxed{\text{ケ} 2}}{\boxed{\text{コ} 3}}\vec{b} - \vec{c}$

ここで,

$$\vec{c}\cdot\vec{d}=\cos\theta=\vec{c}\cdot\left(\frac{2}{3}\vec{a}+\frac{2}{3}\vec{b}-\vec{c}\right)$$

$$=\frac{2}{3}\vec{a}\cdot\vec{c}+\frac{2}{3}\vec{b}\cdot\vec{c}-|\vec{c}|^2$$

$$=\frac{1}{3}+\frac{1}{3}-1=\frac{\boxed{スセ -1}}{\boxed{ソ 3}}$$

(方針2)

$$|\overrightarrow{ON}|^2=\left|\frac{1}{2}(\vec{c}+\vec{d})\right|^2$$

$$=\frac{1}{4}(|\vec{c}|^2+2\vec{c}\cdot\vec{d}+|\vec{d}|^2)$$

$$=\frac{1}{4}(1+2\times1\times1\times\cos\theta+1)=\frac{\boxed{サ 1}}{\boxed{シ 2}}+\frac{1}{2}\cos\theta$$

$$\overrightarrow{OM}\cdot\overrightarrow{ON}=\frac{2}{3}|\overrightarrow{OM}|^2$$

$$=\frac{2}{3}\left(\frac{\sqrt{3}}{2}\right)^2=\frac{1}{2} \quad \cdots\cdots①$$

$$\Leftarrow \overrightarrow{ON}=\frac{2}{3}\overrightarrow{OM}$$

OM は1辺の長さが1の正三角形
の中線であるから OM$=\dfrac{\sqrt{3}}{2}$

また,

$$\overrightarrow{OM}\cdot\overrightarrow{ON}$$

$\Leftarrow$ $\boxed{\overrightarrow{OM}=\dfrac{3}{2}\overrightarrow{ON}}$

$$=\frac{3}{2}|\overrightarrow{ON}|^2$$

$$=\frac{3}{2}\left|\frac{1}{2}(\vec{c}+\vec{d})\right|^2$$

$$=\frac{3}{8}(|\vec{c}|^2+2\vec{c}\cdot\vec{d}+|\vec{d}|^2)$$

$$=\frac{3}{8}(1+2\times1\times1\times\cos\theta+1)$$

$$=\frac{3}{4}+\frac{3}{4}\cos\theta \quad \cdots\cdots②$$

①, ②より

$$\frac{3}{4}+\frac{3}{4}\cos\theta=\frac{1}{2} \quad よって, \quad \cos\theta=\frac{\boxed{スセ -1}}{\boxed{ソ 3}}$$

(2) (i) $\vec{a}\cdot\vec{b}=\cos\alpha$, $\vec{c}\cdot\vec{d}=\cos\beta$ である。

方針2において, $\overrightarrow{OM}\cdot\overrightarrow{ON}=|\overrightarrow{OM}||\overrightarrow{ON}|$ より

$$(\overrightarrow{OM}\cdot\overrightarrow{ON})^2=|\overrightarrow{OM}|^2|\overrightarrow{ON}|^2$$

$$\overrightarrow{OM}\cdot\overrightarrow{ON}=\frac{1}{2}(\vec{a}+\vec{b})\cdot\frac{1}{2}(\vec{c}+\vec{d})$$

$$=\frac{1}{4}(\vec{a}\cdot\vec{c}+\vec{a}\cdot\vec{d}+\vec{b}\cdot\vec{c}+\vec{b}\cdot\vec{d})$$

$$=\frac{1}{4}\left(\frac{1}{2}+\frac{1}{2}+\frac{1}{2}+\frac{1}{2}\right)=\frac{1}{2}$$

$$|\overrightarrow{OM}|^2|\overrightarrow{ON}|^2$$

$$=\left(\frac{1}{2}+\frac{1}{2}\cos\alpha\right)\left(\frac{1}{2}+\frac{1}{2}\cos\beta\right)$$

(1)(iii)の方針2より

$$|\overrightarrow{ON}|^2=\frac{1}{2}+\frac{1}{2}\cos\beta$$

$$=\frac{1}{4}(1+\cos\alpha)(1+\cos\beta)$$

同様に $|\overrightarrow{OM}|^2=\dfrac{1}{2}+\dfrac{1}{2}\cos\alpha$

よって, $\left(\dfrac{1}{2}\right)^2=\dfrac{1}{4}(1+\cos\alpha)(1+\cos\beta)$

ゆえに, $\underline{(1+\cos\alpha)(1+\cos\beta)=1}$ $\boxed{タ ①}$

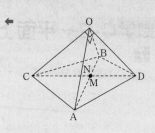

(ii) $\alpha=\beta$ のとき

$(1+\cos\alpha)^2=1$ より $\cos\alpha(\cos\alpha+2)=0$ から $\cos\alpha=0$

よって，$\alpha=\boxed{\text{ナツ } 90}$°.

$\overrightarrow{OM}=\overrightarrow{ON}$ より $\dfrac{1}{2}(\vec{a}+\vec{b})=\dfrac{1}{2}(\vec{c}+\vec{d})$

$\vec{a}+\vec{b}=\vec{c}+\vec{d}$

$(\vec{a}-\vec{c})+(\vec{b}-\vec{c})=\vec{d}-\vec{c}$

$\overrightarrow{CA}+\overrightarrow{CB}=\overrightarrow{CD}$

が成り立つから，点 D は 平面 ABC 上 $\boxed{\text{テ ⓪}}$ にある。

数学C 2 平面上の曲線と複素数平面

7

〔1〕 (1) △OAB が正三角形のとき点Bは，点Aを原点のまわりに

$\pm\dfrac{\pi}{3}$ だけ回転した点だから

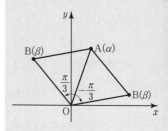

$$\beta=\alpha\left\{\cos\left(\pm\dfrac{\pi}{3}\right)+i\sin\left(\pm\dfrac{\pi}{3}\right)\right\}$$

$$=\alpha\left(\dfrac{1}{2}\pm\dfrac{\sqrt{3}}{2}i\right)$$

$$2\beta=\alpha\pm\sqrt{3}\,\alpha i$$

$$(2\beta-\alpha)^2=(\pm\sqrt{3}\,\alpha i)^2$$

$$4\beta^2-4\alpha\beta+\alpha^2=3\alpha^2i^2$$

$$4\alpha^2-4\alpha\beta+4\beta^2=0$$

よって，$\boxed{\alpha^2-\alpha\beta+\beta^2=0}$ ｱ①

(2) $\angle\mathrm{AOB}=\dfrac{\pi}{2}$ だから

$$\arg\dfrac{\beta}{\alpha}=\pm\dfrac{\pi}{2} \ \text{より}$$

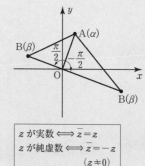

$\dfrac{\beta}{\alpha}=ki$ （k は0でない実数）と表せる。

また，$\dfrac{\beta}{\alpha}$ は純虚数だから

$\dfrac{\beta}{\alpha}+\overline{\left(\dfrac{\beta}{\alpha}\right)}=0$ より $\dfrac{\beta}{\alpha}+\dfrac{\overline{\beta}}{\overline{\alpha}}=0$

両辺に $\alpha\overline{\alpha}$ を掛けて

$\alpha\overline{\beta}+\overline{\alpha}\beta=0$ ｲ③，ｳ④ （順不同）

> z が実数 $\Longleftrightarrow \overline{z}=z$
> z が純虚数 $\Longleftrightarrow \overline{z}=-z$
> $(z\neq0)$

〔2〕 (1) $\arg z_1=\dfrac{\boxed{\text{ｴ}\,2}}{\boxed{\text{ｵ}\,5}}\pi$ だから

$$z_1=\cos\dfrac{\boxed{\text{ｴ}\,2}}{\boxed{\text{ｵ}\,5}}\pi+i\sin\dfrac{\boxed{\text{ｴ}\,2}}{\boxed{\text{ｵ}\,5}}\pi \ \cdots\cdots①$$

(2) ⓪は，$\overline{z_1}$ は z_1 と x 軸に関して対称だから

$\overline{z_1}=z_4$ は成り立つ。

①は，①より $\arg(z_2z_3)=\arg z_2+\arg z_3$

$$=\dfrac{4}{5}\pi+\dfrac{6}{5}\pi=2\pi$$

よって，$z_2z_3=z_1$ は成り立たない。$(z_2z_3=z_0)$

②は，$\arg z_1{}^4=4\arg z_1=\dfrac{8}{5}\pi$

よって，$z_1{}^4=z_0$ は成り立たない。

③は，$|z_1+z_2|\neq|-2z_4|$

よって，$z_1+z_2=-2z_4$ は成り立たない。

④は，$\arg z_2{}^5=5\arg z_2=\dfrac{20}{5}\pi=4\pi$

よって，$z_2{}^5=z_2$ は成り立たない。

⑤は，$\arg\dfrac{z_4}{z_3}=\arg z_4-\arg z_3=\dfrac{8}{5}\pi-\dfrac{6}{5}\pi=\dfrac{2}{5}\pi$

← 点 z_1 は，点 z_0 を原点のまわりに $\dfrac{2}{5}\pi$ だけ回転した点。

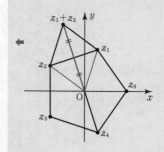

$\left|\dfrac{z_4}{z_3}\right|=1$ よって，$\dfrac{z_4}{z_3}=z_1$ は成り立つ。

⑥，⑦は，

z_0, z_1, z_2, z_3, z_4 は $z^5=1$ の解だから

$z_0+z_1+z_2+z_3+z_4=0$

が成り立つ。よって，⑦は成り立つ。

$\boxed{^{カ}⓪}$, $\boxed{^{キ}⑤}$, $\boxed{^{ク}⑦}$ （順不同）

〔3〕 図1の楕円は，長軸が y 軸上，短軸が x 軸上にあり，②と③は
長軸が x 軸上にある楕円だから適さない。

← ② $\dfrac{x^2}{18}+\dfrac{y^2}{9}=1$

③ $\dfrac{x^2}{9}+\dfrac{y^2}{4}=1$

②，③の長軸は x 軸上にある。

⓪は $\dfrac{x^2}{2}+\dfrac{y^2}{8}=1$, ①は $\dfrac{x^2}{4}+\dfrac{y^2}{6}=1$ と変形でき，

⓪の長軸と短軸の長さの比は $\sqrt{8}:\sqrt{2}=2:1$

①の長軸と短軸の長さの比は $\sqrt{6}:\sqrt{4}=2.449\cdots:2$

図1の楕円は，長軸と短軸の長さの比が，およそ

（長軸）:（短軸）$=2:1$ だから，適するものは $\boxed{^{ケ}⓪}$

図2の双曲線は y 軸上に焦点があるから⓪，②は適さない。

← ⓪ $\dfrac{x^2}{4}-\dfrac{y^2}{9}=1$

② $\dfrac{x^2}{6}-\dfrac{y^2}{9}=1$

⓪，②の焦点は x 軸上にある。

①は $\dfrac{x^2}{4}-\dfrac{y^2}{9}=-1$, ③は $\dfrac{x^2}{9}-\dfrac{y^2}{6}=-1$ と変形でき，

①の漸近線は $y=\pm\dfrac{3}{2}x$

③の漸近線は $y=\pm\dfrac{2}{3}x$

図2の漸近線の傾きの絶対値は1以上だから③は適さない。

よって，$\boxed{^{コ}①}$

8

〔1〕 $ax^2+by^2+cx+dy+f=0$ に

$a=2$, $c=-8$, $d=-4$, $f=0$

を代入すると

$2x^2+by^2-8x-4y=0$

$b=0$ のとき

$2x^2-8x-4y=0$ $\left(y=\dfrac{1}{2}x^2-2x\right)$

となり，これは放物線である。

$b>0$ のとき

$2(x^2-4x)+b\left(y^2-\dfrac{4}{b}y\right)=0$

$2(x-2)^2-8+b\left(y-\dfrac{2}{b}\right)^2-\dfrac{4}{b}=0$

$2(x-2)^2+b\left(y-\dfrac{2}{b}\right)^2=8+\dfrac{4}{b}$

← x^2 と y^2 の係数が等しいときは円を表す。

両辺を $2b$ で割ると

$$\dfrac{(x-2)^2}{b}+\dfrac{\left(y-\dfrac{2}{b}\right)^2}{2}=\dfrac{4b+2}{b^2}$$

これは $b=2$ のとき，円

$b\neq2$ のとき，楕円である。よって，$\boxed{^{サ}②}$

〔2〕　$w=w^n$ より　$|w|=|w^n|=|w|^n$

$|w|(|w|^{n-1}-1)=0$　よって，$|w|=\boxed{\text{イ } 1}$

$A_k(w^k)$ とすると

$$A_{k+1}A_k=|w^{k+1}-w^k|$$
$$=|w^k(w-1)|$$
$$=|w|^k|w-1|$$
$$=\underline{|w-1|}\,\boxed{\text{ウ ①}}$$

$$\angle A_{k+1}A_kA_{k-1}=\arg\frac{w^{k-1}-w^k}{w^{k+1}-w^k}$$
$$=\arg\frac{w^{k-1}(1-w)}{w^k(w-1)}$$
$$=\underline{\arg\left(-\frac{1}{w}\right)}\,\boxed{\text{エ ③}}$$

← $|\alpha^n|=|\alpha|^n$

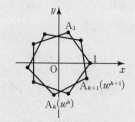

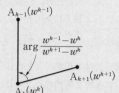

$n=25$ のとき，$A_1 \sim A_{25}$ の点は円周上に正 24 角形の点として並ぶ。

A_1A_2, A_2A_3, ……, $A_{24}A_{25}$	と結ぶと正二十四角形
A_1A_3, A_3A_5, ……, $A_{23}A_{25}$	と結ぶと正十二角形
A_1A_4, A_4A_7, ……, $A_{22}A_{25}$	と結ぶと正八角形
A_1A_5, A_5A_9, ……, $A_{21}A_{25}$	と結ぶと正六角形
A_1A_7, A_7A_{13}, $A_{13}A_{19}$, $A_{19}A_{25}$	と結ぶと正四角形
A_1A_9, A_9A_{17}, $A_{17}A_{25}$	と結ぶと正三角形

このようにして正多角形になるのは 24 の約数の個数だけある。ただし，12 と 24 は正多角形にならないから除く。

よって，$\boxed{\text{オ } 6}$ 個である。

また，正多角形に内接する円上の点 z は

$$z=\frac{1+w}{2},\ \frac{w+w^2}{2},\ \frac{w^2+w^3}{2},\ \cdots$$

と表せる。

すなわち

$$z=w^k\frac{1+w}{2}\quad(k=0,\ 1,\ 2,\ \cdots,\ n-1)$$

と表せる。

よって，$\underline{|z|=\dfrac{|1+w|}{2}}\,\boxed{\text{カ ⑥}}$

正四角形
正八角形の例

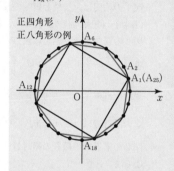

←「正多角形に内接する円上の点」この図形的意味をしっかりとらえることが大切になる。